“十二五”职业教育国家规划教材
经全国职业教育教材审定委员会审定

高等职业教育“十四五”规划教材

农业技术推广

第3版

王守国　宫绍斌　主编

U0951602

中国农业大学出版社
·北京·

内容简介

本书是“十二五”职业教育国家规划教材，分为农业技术推广基础和农业技术推广学习项目2个部分。农业技术推广基础包括农业技术推广概述、农业创新采用与扩散、农业技术推广心理、农民行为改变和农业技术推广沟通。农业技术推广学习项目设置了农业技术推广程序和方法运用，农业技术推广项目选择与实施，试验、示范与技术培训，农业技术推广信息服务，农业技术推广调查，农业技术推广工作评价6个学习项目。各部分内容独立成项目，又紧密联系，构成统一整体。同时根据农业技术推广工作需要，设置了编制农业技术推广项目计划、编制推广项目可行性研究报告、农业技术推广项目总结、成果示范、农民技术培训、农业技术推广信息采集与应用、农业技术推广现状调查、农业技术推广项目评价等实训项目。推广基础和各学习项目设有思考题和学生自测题，以便检验学习效果。

本书总结了近年来我国农业技术推广体系改革和建设的新成果、新经验，加强了针对性，突出了实用性，充分体现了高等职业教育培养高素质技能型人才的特点，可作为农业类专业、畜牧类和渔业类专业的教材，也可供农业行政人员和技术推广人员使用。

图书在版编目(CIP)数据

农业技术推广/王守国，宫绍斌主编. —3版. —北京：中国农业大学出版社，2021.12(2023.8重印)

ISBN 978-7-5655-2662-6

Ⅰ.①农… Ⅱ.①王… ②宫… Ⅲ.①农业科技推广 Ⅳ.①S3-33

中国版本图书馆CIP数据核字(2021)第247312号

书　　名　农业技术推广　第3版
作　　者　王守国　宫绍斌　主编

策划编辑　张　玉　　**责任编辑**　张　玉
封面设计　郑　川　李尘工作室
出版发行　中国农业大学出版社
社　　址　北京市海淀区圆明园西路2号　　**邮政编码**　100193
电　　话　发行部010-62733489，1190　　读者服务部010-62732336
编辑部010-62732617，2618　　出　版　部010-62733440
网　　址　http://www.caupress.cn　　**E-mail**　cbsszs@cau.edu.cn
经　　销　新华书店
印　　刷　北京溢漾印刷有限公司
版　　次　2021年12月第3版　　2023年8月第2次印刷
规　　格　787×1 092　16开本　15.25印张　380千字
定　　价　45.00元

图书如有质量问题本社发行部负责调换

中国农业大学出版社
“十二五”职业教育国家规划教材
建设指导委员会专家名单
（按姓氏拼音排列）

边传周　蔡　健　蔡智军　曹春英　陈桂银　陈忠辉　成海钟　丑武江

崔　坤　范超峰　贺生中　姜淑荣　蒋春茂　蒋锦标　鞠剑锋　李　恒

李国和　李正英　刘　源　刘永华　刘振湘　罗红霞　马恒东　梅爱冰

宋连喜　苏允平　田应华　王福海　王国军　王海波　王华杰　吴敏秋

夏学文　许文林　许亚东　杨宝进　杨孝列　于海涛　臧大存　张　力

张继忠　赵　聘　赵晨霞　周奇迹　卓丽环

第3版编写人员

主　编　王守国（黑龙江生物科技职业学院）

宫绍斌（黑龙江农业职业技术学院）

副主编　张彭良（成都农业科技职业学院）

胡志凤（黑龙江生物科技职业学院）

王海萍（湖北生物科技职业学院）

白远国（荆州职业学院）

参　编　郈连春（黑龙江农业经济职业学院）

张彩玲（黑龙江农业经济职业学院）

赵　姝（黑龙江农业职业技术学院）

崔文芳（内蒙古农业大学）

主　审　郑立华（黑龙江省泰来县农业技术推广中心）

第2版编写人员

主　编　王守国(黑龙江生物科技职业学院)
　　　　宫绍斌(黑龙江农业职业技术学院)

副主编　严海鸥(内蒙古农业大学)
　　　　张彭良(成都农业科技职业学院)
　　　　侯国庆(内蒙古农业大学)

参　编　张彩玲(黑龙江农业经济职业学院)
　　　　赵　姝(黑龙江农业职业技术学院)
　　　　郃连春(黑龙江农业经济职业学院)

主　审　郑立华(黑龙江省泰来县农业技术推广中心)

第3版前言

党的二十大报告提出了“加快建设农业强国”的战略要求，并指出“科技是第一生产力、人才是第一资源、创新是第一动力”。发展现代农业需要大量高素质技术技能型人才，农林牧渔类专业的毕业生，主要面向现代农业、农业企业和乡村振兴事业，从事种植、养殖与新技术推广、农资营销、农产品加工等社会化服务工作。在与农民接触的过程中，应了解农民的心理和行为，了解技术传播规律，掌握农业技术推广的基本知识，具备选择推广项目、编制项目计划、实施推广项目、开展技术培训和指导、进行项目总结等能力，培养适应“三农”工作的职业素质。

在《农业技术推广》第2版教材使用中，广大高等职业院校师生、基层农业技术人员和新型职业农民提出了宝贵的意见，据此我们对教材进行了修订，删除了不适应推广工作需要的内容；适应新时代农业技术推广工作需要，更新了推广案例和阅读材料；根据推广工作实际，更新了部分学习任务，突出学生实践能力培养；进一步明确了学习目标，同时配备了教学课件，供教学和学习使用；增加了课程思政内容，引导学生“懂农业、爱农村、爱农民”，主动服务乡村振兴事业。

本书由王守国、宫绍斌任主编，张彭良、胡志凤、王海萍、白远国任副主编。具体编写分工如下：农业技术推广基础由王守国和胡志凤共同编写，各项目实训和期末测试卷由王海萍和白远国编写。项目一农业技术推广程序和方法运用由张彭良编写，项目二农业技术推广项目选择与实施由张彩玲编写，项目三试验、示范与技术培训由崔文芳编写，项目四农业技术推广信息服务由宫绍斌编写，项目五农业技术推广调查由赵姝编写，项目六农业技术推广工作评价由郜连春编写。王守国、宫绍斌对全书进行了统稿，黑龙江省泰来县农业技术推广中心郑立华研究员进行了审稿。引用的参考文献列于书后，以便查阅原文。本书的出版得到了中国农业大学出版社和编者所在院校的大力支持，对此深表感谢。

本书可作为作物生产与经营管理、种子生产与经营、现代农业技术、绿色食品生产技术、园艺技术等农业类专业，畜牧兽医、畜禽智能化养殖、水产养殖等畜牧类和渔业类专业的教材，也可供农业行政人员和技术推广人员使用。

由于编者水平和掌握的资料有限，教材中的疏漏之处在所难免，敬请予以指正。

编　者

2023年8月

第2版前言

实现农业持续稳定发展，长期确保农产品有效供给，根本出路在于农业科技进步。农业科技是确保国家粮食安全的基础支撑，是突破资源环境约束的必然选择，是加快现代农业建设的决定力量，具有显著的公共性、基础性、社会性。近几年来，随着耕地和水资源约束日益增强，以及粮食等主要农产品消费需求刚性增长，农业发展的任务十分繁重。从中长期来看，国家将面临可用耕地减少、劳动力转移、劳动力价格居高不下、农业生产步入高成本时代等难题，未来我国农业的发展将主要依靠科技进步和提高劳动者素质，农业和农村发展将迫切需要更多的高素质农业技术推广人才。

农业技术推广是高等职业教育种植类和养殖类专业的通修课程。种植类和养殖类专业的毕业生，主要面向现代农业、农业企业和社会主义新农村建设，从事农业生产与新技术推广、农资营销、农产品加工等社会化服务工作，他们在与农民接触中，必须了解农民的心理和行为，了解技术传播规律，掌握农业技术推广的基本知识和技能。因此，我们组织编写了《农业技术推广》教材，以适应提高学生素质和推广技能的需要。在教材编写中，以培训高素质技能型人才为核心，根据基层农业技术推广工作需要进行知识重构和内容重组，突出了针对性和实用性；还介绍了思维导图、头脑风暴、小组合作学习等学习方法，供学生练习之用。

本书由王守国、宫绍斌担任主编。编写分工为：农业技术推广基础和各项目实训由王守国、侯国庆共同编写，项目一农业技术推广程序和方法由张彭良编写，项目二农业技术推广项目选择与实施由张彩玲编写，项目三试验、示范与技术培训由严海鸥编写，项目四农业技术推广信息服务由宫绍斌编写，项目五农业技术推广调查由赵姝编写，项目六农业技术推广工作评价由郃连春编写。王守国、宫绍斌对全书进行了统稿，黑龙江省泰来县农业技术推广中心郑立华进行了审稿。引用的参考文献列于书后，以便查阅原文。本书的出版得到了中国农业大学出版社和编者所在院校的大力支持，对此深表感谢。

本书可作为作物生产技术、园艺技术、植物保护、种子生产与经营、畜牧、水产养殖、农业经济、生物技术、资源环境等专业的教材，也可供农业科研、推广和行政人员使用。

由于编者水平和掌握资料有限，不足之处在所难免，恳请批评指正。

编　者

2016 年 2 月

目　　录

Ⅰ　农业技术推广基础

Ⅱ　农业技术推广学习项目

农业技术推广基础

项目一　农业技术推广程序与方法运用

项目二　农业技术推广项目的选择与实施

项目三　试验、示范与技术推广

项目四　农业技术推广信息服务

项目五　农业技术推广调查

项目六　农业技术推广工作评价

Part I

农业技术推广基础

农业发展必须依靠科技进步，而科技进步必须有人才支撑。农技推广队伍是农业农村人才队伍的重要组成部分，是推动农业现代化、落实乡村振兴战略的重要力量。截至2019年年底，农业农村部所属种植业、畜牧兽医、水产、农机化、综合站5个系统，部、省、地、县、乡5级，共有国家农技推广机构7.55万个，农技推广人员51.4万人，他们既服务于分散经营的2.3亿小农户，也服务于生产规模相对较大的300多万家新型农业经营主体，服务范围覆盖全国农业生产区域2 400余个县。

2015年付茜茜通过江西省基层农技人员定向培养计划，招录到江西农业工程职业学院学习，2018年8月毕业后到九江市湖口县大垅乡农业技术推广综合服务站工作。为了让农业插上科技的翅膀，付茜茜开始钻研农眼智能监测系统，通过这个设备，农场管理员告别了每天跑遍整个果园的管理方式，可直接在农眼App上查看果园情况，节省劳动力，同时比人工经验更加精准科学，"云科技"将成为农民科学种田的新工具。江西省2011年9月在全省范围内启动实施了"一村一名大学生工程"，九年来累计招收和培养了6.3万名"留得住、用得上、干得好、带得动"的农民大学生，探索了一条符合江西实际的培育农村人才新路子。

基层农技人员、科技示范户、农业实用技术人才、专业合作社带头人和种养大户，是对新技术最具示范和传播作用的人。据中国科学技术协会的调查，在现有的农技推广人员中，有91.7%的人认为需要和非常需要获得进修和再学习的机会。各省、自治区、直辖市为提升农技推广队伍业务水平和服务能力，把农技人员培训作为基层农技推广体系改革、农技推广队伍建设、农技推广补助项目实施的核心任务。围绕种植业、畜牧业、渔业和农机化等行业，按照各地农业主导产业及重点专业，分层级、分类型、分模块全面开展基层农技人员素质能力提升培训，从基层（以县为主）选拔1万名左右有较高知名度和专业技术权威的农技推广骨干，通过一段时间的培养，使之成为当地主导品种、主推技术引进、试验示范和推广的引领者，成为农技推广体系与国家现代农业产业技术体系对接的农技推广骨干，为现代农业发展提供强有力的科技支撑和人才保障。

2019年1月，湖南省株洲市渌口区启动了农技推广服务特聘计划，以政府购买服务的形式，公开选聘乡土专家作为特聘农技员，为再生水稻、蔬菜、湘莲、高粱和果树5个特色主导产业提供技术指导、咨询服务和政策宣传。到2019年年底，农技服务特聘计划已在全国832多个县实施，特聘农技员近4 200人。他们是当地的"土专家""田秀才"和种养能手，切实帮助贫困群众解决了一些生产技术问题，推动贫困地区特色产业发展，为全面推进乡村振兴添砖加瓦。

基础一　农业技术推广概述

学习目标

1. 理解农业技术推广的含义和作用；
2. 了解农业现代化的基本特征和发展趋势；
3. 掌握农业技术推广与农业现代化的关系；
4. 树立全心全意做好农业技术推广工作的意识。

农业技术推广是人类进入农业社会就开始的一种社会活动，对农业社会的发展起着重要的推动作用。随着现代农业的发展，农业技术推广越来越发挥出不可替代的重要作用。

一、农业技术推广的含义及作用

（一）农业技术推广的含义

我国农业综合生产能力稳步提高，粮食连年增产，肉蛋奶保障充分，农民持续增收。这其中，农业科技发挥了重要的支撑作用，2020 年科技进步贡献率达到 60.0%，科技进步已经成为我国农业发展的决定性力量。作为一个发展中的大国，我国人口增多与耕地减少的矛盾将长期存在，农产品消费增加的趋势将长期存在，粮食供求处于紧平衡的压力也将长期存在。在资源约束趋紧、灾害影响加大、种粮效益不高等背景下，保障国家粮食安全，必须要在科技进步上找出路，通过加快农业科技自主创新，在农业关键技术和核心领域实现重大突破。同时，要更加重视农业科技成果推广应用，将新品种、新技术、新成果及时有效地传播到千家万户和田间地头，把农业科技创新成果尽快转化为现实生产力，把专家的试验产量变成广大农民的田间产量。

《中华人民共和国农业技术推广法》规定，农业技术推广是指通过试验、示范、培训、指导以及咨询服务等，把农业技术普及应用于农业产前、产中、产后全过程的活动。农业技术推广的任务是执行国家农业技术推广法律法规，通过试验、示范、培训、干预、交流等手段，加快新技术、新成果的推广应用，使科技成果尽快转化为生产力，促进农村经济全面发展。国家统计局公布的数据，2020 年全国粮食总产量达到 6.695 亿 t，连续 6 年稳定在 6.5 亿 t 以上。全国粮食作物平均单产达到每公顷 5 730.0 kg，每公顷比上年增长 0.2%。化肥农药使用量保持负增长，秸秆、畜禽粪污利用率分别达到 85%、75%，农田有效灌溉面积占比超过 56.7%，这表明全国一半以上的农田可以实现旱涝保收。全国主要农作物耕种收综合机械化水平达到 70%，标志着我国农业生产方式已由千百年来以人畜力为主转入到以机械作业为主的新阶段。

我国还经常使用农业推广一词。按联合国粮农组织的定义，农业推广是将有用的信息传递给人们，而且帮助这些人获得必要的知识、技能和正确观点，以便有效地利用这些信息和技术的一种教育过程。农业推广的主要内容：帮助农民认识和采纳先进的生产技术和管理方法，提高其生产技能和管理水平；开展技术咨询与信息服务，提供有关的技术成果、市场价格、物资、信贷等方面的咨询与服务，使农民能及时了解他们所能获得的各种条件，从而做出科学的决策；把农民有效地组织起来，帮助他们认识自己的共同利益与合作的重要性，在生产中进行有效的合作，解决重大生产问题；指导农民合理安排家庭生活，为农民收入分配、文化生活、子女就业、家庭生活提供指导。

（二）农业技术推广的作用

农业科研单位每年都要创造出大量的新技术和新成果，我国每年有 7 000 多项农业新技术产生。这些新技术如果只停留在试验阶段，技术的价值就发挥不出来。农业技术传播的途径不一，但最有效的传播途径就是农业技术推广。通过农业技术推广工作把新技术和新成果送到农民手中，应用于生产，转化为现实生产力。

对农民进行文化科技教育，提高农民的素质，是一项长期的、艰巨的任务。对农民进行的教育属于职业教育，这种教育有两个特点：一是教育对象多，人员分散，文化基础差异大；二是教育内容复杂，周期长。农业技术推广教育最能适应这些特点。因为农业技术推广能因地制宜，紧密结合生产过程，能满足各种不同情况的农民的学习要求；教育内容涉及生产、生活各领域，时间安排也比较灵活，实效性较强。推广教育能达到提高农民素质，开发农民智力的目的。因此，世界各国在农业现代化进程中，无不大力发展农业技术推广事业。

科技进步在农业增长中所占的比重，发达国家为 60%～80%，我国在“十三五”末达到 60%。发达国家主要是充分运用了农业技术推广手段，推广了大量的农业科技新成果。一项农业科技成果的推广，往往能够大幅度提高劳动生产率，产生巨大的经济效益和社会效益。近年来，我国杂交水稻的种植面积为 1 700 万 hm^2，占全国水稻总面积的 50%。全国水稻平均单产每公顷 6.4 t，其中杂交水稻每公顷 7.5 t。杂交稻比常规稻增产 20%左右，每年增产的粮食可养活 7 000 万人。杂交水稻在国外种植面积达 700 万 hm^2，种植面积最大的印度有 200 多万 hm^2。杂交水稻不仅解决了中国人的吃饭问题，而且正在造福全世界。有人曾做过估算，自 20 世纪 30 年代以来，杂种优势这一自然规律被美国的几位遗传学家作为育种手段应用到农业生产后，推广应用产生的经济效益，足以支付全世界有记载以来所有农业科研费用的总和。

发展现代农业是实施乡村振兴战略的重要任务。推进现代农业建设，顺应我国经济发展的客观趋势，符合当今世界农业发展的一般规律，是促进农民增加收入的基本途径，是提高农业综合生产能力的重要举措，是乡村振兴的产业基础。发展现代农业，实现农业现代化，必须将大量的新技术和新成果应用于生产中。农业技术推广是加速成果应用的有效手段，推广的速度和效率将直接影响到农业现代化的进程。

农业科研成果是在一定条件下产生的，在推广应用过程中必须经过试验、示范，提出推广的配套和改进措施，才能大规模应用。在试验、示范和推广过程中，如果发现问题，推广单位既可自行研究解决，使成果进一步完善和配套，也可反馈给科研单位。因此，农业技术推广不是简单的技术传输、原有成果的复制，而是一种创造性劳动，是农业科研的延伸和发展。

二、农业现代化与农业技术推广

农业现代化是指农业发展适应当代生产力的发展水平，在思想、组织、手段、方法等方面达到国际先进水平。农业现代化的内涵包括农业产业的现代化、农村环境的现代化和农业主体的现代化。

(一)农业现代化的基本特征

1. 技术科学化

从当代农业发达国家的实践看，现代农业科学已成为门类齐全、日益完善的科学体系，主要表现在以下几方面：第一，在以生物学革命为先导的新技术革命的冲击下，新兴和交叉学科大量出现。现代生物技术、信息技术、空间技术、遥感遥测技术、激光技术、能源技术、核辐射技术、微电子技术等相互渗透、融合、补充，使农业科学技术日益成为综合性的大科学体系，使农业呈现高科技特色。第二，在农作物品种改良方面，由于遗传学的发展和育种技术的进步，已培育出许多高产、优质、抗逆、适于机械化作业的新品种。特别是杂交矮秆耐肥品种的培育和推广为提高粮食作物产量做出了巨大贡献。第三，栽培技术向集约化、模式化、定量化的方向发展；灌溉技术向节水、高效的方向发展。第四，复合肥料、高效浓缩肥料和长效肥料的使用已成为一种趋势；肥料中加入除草剂和杀虫剂，使肥料变成了农药的载体，既节约了成本，又增加了农药的安全性。

2. 操作机械化

传统农业中的大量手工劳动，在现代农业中已被机械所代替。在一些农业发达国家，已形成了农业机械作业体系，从作物的种、管、收到农产品的运输、贮藏全部实现机械化作业。特别是畜牧业的机械化程度达到很高水平，如养鸡业中的给水、给料、收蛋、装箱等作业全部被计算机控制的机械所代替。

从机械化的类型来看，一些人少地多的发达国家，如美国、加拿大、澳大利亚等国家，农业机械向大型、宽幅、高速联合作业方向发展。在人多地少的国家，如日本、以色列等国家，农业机械向小型化发展，以适应不同条件和多种作业要求。另外，农用飞机的发展也很快，已广泛应用于水稻播种、造林、种草和喷洒农药等作业。

3. 产销社会化

根据不同地区的自然条件和经济条件，各地区种植作物相对集中，形成专业化、商品化的生产基地。农业生产社会化的发展，使农业生产成为一个产、供、销紧密联系的实体。种子、农药、化肥和农机具等生产资料均由专业公司经销，农产品的收购、贮藏、加工也有专门的机构负责，农业生产部门和为其提供服务的各部门，均能做到规模经营，提高了生产效率。

4. 生产高效化

衡量农业现代化水平的重要指标是农业劳动生产率和土地生产率。劳动生产率是指一个农业劳动力能耕种多少耕地，能生产出多少农产品。世界上农业劳动生产率高的国家是加拿大、美国和澳大利亚等国，每个农业劳动力可耕种几百亩耕地，生产粮食 70 000 kg 以上。各国土地资源、气候条件差异悬殊，很难直接用单位面积产量来比较土地生产率的高低。但一般情况下，农业现代化程度高的国家或地区，土地生产率较高。

5. 农民知识化

以人为本是现代农业的重要特征。随着现代农业的发展，农业生产过程中的科技含量越来越高。因此，只有农民理解和掌握了现代科学技术，才能使科学技术转化为生产力；同时由于现代农业的生产规模大，农产品的商品率高，也要求农民掌握高效的企业化管理方法，不断提高经营水平。在现代化农业国家，农民大多完成了义务教育或接受过中、高等职业教育。大多数欧洲国家规定，青年农民必须获得“绿色证书”才有资格从事农业生产，获得继承权和优惠贷款。美国的农场主大多具有高中以上文化水平，约有 1/4 是大学毕业生，有的农场甚至是由大学教授兼营的。

（二）农业现代化的发展趋势

纵观世界农业现代化发展，农业现代化正逐渐朝着资金技术密集型、高度商品化、集约化、规模化、专业化、社会化、企业化方向发展；农产品贸易逐步朝着自由化、一体化方向发展，从而形成农业科技与农业经济一体化以及农业成果产业化的发展态势。其基本发展思路有信息化立体农业、现代生态农业、工厂化农业、可持续集约农业及高新技术农业产业化等方面。

1. 智慧农业

随着计算机、通信、人工智能等技术的迅速发展，智慧农业应运而生。智慧农业具有极高的精确性，它可以通过对土壤、空气等环境参数的准确测量及记录，科学制订生产管理计划，合理分配农业资源，并最终达到绿色生产，少投多得的效果。智慧农业可运用现代化智能控制技术实现远程的自动化农事操作，极大地提高生产效率，降低人工成本，减少资源消耗，更有助于生产管理，获得更高的农业生产价值。智慧农业可以实现农产品从田间到餐桌的全程溯源，消费者可以快捷地追溯到农产品的全部信息，促进了农业的规范化和标准化生产，也保证了农产品安全。在智慧农业中，成功的生产经验可以被复制和推广，使用标准化的方案生产，人人都可以是农业专家，让农业实现了质的飞越，智能化程度大大提升，农业经营模式也越来越广泛。

2. 现代生态农业

现代农业的高度工业化和化学化所引起的资源短缺、环境恶化等问题，20 世纪 70 年代就已引起国际社会的高度重视。在一些农业发达的国家，人们开始寻求所谓的替代农业，提出了有机农业、生态农业等概念和发展模式，倡导应用生态上合理的管理技术，使农业实现持续高产。近年来国际社会已普遍接受可持续发展战略，因而可持续农业成为现代农业进一步发展的主要方向。

生态农业强调各部门的协调性、综合性、稳定性和持续性，与目前提出的观光农业、休闲农业、旅游农业、立体农业等替代农业有一定程度的交叉和重叠。

3. 可持续集约农业

可持续集约农业的基本思想：既追求现代农业的高产、高效化目标，又吸收生态农业重视和保护环境的各项技术措施；既不同于石油农业那样投入大量的石化资源，又不同于生态农业那样排斥石化资源的使用。可以说，可持续集约农业是一种综合兼顾了产量、质量、效益和环境等因素的农业生产模式，是在不破坏环境和资源，不损害子孙后代利益的前提下，实现当代人对农产品供需平衡的农业发展模式。因此，可持续集约农业并不是对石油农业或生态农业的否定，而是它们的继承和发展，是一种新型的现代农业发展模式。

4. 工厂化农业

工厂化农业又称设施农业。自 20 世纪中叶以来，农业科学技术部分地变成了以研究动植物在工厂、工程这类人造环境条件下生长发育规律，并协调它们与新生活环境相适应的科学技术。

工厂化农业包括工厂化栽培和工厂化养殖 2 个方面。工厂化农业使用不同的生产和管理方式，高效、均衡地生产各种蔬菜、花卉以及畜禽蛋等农产品。用人工控制环境因子如光、温、水、二氧化碳、营养等的方法来获得动植物最佳生长条件，达到增加产量、提高品质、延长生长季节等目的。工厂化农业的设施有地膜覆盖、小拱棚覆盖、塑料大棚（网棚）、温室或支持性的泡沫房等。种植业工厂化的基础是无土栽培。设施农业目前正朝着自动化、智能化与网络化方向发展，最终发展成为无人化的全自动控制的植物工厂。

5. 高新技术农业产业化

现代农业在吸收传统农业精耕细作、持续经营的基础上，不断吸收和融合现代科学技术，如转基因技术、细胞融合技术以及无性繁殖等生物技术。将转基因技术、核辐射技术与常规育种技术结合，综合不同植物的优良性状，实现远缘杂交。利用无性繁殖技术开发人工种子和种子包衣，促进种子产业的发展。

高新技术在空间不断拓展，如“蓝色农业”又称海洋农业，促进水产养殖，推动海洋业向集约化、农牧化方向发展，开发海洋农场和海洋养殖基地，实现“蓝色革命”。利用微生物资源，以动植物为原料，发展“白色农业”的相关产业，建立单细胞蛋白质工业及海藻生物技术和产业等。利用动植物分子遗传学和转基因技术，实现商业化大规模生产蛋白质、药物、疫苗及酶等物质，用于预防和治疗人和动物的疾病。将航空航天技术与农业和生物技术结合，发展“太空农业”。

农业产业化、市场化和企业化将成为现代农业发展的必然趋势。

（三）农业技术推广与农业现代化

农业教育、科研、推广构成农业发展的 3 种要素，三者处于同等重要的地位，相互作用，相辅相成，相互反馈，缺一不可。发展农业、繁荣农村、富裕农民是我国社会主义新农村建设的重要任务。若不采取教育、科研、推广并举的方针和各种具体措施，就难以形成一个向农业投入科技成果的强有力的系统。通观古今中外历史，农业发展实践证明，科技进步对人类的任何贡献，都是通过推广实现的。没有发达的农业技术推广，便没有农业现代化，也就没有繁荣的农村和富裕的农民。

现代农业需要农业科学技术，农业科学技术需要农业技术推广。农业技术推广是将新知识、新技术、新信息、新技能应用于农业生产，使之变成实现生产力的最有效手段。只有农业技术推广才能更好地、更直接地把科学技术与农业生产有机地结合起来；只有农业技术推广才能把农民的需求与科学技术密切结合起来。实践证明：科技成果推广越及时，应用的范围越广，效率越高，取得的经济效益、社会效益和生态效益越好，科技对经济和社会发展的促进作用也就越大。日本、德国、荷兰等国之所以跃居为世界农业先进国家，主要成功经验就是重视和发展推广事业。据美国科学家分析，美国农业产量增长量中的 81%和劳动生产率提高的 71%归功于科研成果的推广应用。重视和积极发展农业技术推广，是促进农业科研、农业教育和农业生产相结合，实现农业现代化的一项重要战略。

阅读材料

我国农技推广的主要成就与经验

改革开放以来,我国农业取得了举世瞩目的成就,粮食生产先后迈上了4个台阶,从3 045亿kg增加到6 695亿kg,创造了用仅占世界9%的耕地养活了占世界20%人口的奇迹。农民人均收入1978年为134元,到2020年增加到17 131元。2004—2020年,粮食产量和农民人均可支配收入实现17年连续增长。实现了人民生活从温饱不足到总体小康的历史性跨越。这些成就的取得,农业科技成果的推广应用发挥了巨大作用,其中农技推广功不可没。

我国农技推广工作取得的成就,主要包括以下几方面:

一是国家推广体系逐步完善。改革开放以来,我国农技推广体系建设虽然经历了一定的起伏,但从总体上看,健全了推广机构,培育了推广队伍,改善了工作条件。

二是推广方式方法不断创新。随着我国工业化和信息化的推进,农业对外开放水平的不断提高,以各种信息载体为平台的农技推广方式方法不断创新,服务农业生产的水平不断提升,表现为公益性服务全面创新,经营性服务不断拓展。

三是重大技术推广成效显著。全国农技推广部门组织研发和引进推广了一大批先进实用新技术,包括高产优质品种、高产高效栽培技术、科学施肥技术和生产灾害监控技术等,有力地促进了我国粮食及其他主要农产品生产的稳定发展。

四是依法监管能力不断增强。通过完善法律法规体系,制定工作规范和行业标准,提高了执法管理水平,提升了质量监管能力。

五是国际交流合作蓬勃发展。全国农技推广系统实行走出去、引进来等方式,大力实施国际合作项目,广泛开展国际交流合作,取得了显著成效。

改革开放以来,我国农技推广事业不断发展,其基本经验可以概括为“五个始终坚持”。

始终坚持围绕中心,服务大局。始终围绕党和国家有关农业和农村工作大局以及各级党委政府、农业行政主管部门的中心工作,发挥优势,做好技术支撑,努力成为党和政府履行职责的重要依靠力量是农技推广发展的基础。

始终坚持解放思想,更新观念。积极适应形势变化,解放思想,更新观念,以改革创新为动力,使农技推广体系建设在思想观念、工作思路、办法措施上全面体现科学发展观的要求。

始终坚持突出主体,发展多元。根据我国实际情况,必须依靠国家农技人员提供无偿的技术指导,才能有效促进新技术的推广应用。同时,随着市场经济的发展,农技推广服务呈现多元化发展的趋势,农业科研、教育单位和涉农企业、中介机构、农民专业合作组织广泛参与到技术推广与服务中来,成为农技推广的有益补充。实践证明,只有强化公共推广、发展多元推广,才能有效满足农民日益增长的多元化、个性化农业生产技术需求。

始终坚持创新体制,优化机制。在创新体制方面,初步实现按公益性、层次性、综合性的原则设置机构。因地制宜选择区域站、县级农业部门派出的乡镇行业站和乡镇综合站等机构设置方式,理顺了管理体制,使一线农技推广机构成为技术集成、传播、培训的前沿阵地。在优化机制方面,通过对农技人员实行多角度全方位考评,将服务对象对农技人员的评价作为重要的考核内容纳入考评体系,并通过改革分配制度,把考评结果与工资福利待遇、职务晋升、职称评聘、继续教育、续聘、解聘等挂钩,建立激励机制,充分调动了基层农技推广人员的积极性、主动性和创造性。

始终坚持强化保障,依法推广。《中华人民共和国农业技术推广法》明确了国家农技推广机构的主体地位,规定了政府对国家农技推广体系的保障责任,为我国农技推广事业持续稳定发展奠定了基础。党中央、国务院和农业农村部等部委在各个时期出台的一系列政策文件,为加强农技推广体系建设,保障农技推广体系稳定提供了政策依据,促进了农技推广事业健康发展。

思考题

1.农业技术推广有什么作用?

2.农业技术推广与农业现代化的关系如何?

基础二　农业创新采用与扩散

学习目标

1. 熟悉创新的含义和特性，掌握创新扩散的基本原理；

2. 认识和理解农民在创新采用过程不同阶段的心理特点，能根据实际需要正确选择推广方法；

3. 了解农业创新扩散的阶段性，掌握影响农业创新采用与扩散的因素；

4. 提高促进创新采用与扩散的技能。

农业技术推广过程就是在农技人员与农民的共同活动中采用农业创新的过程。在这一过程中，既有农技人员的主导作用，又有农民的主体作用。农业创新采用的早晚、快慢和效率高低，既受创新本身特点制约，又受农民素质影响。认识和掌握农业创新采用扩散规律，对提高推广工作效率有重要作用。

一、农业创新采用

(一)创新的含义和特性

1. 创新的含义

著名经济学家约瑟夫·阿洛伊斯·熊彼特在其名著《资本主义、社会主义和民主主义》中提出，创新就是建立一种新的生产函数，生产函数即生产要素的一种组合比率。创新就是将一种从来没有过的生产要素和生产条件的新组合引入生产体系。

埃弗雷特·M. 罗杰斯认为，创新是一种被个人或其他采纳单位视为新颖的观念、时间或事物。

创新的5种存在形式包括引进新产品或提供一种产品的新质量；采用新技术或新生产方法；开辟新市场；获得原材料的新来源；实现企业组织的新形式。

概括地说，只要有助于解决问题，与农民生产和生活有关的各种实用技术、知识和信息都可以理解为创新。农业创新就是应用于农业领域各方面的新成果、新技术、新知识及新信息的统称。

2. 创新的特性

(1)相对优越性　相对优越性是指人们认为某项创新比被其所取代的原有创新优越的程度。相对优越性常用经济获利性表示，但也可用社会方面或其他方面的指标来说明。至于某项创新哪个方面的相对优势最重要，不仅取决于潜在采用者的特征，还取决于创新本身的性质。

(2)一致性　一致性是指人们认为某项创新同现行的价值观念、以往的经验以及潜在采用者的需要相适应的程度。某项创新的适应程度越高，意味着对潜在采用者的不确定性越小。

(3)复杂性　复杂性是指人们认为某项创新理解和使用起来相对困难的程度。有些创新的实施需要复杂的知识和技术，有些则不然。

(4)可试验性　可试验性是指某项创新可以小规模地被试验的程度。采用者倾向于接受已经进行了小规模试验的创新，因为直接的大规模采用有很大的不确定性，因而有很大的风险。可试验性与可分性是密切相关的。

(5)可观察性　可观察性是指某项创新的成果对其他人而言显而易见的程度。在扩散研究中，大多数创新都是技术创新。技术通常包括硬件和软件 2 个方面。一般而言，技术创新的软件成果不那么容易被观察，所以某项创新的软件成分越大，其可观察性就越差，采用率就越低。

(二)农民对创新的采用过程

农民对农业创新的采用过程是指农民从获得农业创新信息到最终采用的心理、行为变化过程。农民采用农业创新的过程可分为 5 个阶段。

1. 认识阶段

认识阶段也称为感知阶段。农民通过各种途径获得信息，这些信息包括物质形态的技术，如新品种、新农具、新肥料、新农药等；也包括非物质形态的技术，如栽培技术、饲养管理技术等，并与本身的生产发展和生活需要相联系，从总体上初步了解某项创新。

2. 兴趣阶段

农民在初步认识到某项创新可能会给他带来一定好处的时候，其行为就会发展到感兴趣。这时，农民对创新的方法和效果，表现出极大的关心和浓厚的兴趣，开始出现学习行为；并初步考虑采用的规模、投资的程度及承受风险的能力，初步做出是否试用的打算。如果不相信创新，或条件不具备而不能采用创新，就不会对创新产生兴趣。

3. 评价阶段

农民根据以往资料对该项创新的各种效果进行较为全面的评价。农民在这一阶段的心理状态是没有把握，想试验一下或观察其他农民试用创新的情况，因而表现犹豫不决。农民在邻居、朋友或推广人员的协助下进行评价，得出肯定或否定的结论。

4. 试用阶段

试用阶段也称为尝试阶段。为了减少投资风险，防止盲目应用，估计效益高低，农民在正式采用之前要先进行小规模采用(试用)，为今后大规模采用做准备。在这一阶段，农民期望试用成功，当试用中出现问题时需要技术人员帮助解决，取得成功经验和掌握了技术，就会确信创新是可以采用的。

5. 采用(或拒绝)阶段

采用(或拒绝)阶段也称为接受(或放弃)阶段。农民通过试用评价做出是否采用的决策，如果该项创新较为理想，农民便根据自己的财力、物力等状况，决定采用的规模，正式实施创新。如果试用失败，或采用能力、条件不具备，便会放弃创新。

(三)采用者的类型及其分布规律

农业创新采用的5个阶段，是指农民个人对某项创新的采用过程而言，但对于不同的农民个人来说，即使对于同一项创新，开始采用的时间也是有先有后的。有的是从获得信息不久就决定采用，有的则要经过若干年后才能采用。美国学者罗杰斯研究了农民采用玉米杂交种这项创新过程，开始采用的时间与采用者人数之间的关系，发现两者的关系曲线呈正态分布(图Ⅰ.2.1)，同时计算出了不同时间的采用者人数的比例，并根据采用时间早晚，把采用者划分为五种类型。第一种类型叫创新者(或先驱者)，第二种类型叫早期采用者，第三种类型叫早期多数，第四种类型叫晚期多数，第五种类型叫落后者。

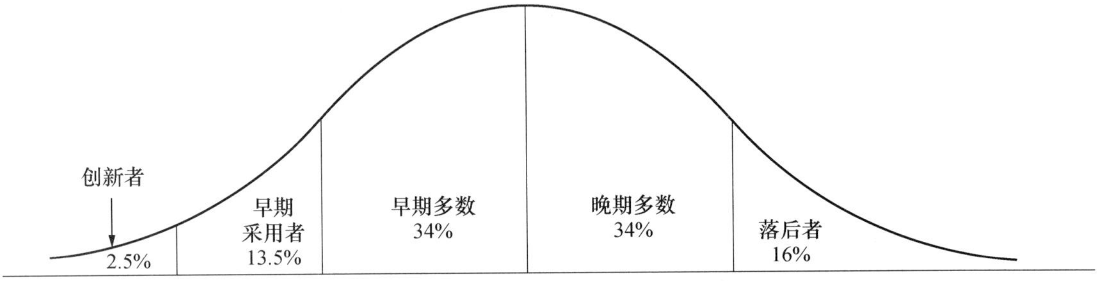

图Ⅰ.2.1 采用者的类型及分布

当一项农业创新出台后，总是先有个别少数人试着采用，以后逐渐才有更多的人愿意接受这项创新，在心理性格上把那些最早采用创新的人称为创新者。因为他们富于冒险及创造精神，承担着较大的风险，一旦采用成功就会优先受益，而万一失败则会蒙受损失。当创新继续被较多的人采用时，称这些人为早期采用者。如果继续被更多的人仿效采用，根据采用时间的早晚把他们分别称为早期多数及晚期多数。把最后才接受创新和拒绝接受创新的人称为落后者。

图Ⅰ.2.1只说明了创新采用者人数结构的一般规律，是一个理论模型，并非每项创新都按照上述比例对采用者进行分类。由于不同创新的内容不同，农民对其要求的迫切性及经营条件、技术条件、社会条件等不同，对采用者的心理状态都会有不同的影响。因此，应用这一模型时必须结合实际，不能生搬硬套。

(四)信息来源对创新采用的影响

农业技术推广中不同来源的信息具有不同的特点和功能，对农民采用过程中不同阶段的作用和影响是不同的。

在认识阶段，由于多数农民受教育程度不高，一般尚未形成从媒介获得信息的习惯，只是把它作为欣赏性媒介，其教育性价值尚未引起足够重视。但从大众媒介获取信息的机会要比其他阶段高。从信息来源上看，邻居、朋友是农民获取信息的主要渠道，其次是小组接触和个别接触。

在兴趣阶段，农民认为此阶段的信息常来自邻居、朋友，大众媒介的作用已被邻居、朋友及小组接触进一步代替。

在评价阶段，邻居、朋友及小组接触的影响最大，这说明本阶段个人交流对评价决策具有重要影响。

在采用阶段，个别接触作用最大，邻居、朋友、小组接触次之，同时商业信息地位有所上升，因为采用阶段必须有一定的物资配套，农民还要根据自己的经验来决定是否采用。

（五）采用过程推广方法的选择

在创新采用的不同阶段，推广工作的重点不同，所采用的方法也不同。一般情况下，每个阶段都需要给农民一定的指导。但在某些情况下则不一定都做，可能集中做好一两个阶段的指导就够了。同时还要研究各阶段常用的、有效的方法。

1.未推广过的技术

假如某种作物或品种过去从未在本地区种植过，经过试种后发现能适应当地条件，这种情况下，推广人员首先要帮助农民充分认识、了解该作物或品种的特点和优越性，通过大众媒介向农民提供这些方面的信息；同时，可以进行巡回访问，与农民个别交谈，组织参观或进行成果示范，使农民发生兴趣，并帮他们试种、评价。

2.已推广的技术

假设某个玉米单交种曾经在当地种植过，并已有不少农民采用了这个品种，但其他农民仍没有采用，这就要仔细分析这些人为什么不采用？如果是大家愿意种，但种子供不应求，只要解决种子供应问题就可以了；如果是人们对它的效益有怀疑，这时就要把注意力放在引导这些人进行试种并协助他们搞好评价上。总之，要分析推广不开的原因，是认识问题，还是技术问题或者是支农服务问题。根据问题的性质分别采取个别访问、技术指导或与其他服务部门配合工作，问题就不难解决。

3.不同阶段采用不同的方法

不同的推广方法在采用过程中要灵活应用，在不同阶段采用适合本阶段的最有效的方法。

(1)认识阶段　大众传播是本阶段最常用的方法。应通过广播、电视、网络、报纸、简报、成果示范、展览会和组织参观等方法，尽快地让更多的农民知道，加深认识和印象。

(2)兴趣阶段　农民发生兴趣的信息不一定都来自大众传播，也可能来自其他渠道。成果示范和个别访问是帮助农民增强兴趣的有效方法。

(3)评价阶段　农民对创新有了初步了解后，是否采用尚在犹豫之中，应尽可能为农民提供先期试验结果和组织参观，协助他们正确进行评价，促使他们尽快做出决策。以小组讨论效果较好，集中大家的智慧和经验，以增强信心，促进其采用。

(4)试用阶段　推广机构应鼓励农民做试验，以验证原来的试验结果，使该结果更可靠，农民更放心。也要注意使用方法示范，加强对农民试验的指导，避免发生人为的试验偏差，提高试验准确性。

(5)采用阶段　宜采用方法示范和技术指导为主的方法，同时提供配套的服务。

4.从当地实际出发选择推广方法

选择推广方法时，要结合当时当地具体条件和农民的实际情况。例如，大众传播在那些广播、电视信号不好的地区就很难奏效，应改为巡回访问，进行广泛宣传。

5.根据不同农民的接受速度分别指导

不同农民在采用过程中，不同阶段的进展速度不同，有些农民对某些创新渴望已久，一知道有此信息就马上准备试验；而有些农民则要深思熟虑，权衡利弊；也有些农民则长时间无动于衷。要根据他们各自的接受速度，分别进行指导。

二、农业创新扩散

创新的扩散是指一项创新由最初采用者或采用地区向外扩散，扩散到更多的采用者或采用地区，使创新得以普及应用的过程。这种扩散可以是由少数人向多数人的扩散，也可以是由一个单位或地区向更多的单位或地区的扩散。研究农业创新扩散规律，对于提高推广工作效率具有重要意义。

（一）农业创新扩散方式

农业创新的扩散方式是多种多样的，在不同的农业历史发展阶段，由于生产力水平、社会及经济技术条件，特别是扩散手段的不同，使创新扩散表现为多种方式。

1. 传习式扩散

主要采取口授身教、家传户习的方式，由父传子、子传孙，子子孙孙代代相传，连续不断，使创新逐渐扩散到一个家族，若干山寨，一群村落。这种扩散方式在原始农业社会阶段最为普遍，生产力水平低下，科学文化落后，所以主要采用此种方式。由于是代代连续不断地往下传，故又叫世袭式扩散。创新经扩散后几乎没有发生变化，或只有微小的变化。

2. 接力式扩散

在技术保密或技术封锁的条件下，创新的扩散有严格的选择性与范围。在传统农业社会，一些技术秘方，以师父带徒弟的方式往下传，如同接力赛一样。师父所带的徒弟，由师父严格挑选。这种扩散方式，虽然也是代代相传，但呈单线状，不是辐射状，故又称为单线式扩散。

3. 波浪式扩散

由科技成果中心将创新成果呈波浪式向四周辐射、扩散，一层一层向周围扩展。这种情形可用“一石激起千层浪”来描述，故称为辐射式扩散。我们平常所说的“以点带面”“点燃一盏灯，照亮一大片”指的就是这种方式，这是当代农业技术推广普遍采用的方式。其特点是辐射力与距科技成果中心的距离成反比，即距中心越近的地方，越容易也越早获得创新，“近水楼台先得月”；而距中心越远的地方，则越不容易得到或很晚才能得到创新成果，“远水不解近渴”。长此以往，就出现了边远地区技术落后现象。这种方式可以促进技术的变化和发展。

4. 跳跃式扩散

在市场经济条件下，竞争激烈，信息灵通，交通便利，扩散手段先进，创新的转移与扩散常常呈跳跃式发展。即科技成果中心一旦有新的成果和技术，不一定总是按常规顺序向四周一层一层地扩散，而是打破了时间上的先后顺序和地域上的远近界限，直接在同一时间内引进到不同地区。例如，地膜覆盖技术从日本引进中国后，可以直接引进到不同类型地区进行扩散。这种扩散方式，可以使创新发生飞跃变化，所以又称为飞跃式扩散。随着扩散手段现代化程度的不断提高，这种方式将得到广泛应用。

（二）农业创新扩散过程

农业创新的扩散过程是指在一个农业社会系统内人与人之间创新采用行为的扩散，即由少数人的采用，发展到多数人的广泛采用。这一过程是创新在农民群体中的扩散过程，也是农民的心理、行为变化的过程，是“动力”与“阻力”相互作用的过程。当动力大于阻力时，创新就会扩散开来。研究表明，典型的创新扩散过程具有明显的规律可循（图Ⅰ.2.2）。

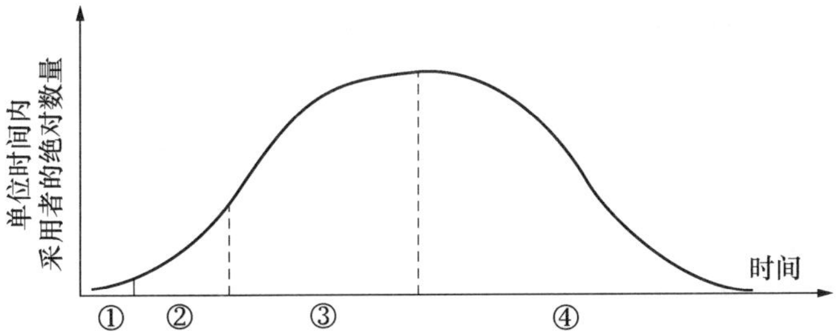

图Ⅰ.2.2 农业创新扩散过程

①突破阶段 ②紧要阶段 ③跟随阶段 ④从众阶段

1.突破阶段

农村社区中的创新者(如科技示范户、科技带头人等)与一般农民相比,科学文化素质较高,与外界联系较广,生产经营较好。同时,他们信息灵通、思维敏捷、富于创新、勇于改革。他们感到要发展生产,改善生活,增加对社会和国家的贡献,就必须改革落后的技术和经营方式。这些需要激发起他们参与改革的动机,这种动机是一种驱动力,促使他们对采用农业创新跃跃欲试。在采用创新的起步阶段,还要克服来自各方面的阻力,如传统观念的舆论压力,旁观者的冷嘲热讽以及万一失败引起的经济损失等。他们还必须付出大量心血和劳动来进行各种试验、评价工作。一旦试验成功,以令人信服的成果证明创新可以在当地应用,而且效果较好的时候,就实现了突破,突破阶段是创新扩散必不可少的第一步。

2.紧要阶段

紧要阶段是创新能否进一步扩散的关键阶段。这个阶段的特点是人们都在等待创新的试用结果,如果确实能产生良好的效益,这项创新就会得到更多人的认可,引起人们高度重视,扩散就会以较快的速度进行。紧要阶段实际上就是创新成果由创新者向早期采用者进行扩散的过程。早期采用者可以说是农村社区中的潜在改革者,这些人也有较强的改革意识,也非常愿意接受新技术,只不过不愿意“冒险”,比创新者更稳妥一点。这些人对创新者的行动颇感兴趣,经常观察、寻找机会了解创新试验的进展情况,也从各方面征询人们对创新的看法,一旦信服他们会很快决策,紧随创新者而积极采用创新。

3.跟随阶段

当创新的效果明显时,除了创新者和早期采用者继续采用外,被称为早期多数的这部分农民认为创新有利可图,也会积极采用。这些人刚开始可能不理解创新,一旦发现创新成功,他们会以极大的热情主动采用,所以又叫自我推动阶段。

4.从众阶段

当创新的扩散已形成一股势不可挡的潮流时,个人几乎不需要什么驱动力,而被生活所在的群体所推动,被动地“随波逐流”,使得创新在整个社会系统中广泛普及采用。农村中那些称之为“晚期多数”及“落后者”就是从众者。在农业创新扩散过程的速率曲线上,此阶段的扩散速率呈不断减小趋势,故又称为浪峰减退阶段。

以上阶段的提法是根据学者们的研究结果人为地划分的,但实际上每项具体的创新扩散过程除基本遵循上述扩散规律外,还具有各自的扩散特点。另外,不同扩散阶段与不同采用者之间的关系也不是固定不变的,应具体问题具体分析。农业技术推广人员应研究掌握创新扩散过程及其规律，在不同阶段采用不同扩散手段，对不同类型的采用者运用不同的沟通方法，提高农业创新的扩散速度和增大扩散范围。

三、影响农业创新采用与扩散的因素

（一）经营条件的影响

农业企业及农户的经营条件对农业创新的采用与扩散影响很大。经营条件比较好的农民，他们具有一定规模的耕地，有比较齐全的机械设备，资金较雄厚，劳力较充裕，有多年经营经验，科学文化素质较高，同社会各方面联系较为广泛。他们对创新持积极态度，经常注意创新的信息，容易接受新的创新措施。

我国农民的生产经营规模小，生产条件较差，对采用创新是一种制约因素。就我国种植业来说，全国 1.2 亿 hm^2 耕地、1.87 亿农户，平均每户 0.64 hm^2 耕地，每户平均 9.7 块耕地。耕地分散，土质不同，肥力差异大，这种小规模的生产，从采用创新方面看显然是一种不利因素。随着我国耕地流转制度的建立和完善，生产规模将逐渐扩大，也必将促进农业创新的采用与扩散。

（二）农业创新技术特点的影响

一般情况下，农业创新自身的技术特点对其采用的影响主要取决于 3 个因素：第一，技术的复杂程度。技术简单易行就容易推广；技术越复杂，推广的难度就越大。第二，技术的可分性。可分性大的技术，如作物新品种、化肥、农药等较容易推广；而可分性小的技术装备，如农业机械的推广就要难一些。第三，技术的适用性。如果新技术和现行的农业生产条件相适应，经济效益又明显时就容易推广；反之则难。具体地讲，有以下几种情况：

1. 立即见效的技术和长远见效的技术

立即见效是指技术实施后能很快见到效果，在短期内能得到效益。例如，化肥、农药等是比较容易见效的，推广人员只要对施肥技术和安全使用农药进行必要的指导，就不难推广。技术在短期内难以明显看出它的效果和效益，如增施有机肥、种植绿肥其效果是通过改良土壤、增加土壤有机质和团粒结构、维持土壤肥力达到长久高产稳产的目的，不如化肥的肥效快，这类技术推广的速度要相对慢一些。

2. 一看就懂的技术和需要学习理解的技术

有些技术只要听一次或进行一次现场参观就能掌握实施，这样的技术很容易推广；有些技术则需要有一个学习、消化、理解的过程，并要结合具体情况灵活应用。如病虫化学防治技术，首先要了解药剂的性能及效果，选择最有效的药剂品种和剂型，了解使用方法和安全措施；其次还要了解喷药效果最好的时间、次数、浓度及用药部位等；此外，还需要对病虫害的生态生活习性、流行规律等有所了解，才能取得较好的防治效果。

3. 机械单纯技术和需要训练的技术

例如，蔬菜温室栽培技术、西瓜地膜覆盖栽培技术等，需要比较多的知识、经验和实践技能，需要经过专门的培训才能掌握。而机械喷药技术，只要懂得配方、喷药数量及部位、安全注意事项等，其余就是单纯的机械劳动，不需要很多训练就可掌握。

4.安全技术和危险技术

一般情况下,农业技术都是比较安全的,但也有些技术带有一定危险性,使用不当会造成人畜中毒事故,所以开始推广时比较困难,因为农民对此常有恐惧心理。

5.单项技术和综合技术

实施单项技术,如合理密植或增施钾肥,由于实施不复杂,影响面较窄,农民接受快;而实施综合技术,如作物模式化综合栽培技术,同时要考虑多种因素,从种到收各个环节都要注意,比单项技术的实施要复杂得多,所以推广的速度较慢。

6.个别改进技术和合作改进技术

有些技术涉及范围较小,个人可以学习掌握,一家一户就能单独应用,例如果树嫁接、家畜饲养等。而有些技术则需要农民合作进行才能采用,例如作物病虫害防治,只一家一户防治不行,需要集体合作行动。因为病菌孢子可以随风扩散,害虫可以爬行迁徙,只有大家同时防治才会奏效。土壤改良规划、农田改造、水利建设及农产品加工技术等也都需要集体合作才能推广。

7.先进技术和适用技术

先进技术对某个地区来说并不一定是适用技术,所以有些先进的技术却不适用或至少在现实条件下不适用,这样的技术是难以推广的。而有些看起来并不先进的技术却很适合一个地区的现实条件,是容易推广的。

(三)农民自身因素的影响

农民的知识、技能、性格、年龄及经历等都对接受创新有影响。农民的文化程度、求知欲望、对新知识的学习、对新技术的钻研、是否善于交流等,都影响创新的采用。

1.农民的年龄

农民的年龄常常反映农民的文化程度、对新事物的态度、求知欲望、社会经历以及在家庭中的决策地位。唐永金等(2000)在四川省的一项调查表明,一般户主年龄在31～60岁的中、壮年家庭采用创新数量相对较多,而户主年龄在30岁以下和60岁以上的家庭则采用创新的数量较少。

2.户主文化程度

据四川省的调查(唐永金等,2000),户主文化程度越高的家庭,采用创新的数量越多,一般是高中＞初中＞小学＞半文盲和文盲。文化程度较高的农民,素质较高,独立决策能力强,容易接受和采用创新。

3.家庭关系的影响

(1)家庭组成　如果是几代同堂的大家庭,意见多,对创新褒贬不一,意见较难统一,给决策带来一定难度。如果是分居的小家庭,则自己容易做出决策。

(2)户主年龄与性别　家庭中由谁做经营决策也非常关键,中、青年户主接受创新较快,而老年人接受较慢。一般情况下,男性户主家庭采用创新数量多于女性户主家庭。

(3)农业经营和家庭经济计划　家庭收入的再分配、家庭发展计划和家务安排计划,都对采用创新有一定影响。

(4)亲属关系和宗族关系　采用创新过程中,特别在认识、兴趣和评价阶段,有些信息来自亲属,决策时需要同亲属商量,这些亲属或宗族关系的观点、态度,也会影响农民对创新的采用。

(四)社会、政治因素的影响

1. 社会价值观的影响

由于旧的农业传统和习惯影响，一部分人持“盘古开天几千年，没有科学也种田”“粪大水勤，不用问人”等观点，排斥采用新的科学技术。更有极少数人相信命运的主宰，满足于无病无灾有饭吃就行，影响了对新技术的采用。

2. 社会机构和人际关系的影响

农村社会是由众多子系统组成的一个复杂系统，各子系统之间的相互关系能否处理好，各级组织机构是否健全，贯彻技术措施的运营能力，各部门对技术推广的重视程度都影响新技术的有效推广。另外，农民之间互相合作的程度，推广人员与各业务部门的关系、与农民的关系，也都影响推广工作的开展。

3. 政治因素的影响

政治因素的影响主要有：国家对农业的方针、政策，农村的经营体制、土地所有制及使用权，农业生产责任制的形式等；国家的农业开发项目和目标与农民的目标是否一致；政府对推广新技术增产农副产品的补贴和价格政策，生产资料、电力等能否优先满足供应；政府的农村建设政策，道路交通设施的建设，邮电通信网的建设；综合支农服务体系的建设，供销和收购站点的建设；农产品加工和销售新技术推广的鼓励政策、优惠政策；对农业科研、教育和推广机构的经费投入；对科研、教学、推广人员的福利政策等都影响着农业创新的采用与扩散。

思考题

1. 创新的特性是什么？
2. 农业创新扩散方式有哪些？
3. 影响农业创新采用与扩散的因素有哪些？

基础三　农业技术推广心理

学习目标

1. 了解群体的作用和群体意识形成的条件，掌握农民群体特征；

2. 认识农民个性心理，加强与农民的心理互动；

3. 理解推广人员的思维特点，明确推广人员应具备的能力，做一名合格的农业技术推广人员；

4. 提高对农民进行心理影响的技能，为做好推广工作打下基础。

心理是人脑的机能，是人脑对客观世界的反映。社会心理是指人们在社会生活、社会交往中产生的心理活动及其特征。推广心理是社会心理的一部分，是具体的推广实践活动中的心理现象。研究推广活动中人的心理活动，对于有效开展推广工作十分必要。

一、农民心理

(一)农民的群体心理

1. 群体的概念、作用及群体意识形成条件

群体是通过一定社会关系连接起来的人群集合体，群体各成员工作上相互联系，心理上彼此意识到对方，感情上交互影响，行为上相互作用。

群体的作用主要表现在两方面：一是完成群体的任务，实现群体的利益。群体通过对成员的有效组织，使其分工合作，实现群体的目标。二是满足群体成员的需要。群体可使成员在心理上获得安全感，满足成员社交的需要、自尊的需要和确认自己在社会中地位的需要，增加成员的自信心和力量感。群体也可通过一定的分配方式，在一定程度上满足成员的物质需要。

群体的力量在于群体意识。群体意识的形成需要以下条件：一是共同的目标利益。这是形成群体意识的基础，是鼓励成员为之奋斗的方向。二是合理的奖惩制度。这是群体稳定与发展的重要手段，它把集体利益、个人利益和成员的努力紧密地联系起来，可以充分调动成员的积极性，促进群体的发展。三是自然领袖。这是群体的核心。自然领袖是成员内心公认的组织者和领导者，他以身作则，起模范带头作用，关心和爱护成员，组织管理能力强，专业水平高，作风民主，不谋私利。四是亲近和友爱。这是群体意识的纽带。群体内领导和成员之间，成员和成员之间的相互同情、关心、帮助，使成员在感情上相互联系，不可分离。

2. 农民群体特征

农民群体既具有一般群体的共同特征，又有农民群体的特殊性。

(1)群体规模和性质的不确定性　农业技术推广的内容复杂多样，往往涉及多个方面的工作，不同的工作有不同的对象，适合于不同的群体。所以，农民群体的人数、人员的经验和水平、接受能力等都具有不确定性。需要因地、因时、因人采取不同的策略和方法。

(2)群体成员感情联系的紧密性　农民群体往往居住在同一行政村范围内，地缘关系、亲缘关系紧密，有时某一项目的农民群体成员就是同一家族，感情纽带的作用大于其他群体。可以利用这一特点引导成员间的互助、互教、互学。

(3)群体成员信息共享的制约性　农民的受教育程度、知识水平、见识千差万别，其中多数人还处在较低水平，接受、消化信息的能力不尽相同，有些人还相当吃力。所以，在为农民群体提供服务的过程中，必须在提高信息强度、提高信息传播频率等方面做更多努力。

(4)群体中核心人物的重要性　由于农民的知识、经验、见识等条件所限，更容易产生从众心理，往往追随核心人物行事。农民群体中核心人物的思想和行为带动影响着群体成员，做好他们的宣传、教育工作具有重要作用。要培养科技带头人，充分发挥他们的作用。

3. 农民群体的心理定式

心理定式又叫心理惯性，也称动力定型，是指在人们的心理活动中，以前形成的心理准备状态对后续同类心理活动的决定作用和定向趋势。心理定式可以成为人们认识新事物、解决新问题的重要心理基础，也可成为心理阻力。

(1)心理定式的类型　心理定式有很多方面的表现，比较常见的有首因效应、晕轮效应、刻板效应、经验效应和移情效应等。

①首因效应：是指第一印象对以后认知的影响作用。第一印象是初次对某人某事进行感知所留下的印象，它会影响以后对此人此事的印象、评价和判断，即先入为主的效应。在推广活动中，不仅存在农民对推广人员的第一印象，还存在对农业新技术的第一印象。首次推广活动一旦失败，以后的工作便难以展开。因此必须做好充分的资料、物质、技术准备，争取推广工作一次成功。

②晕轮效应：又称晕圈效应、光环效应，是指将认知对象的某种特征泛化，从而掩盖其他特征而形成整体印象的一种心理定式。某个人出名后，从此他在别人的心目中，便处处都不同于普通人，形象放大，笼罩在光环之中。在推广活动中，农民可能将某些人或事物的优点放大而忽视其缺点，也可将人或事物的缺点放大而忽视其优点，形成以偏概全的结论，影响推广效果。

③刻板效应：是指刻板印象影响人们对人或事物认知的作用。刻板印象是在人们头脑中存在的关于某一类人或事物的固定印象。这种印象一旦形成，就很难改变。传统农业技术有很强的地域性，它们是当地农民一代又一代摸索、承袭下来的，被认为是一成不变的东西。当科学技术的发展冲破了这些老传统、老经验时，许多农民还可能顽固地坚持，成为阻碍新技术传播的因素。

④经验效应：是指人们凭借过去的经验来认识某种新事物的心理倾向。经验效应与人的年龄和文化水平有关，也与原有经验运用的时间长短、取得的成果多少有关。农民是比较容易固守老经验的群体，打破这种经验效应，既需要对农民进行思想和知识的教育，又需要用事实说话。

⑤移情效应：是指人们把对特定对象的情感迁移到与该对象有关的人或事物上的一种心

理现象。喜欢某一个人，对这个人的朋友、家人也抱有好感，对他的物品也喜欢。一旦推广组织和推广人员与农民建立起良好的感情基础，推广目标以及技术、产品都很容易被信任、被采纳。相反，在感情上不能接受推广人员，推广工作就难以展开。

(2)心理定式与农业技术推广　首先，利用心理定式扩大推广机构的影响，树立推广机构的良好形象。比如，利用首因效应，对农民进行宣传教育，要通过精心策划，认真安排，争取"一炮打响"；利用移情效应，推出最优质的技术或产品，赢得广大农民的好感，带动其他技术或产品的推广；利用晕轮效应，请一些农民喜欢和信任的人帮助，也会带来良好效果。其次，防止农民心理定式对推广工作的消极影响。对有些与农民心理定式相冲突的推广目标，要采用适当策略，打破心理定式，避免受心理定式的阻碍。打破农民的心理定式，不仅有利于推广目标的实现，也有利于农民摆脱旧思想、旧观念的束缚，产生良好的社会效益。

(二)农民的个性心理

个性心理也称个性，是指一个人的整个精神面貌，即具有一定倾向性的心理特征的总和。个性心理包括个性倾向性和个性心理特征。个性倾向性是一个人活动的基本动力，是决定一个人对事物的态度和积极性的诱因系统。它包括需要、动机、兴趣、理想、世界观等。个性心理特征是在个人身上经常地、稳定地表现出来的心理特点。个性心理特征具体表现在一个人的能力、气质、性格等方面。

1. 农民的兴趣

兴趣是个体积极探究事物的认识倾向，是个性倾向性的重要内容。兴趣与爱好有着密切的联系，但又有区别，兴趣指的是认识中的倾向，爱好则指活动中的倾向。兴趣使人对有趣的事物给予优先注意，积极地探索，促使人主动地去认识事物，寻求认识事物的方法和手段。

在农业技术推广活动中，了解农民的兴趣意义重大。推广内容一旦引起农民的兴趣，推广活动的开展将变得容易。如何激发农民的兴趣，关系到推广工作的效果。兴趣的产生与以下因素有关：第一，亲自看要比听别人讲容易产生兴趣；动手操作要比听和看易产生兴趣。第二，具有新异性的内容易产生兴趣。第三，对有前期经验的事物容易产生兴趣。第四，与切身利益关系越密切，越容易产生兴趣。

2. 农民的能力

能力是与顺利完成某种活动有关的个性心理特征。根据完成活动的类型不同，能力可分成不同类型。比如，数学家的运算能力、建筑师的空间想象能力、印染工人的色彩辨别能力、哲学家的辩证思维能力、表演家的形象模仿能力等。根据对完成活动的作用不同，能力可分为一般能力和特殊能力。一般能力是完成多种活动所必需的能力，如感知觉能力、记忆能力、思维能力、语言表达能力等。无论从事什么工作，这些能力都是必不可少的。特殊能力是与完成某种特殊活动有关的能力，与特殊专业紧密联系。比如有经验的农民通过作物的叶片颜色判断其是否缺肥、缺水的能力就是特殊能力。

根据农民的能力有选择地进行推广工作，是推广人员应当注意的问题。第一，发展农村合作组织要注意农民能力搭配。农民个体间能力差异较大，在农民或者组织中起不同的作用，有的人善于谋划，有的人善于联络，有的人善于具体操作，这些人合理组合，组织才能有效运转。第二，确定推广项目和推广内容要考虑农民的接受能力。根据农民的接受能力，将推广内容分解，层次化、简单化，便于推广目标的实现。第三，加强对农民的教育引导，强化对农民的能力训练。

3.农民的气质

气质是个人心理活动的动力特征。心理活动的动力特征主要指心理过程的速度、心理过程的稳定性、心理过程的强度、心理活动的指向性。气质不同，外在行为表现不同，例如有的人情感丰富，动作敏捷，反应灵活；有的人遇事冷静，善于思考，行动稳重。

罗马医生兼解剖学家盖伦将气质划分为多血质型、胆汁质型、黏液质型和抑郁质型4类。

多血质又称活泼型。这种气质的人神经过程平衡而灵活性高，易适应环境。在交往中容易接近，动作敏捷，活泼易动，对任何事情都容易发生兴趣但又不易长久。这种气质的人的弱点是工作难以持之以恒，缺乏耐心，情感多变。

胆汁质的人表现有强烈的兴奋心理过程和较弱的抑制过程，极易感情用事，且反应速度快，一触即发，对人对事非常热情。遇到困难果敢坚决，自制力差。在事业上有一种拼劲和创造精神，但在遭受挫折失败时往往情绪沮丧，一蹶不振。

黏液质又称安静型，属于缄默沉静的类型。这种气质的人不易冲动，沉着冷静，做事灵活性差但较稳定踏实，对外界事物变化的反应较慢。一般是工作勤奋踏实，态度持重，交际适度，情绪不易激动，感情能自制，不足之处是开创竞争意识差，灵活性小，往往因循守旧。

抑郁质的人由于神经过程较弱且内向，极易产生紧张，因而对外部环境变化的感受非常敏感，具有高度的情绪易感性。这种气质的人对工作认真细心，坚韧性较强，能独立思考。

以上关于气质的分类，从不同侧面反映了人的心理活动的特点，但都有片面性和局限性。典型的属于某一气质类型的人并不多，大多数人都是混合型的。另外，人的气质受环境影响还会发生变化，同一气质类型的人受世界观、人生观等个性倾向的影响，思想和行为有不同的表现。

了解和掌握人的气质类型，有利于更好地进行人际交往，有利于有针对性地进行思想工作或管理工作，有利于对不同的人采取不同的方式进行帮助。一般来说，与胆汁质的人打交道，要注意稳定其情绪，引导其冷静思考，不要用刺激性语言和事实刺激他们。一旦发生情绪冲动，要耐心忍让，待对方情绪稳定以后再进行协商。对多血质的人，要注意发挥其灵活敏捷的长处，又要引导培养其稳定性、坚韧性。对黏液质的人除了发挥其吃苦耐劳、勤奋踏实等长处外，还要帮助他们提高灵活性，增加生活情趣，有劳有逸。对抑郁质的人要多关心、多引导，使其提高适应性和承受能力，向开朗、活泼的方向发展。

4.农民的性格

性格是一个人对现实的稳定的态度和习惯了的行为方式的总和。性格有多种多样的特征。这是因为客观对象是形形色色、多种多样的，因而人们对周围事物的态度以及采取的行为方式也就千差万别。一是性格的态度特征，主要体现在处理各种社会关系方面，包括对社会、集体和他人的态度。比如是关心他人、关心集体，还是自私自利等；对工作对学习的态度，比如是细心、勤奋、刻苦，还是马虎、懒惰等；对自己的态度，比如是骄傲还是虚心，是自卑还是自尊等。二是性格的意志特征，主要体现在是否能够自觉地确定目的并支配行动方面。有的人工作、生活没有目的，有的人有目的但不能持之以恒地努力，而有的人有目的、有志气、不达目的决不罢休。三是性格的情绪特征，主要体现在情绪的强度、稳定性、持久性和心境等方面。四是性格的理智特征，主要体现在感觉、知觉、记忆、思维和想象等方面。

了解农民的性格,对于有针对性地做好推广工作,具有重要意义。第一,对不同性格的农民采取不同的对策。从态度方面来看,对社会、对他人、对集体态度积极的人,可以充分相信他们,通过他们进行政策、技术的扩散。从意志特征、情绪特征、理智特征等方面看,肯动脑、爱学习、情绪稳定、意志顽强的农民从事新项目的探索、试验,成功率较高,有利于推广工作的顺利展开。第二,努力培养农民的良好性格。随着农业生产的协作化、商品化、现代化,科学技术在生产中所占的比重越来越大,农民在传统农业条件下形成的粗心、随意、不求甚解的认识习惯必须改变;以小生产为基础形成的不重协作、分散作业、各自为政的行为也必须改变。要培养他们关心大局,学会从整体利益和长远利益考虑问题,学会与人合作的本领以及相关的政策法律常识。培养他们在市场经济条件下必需的思维和行为方式。做好这些工作,比教会农民几项技术难度更大,但更有意义。

二、推广人员心理

推广人员的心理系统是一个完整复杂的系统,既有与其他人群的共同之处,又有其职业特征。

(一)推广人员的思维

思维是人脑对客观事物的间接的概括的反映。思维的特点是间接性、概括性。所谓间接性是指人们通过对已有的知识、经验进行加工整理,从而间接地掌握事物的规律和联系。所谓概括性是指思维能够反映一类事物共同的本质特征。思维是认识过程的高级阶段,是以感知觉和记忆提供的材料为基础,通过分析、综合、比较、抽象和概括等思维过程实现的。推广人员除了训练常规性思维,形成勤于思考、善于思考的良好思维品质以外,还必须培养创造性思维,特别是强化以下几个方面的训练。

1. 发散思维

发散思维也称多向思维,是指对同一事物沿着不同方向、不同角度来思考问题,从多个方面寻找问题答案的思维方式。无论从农业技术推广的对象群体、推广环境、农业系统自身特点等方面来看,还是从农业生产过程的多个环节来看,推广工作涉及的因素都十分复杂。所以,推广人员思考问题必须全面,必须学会从一种现象寻找多种原因,或者根据一种原因推断多种可能的结果,提高工作的预见性和主动性,避免盲目性和主观随意性。

2. 侧向思维

侧向思维是指借鉴其他领域、部门、学科正确的东西来思考问题,从联想中寻找问题答案的思维方式。它是一种横向联系的思维方法。利用仿生学原理,人类创造了大量奇迹,就是侧向思维的功劳。

3. 逆向思维

逆向思维也称反向思维,是指从与正向思维相反的方向考虑问题,寻求解决问题的答案的思维方式。在圆珠笔发明的初期,一个最大的难题就是滚珠不耐磨,生产厂家都集中力量提高滚珠耐磨损的性能。滚珠磨损问题解决了,笔杆不耐磨的问题又出现了,人们又开始探索笔杆的磨损问题。日本人首先进行逆向思维,转而研究油管多大,装多少油才能与滚珠和笔杆的寿命相一致,问题很快得到了解决。这就是"正着不行倒着来""推着不成拉拉看"的逆向思维方式。

4. 动态思维

推广工作是一项动态性很强的工作。农业生产的季节性、周期性决定了推广工作的周期性变动;不同地区自然条件不同,资源不同,农业生产的发展状况不同,要求推广工作因地制宜;推广工作更应该遵循市场变化规律,及时调整自己的思想观念和行动;随着科学技术的快速发展普及,农业技术的重点、难点会发生变化;随着人们生活水平的提高,对各种农产品的需求会发生变化。因此,推广机构要主动寻找自己发展的新空间、新领域,要有动态发展的眼光。

5. 纵向思维与横向思维相结合

纵向思维是一种历时性的比较思维。它从事物的过去、现在、将来的对比分析中,发现其在不同阶段上的特点和前后联系,以此来把握事物的本质及其运动规律。横向思维是一种同时性的横断思维。它是截取历史的某一横断面,研究同一事物在不同环境中的发展状况,在同"左邻右舍"的相互联系和相互比较中,找出事物的共性与个性的思维方式。

纵向思维具有历时性、同一性、预测性的特点。横向思维具有同时性、横断性、交叉性的特点。纵向思维和横向思维各有其特殊作用。纵向思维反映事物的先后变化,体现事物的发展规律;横向思维反映事物间的相互关系,体现事物普遍联系的规律。农业作为一个独立的系统,有其自身发展的历史规律,又存在农业系统与其他系统之间的联系;农业系统内部各子系统、各要素有其发展变化的规律,同时又存在内部各要素之间、各子系统之间的联系。推广人员在考察、谋划、决策、评估推广项目时,必须用纵向思维和横向思维相结合的方法。

(二)推广人员的能力

1. 推广人员应具备的能力

(1)市场适应能力　包括市场信息的捕捉与运用、市场预测能力等。

(2)科学研究与技术开发能力　包括联系生产实际选题、科研的组织实施、科研结果的分析评价、技术开发、技术的放大推广等能力。

(3)群众工作和组织协调能力　包括调查走访群众、体察民情民意的能力,教育群众、说服群众的能力,赢得群众信任、带动群众的能力等。还要善于协调各个方面的关系。

(4)语言文字表达能力　包括语言表达能力和文字表达能力。

(5)合作共事能力　包括理解容忍能力、协调能力等。

农业技术推广组织的管理者除了应具备上述能力外,还要具备决策判断能力和公共关系能力。

2. 推广人员能力的培养

推广人员能力的培养应该从以下几方面着手:第一,根据先天条件确定培养方向,要扬长避短,量才适用。第二,学习必备的知识,奠定坚实的知识基础。第三,加强实践锻炼。任何能力都不是凭空产生的,而是在千锤百炼中形成的,要获得超出常人的能力,就必须付出超出常人的艰辛。

(三)推广人员的非智力心理因素

非智力心理因素是指智力(认识方面的各种能力)以外的一切心理因素,它在人的成才中所起的作用远远大于智力因素。

1. 推广人员的情感

情感是人脑对客观事物的一种特殊反映形式，是人对客观事物的态度体验。情感是一种主观体验，比如愉快、幸福、愤怒、仇恨等。情感又是客观的，与事物是否满足人的需要紧密联系在一起。凡是能够满足需要的事物，就会引起肯定的情感。凡是不能满足人的需要，或与人的需要相背离的事物就会引起否定的情感。但是，人的情感受到社会的法律、道德、他人的态度等影响，特别是受世界观、人生观等的影响。高层次的需要对低层次需要也有调节作用。

农业技术推广是一项重要的社会活动，其成效如何，不仅是推广组织和推广人员自己的愿望能否实现的问题，还是涉及社会稳定与发展、百姓安居乐业、人民富裕幸福的大问题。推广人员的情感不能仅与个人需要简单地联系在一起。许多推广人员将推广工作作为毕生深爱的事业，为之幸福和自豪。这种情感激励他们克服各种困难，不为名利所动，为国家发展贡献自己的聪明才智。作为领导者及其上级主管部门，必须遵循情感与需要的关系原理，以人为本，尊重和关心他们的需要，尽力满足他们的合理需求。使他们的工作成绩与他们的物质生活水平联系起来，让他们所做的贡献得到社会认可与鼓励。

2. 推广人员的意志

意志是人自觉确定行动目的，并支配行动以实现此目的的心理过程。意志与行为紧密联系，它有 3 个基本特征：一是行动的目的性。二是以随意运动为基础。三是与克服困难相联系。农业技术推广是复杂的意志行动。这种复杂性体现在以下几方面：其一，环境复杂。其二，推广内容及推广过程复杂。其三，结果复杂。农业技术推广活动需要克服较多的困难。因此，要做好推广工作，就必须有坚韧不拔的意志和顽强钻研的精神。

推广人员要从以下几方面努力培养良好的意志品质。第一，要求推广人员从确定推广方向、选择推广项目到制订推广计划，都要采用科学的方法，选择合适的时机，兴利除弊，扬长避短，不能凭主观经验或凭一时冲动，盲目地采取决定。第二，推广人员要做到一旦看准的事情就大胆决定，当断不断，优柔寡断，就会坐失良机。第三，要求推广人员要有排除各种干扰、抵御各种诱惑的能力。第四，要求推广人员能以充沛的精力和坚韧不拔的毅力克服一切困难和挫折，坚定地实现既定目标。

(四)推广人员的个性修养

推广人员应将自己的人生追求和所从事的事业结合起来，把个人价值目标的实现与社会价值目标的实现结合起来。加强个性修养应从以下几个方面努力：第一，培养积极正确的态度。包括对国家的态度、对推广事业的态度、对农民的态度以及自己的人生态度。只有胸怀大局，有明确的目标，才能兢兢业业，坚韧不拔，干出一番事业。第二，培养良好的行为习惯。比如勤于思考、善于收集资料和信息的习惯，善于细心观察和及时总结的习惯，处理事情干脆利落、坚决果敢的习惯，谦虚谨慎、不耻下问的习惯等。还应养成良好的生活习惯，保持健康的身体。第三，培养良好的人际交往品质与技巧。包括宽容和忍让的胸怀、善于合作的技巧、化解他人之间矛盾的技巧、活跃人际气氛的技巧等。

三、推广过程心理

(一)推广人员对农民的认知

1. 通过外部特征认知农民的心理

外部特征主要指面部表情、体型、肤色、服饰、发型等方面的特点。通过这些外部特点,可以观察了解农民的心理活动。面部表情能反映人对事物的喜欢与厌恶,反映人的痛苦与欢乐等心理活动。体型、肤色在一定程度上反映人的劳动情况,如室内劳动和室外劳动、脑力劳动和体力劳动等。服饰和发型能够反映一个人性格的外倾和内倾、张扬与收敛,反映人追求完美还是喜欢朴素自然,喜欢新异还是喜欢随大流。根据这些观察,可以采取不同的交往策略。

2. 通过言谈举止认知农民的心理

人的言谈举止主要包括言语、手势、身体姿态等。言语可以反映一个人的知识水平、思想品德和心理特点。通过言语表现的心理特点有:理想、信念、态度、需要、兴趣等心理倾向;能力、气质和性格等个性心理特征;感知觉、记忆、思维、想象等智力因素的水平;人的情感和意志特点等。手势能够反映人的自信与自卑,体现出坚定、犹豫、无奈等情绪。身体姿态可以反映对他人的尊敬与蔑视,对个人身份地位的认识与体验。

3. 通过群体特征认知农民的心理

推广对象有不同群体,不同群体有不同特点,同一群体往往具有一些共同特点。如公务员言行严谨、规范,具有指导者的心理优势等;老年人怀念过去、凭老经验办事、接受能力较差等;妇女容易倾听与轻信,做事认真谨慎,有的缺乏自信等;青年人热情、好学、接受能力强,有时欠谨慎等;经济条件好的人侧重于求新、求美,经济条件差的人倾向于求廉价、求实用。

4. 通过环境分析认知农民的心理

环境系统中各子系统、各部分相互影响、相互制约,影响着人的心理。环境的变化,引起人的心理变化。群体凝聚力强,有核心人物,工作就会比较顺利。相反,松散的群体和组织,没有核心人物,各自为政,工作就难以开展。家庭完美,和睦幸福,人的精神状态好,乐于交往,接受新事物的兴趣浓。家庭不和睦,使人精神压抑,情绪消沉,对新事物缺乏热情。个人的人际关系、周围的人对他的评价,对了解此人具有重要价值。但必须注意,通过人际环境了解一个人,必须从人数、代表性方面保证听到的意见全面、公正,切忌偏听偏信。

(二)推广人员与农民的心理互动

推广活动是推广人员与农民之间的双边活动,通过相互间的心理影响,不断调整各自的行为,结果可能使双方关系中断,也可能越来越密切。推广人员应了解互动规律,掌握交往主动权,促使双方关系向着有利于完成工作的方向发展。

1. 认知互动

农业技术推广主体认识对方的目的是为了有针对性地开展工作,农民认识对方是要搞清楚推广人员在人品、能力、技术水平等方面是否可以信赖。为了取得农民的信任,更好地开展工作,推广人员应从以下几方面注意:第一,要端正态度。推广人员对农民必须持热情、真诚的态度,乐于为他们着想,真心实意地为他们服务。第二,要掌握技巧。在语言表达上要深入浅出,力求简洁明了;不说空话、大话,不欺骗人,实实在在。在举止表情上要谦和诚恳,平易近人，宽容大度，使人产生可亲可信的感觉。第三，要精通业务。业务上精通、熟练，准备充分，使对方相信你能成功，这样对方就会信任你，尊重你，接受你的建议或配合你的工作。

2.情感互动

要学会与农民拉近感情距离，建立彼此密切的交往关系，以下几个方面可以参考。第一，学会寻找共同话题。利用同学、同乡、同龄、相同经历等关系，消除心理戒备，创造良好开端。女性之间还可以利用相同性别的优势进行较深层的情感沟通。第二，学会关心对方。关心对方的身体状况，孩子、老人的话题一般是没有什么戒备的，适合于大多数人。第三，善于心理换位。从对方的角度考虑问题，会打动对方。第四，善于倾听对方。对方有困难、有疑问，或有什么苦恼、困惑向你倾诉，要静静地听完，不要打断对方的谈话，不要心不在焉，更不要目中无人。第五，敢于信任对方。被人信任是值得自豪和幸福的，信任是感情的黏合剂，只有相互信任才会建立牢固的关系。

3.意志和行为互动

推广活动是一种经济活动，有困难、有风险，有时会出现难以坚持、想半途而废的情况。农民是否有信心、有毅力坚持下去，推广人员对农民有很大的影响。反过来，农民的渴望、期待、厌烦、失望等态度也会影响推广人员。利用积极的互动关系，防止消极的互动关系，双方齐心协力，就能够把事情办好。第一，推广人员要认识明确、选择正确、方案可行，并且意志坚定。同时，推广人员还可以从农民那里汲取力量，比如从对方的信任、尊重、期待等态度中汲取力量，从对方的生活处境、淳朴厚道的人品等方面受到触动，产生同情心，使自己增强责任感。第二，提高农民的认识水平。要帮助其分析事物的实质，成功的可能性，成功后的意义等，使其建立信心。第三，帮助农民解决具体困难，使其对推广人员产生信赖感，增强克服困难的信心。

(三)推广人员对农民的心理影响

1.劝导法

劝导就是劝说和引导，是影响人的心理最主要、最直接、最常用的方法。

(1)流泻式劝导　流泻式劝导是一种对象不确定的广泛性的劝导方法，如同大水漫灌，任其自由流淌一样，把信息传遍各处，使人们知晓了解。这种劝导方式主要通过媒介宣传，让农民对推广内容形成印象，一旦与他的需要动机相吻合，就会引起兴趣，或成为他们的行为目标。当然，这种方法缺乏针对性。但由于涉及范围广泛，总会有若干个局部、若干人产生反应，收到“广种薄收”的效果。

(2)冲击式劝导　冲击式劝导是以说服对方转变思想或行为为主要形式的专门性劝导方法。具有对象明确、意图明确、针对性强、冲击力大等特点。比如，针对生产中出现的问题，特别是在采用新技术、新方法、新产品等方面，有的农民可能保守、固执，需要帮助其转换思想观念。冲击式劝导要在事先充分调查研究的基础上，制订详细的劝导计划，包括选派合适的人员，拟订谈话要点，选用合适的材料作例证等。计划的制订要根据农民的心理特点，使冲击式劝导能够“击中”目标。

(3)浸润式劝导　浸润式劝导是以周围舆论影响农民的劝导方法。它的特点是作用缓和而持久，使农民个体在一种特定氛围的“浸润”下，发生潜移默化的改变。例如，为了推广某个项目，可以通过领导讲话动员、技术员具体指导、村干部带头等多种途径，使整个村子男女老少都关心议论这个问题，一些接受较慢的人就会发生转变。浸润式劝导的作用关键在于周围舆论的一致性，舆论一致性越强，个体越容易“从众”和“被同化”。

2.暗示法

暗示是以含蓄、间接的方式传递思想、观点、意见、情感等信息，使农民在理解和无对抗状态下自然受其影响的一种方法。暗示法在农业技术推广中具有启迪思考、批评教育、缓解气氛的功效。使用暗示法影响农民要遵循以下规律：

(1)要遵循感知规律　第一，暗示强度的大小要与问题的性质、农民的认识水平、对农民的预期要求等因素综合考虑。第二，用来进行暗示的事物要与周围的事物形成明显的对比，才能被认识。第三，周围的人和事要与暗示的内容相互协调一致。第四，暗示表达的内容、意义要与农民已有的知识经验相吻合，暗示才能成功。第五，处于情急状态之下容易受暗示。如等待、盼望某种结果或某种信息的人容易受相关的暗示。

(2)要区别不同对象　不同的对象对暗示的敏感程度不同。相对而言，老人、孩子比中青年人易受暗示；妇女比男子易受暗示；文化程度低的人比文化程度高的人易受暗示；性格懦弱、依赖性强的比性格坚强、独立性强的人易受暗示；自信心差的人比自信心强的人易受暗示。

(3)要区别不同环境条件　人们在不同的环境条件下，对暗示的敏感程度不同。灾年与丰年、顺境与逆境、患病与健康，都会影响人对事物的认识和对信息的选择。顺利的时候容易接受有利的暗示；不顺利的时候，容易接受不利的暗示。

3.吸引法

通过各种途径来引起农民的注意、兴趣、好奇等心理反应的方法称为吸引法。常见的吸引法有以下几种：

(1)利益吸引　在推广活动中，推广机构和推广人员要把农民的利益放在第一位，处处为农民着想，通过关心和满足农民的利益来赢得他们的信任，这是吸引农民最有效的办法。

(2)新奇吸引　好奇之心，人皆有之。新奇、新颖、独特的事物容易使农民产生兴趣。能否用新颖的手段、新鲜的内容来吸引农民，能表现出推广机构和推广人员的创新意识、创新能力和竞争能力。

(3)信息吸引　能给农民提供大量有价值的信息，满足他们对信息的需要，使他们从分析信息、接受信息、利用信息的过程中产生对推广机构和推广人员的信任、依赖心理，就能够提高农业技术推广机构和推广人员在农民中的吸引力。

(4)形象吸引　良好的组织或个人形象、产品形象、服务形象，较高的知名度和美誉度，是吸引农民的重要条件。

(5)示范吸引　“耳听为虚，眼见为实”是农民认识各种新事物的最显著特点。通过示范，让农民掌握某些常识和技能，了解某种产品的原理、特性和使用方法，用事实教育他们，激发他们的兴趣。

(6)目标吸引　目标明确，诚实守信，推广机构和推广人员在农民心目中有深刻印象，有很高的信任度，农民就会抱以信任、理解、支持、合作的态度。

思考题

1.群体的作用是什么？群体意识形成需要哪些条件？

2.农业技术推广人员应具备什么样的思维特点？具备哪些工作能力？

3.影响农民心理的方法有哪些？

基础四 农民行为改变

学习目标

1. 了解行为的概念、特点，行为产生的机理，行为产生和改变的理论；
2. 理解行为改变的一般规律，能正确分析农民个人行为改变的动力和阻力；
3. 理解群体成员的行为规律，能运用恰当的方式改变群体行为；
4. 掌握影响农民行为的方法，提高改变农民行为的技能。

农民是农业技术推广行为的主体，是农业技术的最终接受者和采用者。农民需要是采用新技术积极性的最初源泉，而农民行为能否改变则是新技术能否得以推广的根本。研究农民需要、农民行为及行为改变的规律、行为改变的影响因素，对于调动农民采用新技术的积极性，达成行为的自愿改变，促进农业和农村发展具有重要意义。

一、行为产生与改变

(一)行为的概念及产生

1. 行为的概念

行为是在一定的社会环境中，在人的意识支配下，按照一定规范进行并取得一定结果的客观活动。构成行为的基本要素：人是行为的主体，行为是在人的意识支配下的活动，行为与一定的客体相联系，行为总要产生一定的结果。

人类行为有目的性、可调节性、差异性、可塑性等特点。

根据行为主体不同，人类行为可分为个体行为、群体行为、领导行为和组织行为。

农民行为是指农民在其所处环境的作用下，为满足生产和生活需要所进行的一切活动。一般把农民行为分为两类：一类为社会行为，如交往行为、采用行为、社会参与行为、生育行为等；另一类为经济行为，如劳动组织行为、投资行为、收入分配行为、消费行为、市场行为等。

2. 行为产生的机理

行为学研究表明，人的行为是由动机产生的，而动机则是由内在需要和外界刺激而引起的。一般来说，人的行为是在某种动机的驱使下达到某一目标的过程。当一个人产生某种需要且尚未得到满足时，就会处于一种紧张不安的心理状态中，此时若受到外界环境条件的刺激，就会引起寻求满足的动机。在动机的驱使下，产生满足需要的行为，向着能够满足需要的目标进行。当他的行为达到目标时，需要就得到了满足，紧张不安的心理状态就会消除，这时又会有新的需要和刺激，引起新的动机，产生新的行为(图Ⅰ.4.1)。

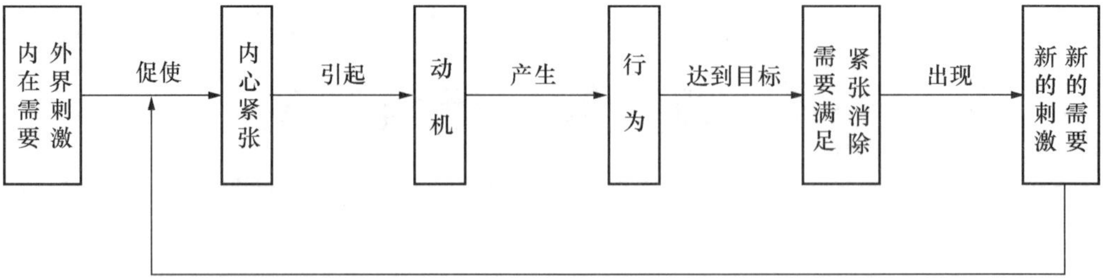

图Ⅰ.4.1 行为产生模式

(二)行为产生理论

1.需要理论

需要是引起动机，进而导致行为产生的根本原因。需要是指人们对某种事物的渴求或欲望。人们生活在特定的自然及社会文化环境中，往往有各种各样的需要。一个人的行为，总是直接或间接、自觉或不自觉地为了实现某种需要的满足，而采取各种行为的。

美国心理学家马斯洛提出了著名的“需要层次论”。他认为人类的需要是以层次的形式出现的，按其重要性和发生的先后顺序，由低级到高级呈梯状排列，即生理需要→安全需要→社交需要→尊重需要→自我实现需要。

(1)生理需要　包括维持生命和延续种族所必需的各种物质生活条件。生理需要是最基本的需要，因而也是推动力最强大的需要，在这一级需要未满足之前，其他更高级的需要一般不会起主导作用。

(2)安全需要　指人身安全、职业保障、防止意外事故和经济损失以及医疗保障、养老保险等方面的要求。

(3)社交需要　指建立人与人之间的良好关系，希望得到友谊和爱情，并希望被某一团体接纳为成员，有所归属。这是一个人在基本满足前两种需要后对新产生的需要层次的追求，希望被周围的人所接受并使感情得到依托。

(4)尊重需要　希望他人尊重自己的人格，希望自己的能力和才华得到公正的评价、赞许。这是一种自信、自立、自尊、自爱的自我感觉。

(5)自我实现需要　是人类最高层次的需要。希望能胜任与自己的能力相称的工作，发挥最大潜力，充分表达个人的情感、思想、愿望、兴趣、能力及意志等，实现自己的理想。

需要理论强调了3个基本观点：第一，人是有需要的。其需要取决于他已经得到的东西，只有尚未满足的需要才是行为的激励因素。第二，人的需要具有层次性。一旦下一级需要得到满足，上一级的需要就会出现，又需要满足。第三，在特定时刻，人的一切需要如果都未得到满足，那么最迫切的需要就是行为的主要激励因素。

需要理论也存在一定的局限性，如忽视人的主观能动作用和一定条件下的教育功能。因此，在运用一般需要层次模式时，绝不可生搬硬套，要注意调查研究，针对农民的不同需要，因时、因地、因人制宜地开展推广工作，激励农民采用新技术发展生产的积极性。

2.动机理论

动机是行为的直接力量。动机是指一个人为满足某种需要而进行活动的意念和想法。动机对行为具有以下作用：一是始发作用。动机是一个人行为的动力，它能够驱使一个人产生某种行为。二是导向作用。动机是行为的指南，它使人的行为趋向一定的目标。三是强化作用。动机是行为的催化剂，它可根据行为和目标是否一致来加强或减弱行为的速度。

由于人的需要是多种多样的，因而可以衍生出多种多样的动机。动机虽多，但都有以下特征：一是力量方向的强度不同。一般来说，最迫切的需要是主导人的行为的优势动机。二是人的目标意识的清晰度不同。一个人对预见到某一特定目标的意识程度越清晰，推动行为的力量也就越大。三是动机指向目标的远近不同。长远目标对人的行为的推动力比较持久。

动机的产生要满足 2 个条件：①内在条件，即内在需要。动机是在需要的基础上产生的，但它的形成要经过不同的阶段。当需要的强度在某种水平以上时，才能形成动机，并引起行为。当人的行为还处在萌芽状态时，就称为意向。意向因行为较小，还不被人们意识到。随着需要强度的不断增加，人们才比较明确地知道是什么使自己感到不安，并意识到可以通过什么手段来满足需要，这时意向就转化为愿望，经过发展，愿望在一定外界条件下，就可能成为动机。②外在条件，即外界刺激物或外界诱因。它是通过内在需要而起作用的环境条件。设置适当的目标途径，使需要指向一定的目标，并且展现出达到目标的可能性时，需要才能形成动机，才会对行为有推动力。所以，动机的产生需要内在和外在条件的相互影响和作用。

(三)行为改变理论

1.平衡理论

平衡理论将构成一体的两个认知对象的关系称为单元关系，通常个人对单元关系中的两对象的态度可能一致，如农民喜欢某个推广人员，则对他推广的创新也喜欢；不喜欢推广人员时，对他推广的创新也不喜欢。态度也有可能不一致，如喜欢某个推广人员，但不喜欢他推广的创新；或喜欢这个创新，但不喜欢这个推广人员。对两对象看法一致时，认知处于平衡状态；不一致时，认知处于不平衡状态。认知不平衡时，引起内心的不愉快或紧张，人们总试图消除这种紧张感，而消除这种紧张的办法是：看在喜欢推广人员的面子上，喜欢这项创新；或这项创新确实好，看来这个推广人员还不错，这样认知一致了，产生了平衡，也就产生了态度的转变。在推广实践中，许多情况下农民都是因相信推广人员而相信其创新的。

2.操作条件反射理论

该理论认为，人的行为是对外部环境刺激的反应，只要创造和改变环境条件，人的行为就可随之改变。该理论的核心是行为强化。强化就是增强某种刺激与某种行为反应的关系，强化有正强化和负强化。正强化就是采取措施来加强所希望发生的个体行为，其方式主要有积极强化和消极强化。负强化就是采取措施来减少或消除不希望发生的行为，主要方式有批评、撤销奖励、处罚等。该理论强调了外界因素的作用，忽视了人的主观能动性。

3.期望理论

1964 年美国心理学家弗鲁姆提出期望理论。该理论认为，确定恰当的目标和提高个人对目标价值的认识，可以产生激励力量，即

$$激励力量(M)=目标价值(V)\times 期望概率(E)$$

激励力量是指调动人的积极性，激发内部潜能的大小；目标价值是指某个人对所要达到的目标效用价值的评价；期望概率是一个人对某个目标能够实现可能性大小（概率）的估计。上式表明：①同时提高目标价值和实现目标的可能性，可以增加激励力量。②由于不同人对目标价值的评价和实现目标概率的估计不同，同一目标对不同人的激励力量不同。

该理论应用于农业技术推广中，首先要求根据当地大多数农民的情况，恰当地选择、确定推广项目和期望达到的推广目标；还要求对不同的推广对象进行耐心、细致地宣传教育，提供有关的咨询、服务与支持，这样才能使农民为实现推广目标而积极努力。

二、农民行为改变规律

（一）行为改变的一般规律

1. 行为改变的层次性

人的行为改变的层次主要包括知识的改变、态度的改变、个人行为的改变和群体行为的改变，这 4 种改变的难度和所需时间是不同的（图Ⅰ.4.2）。

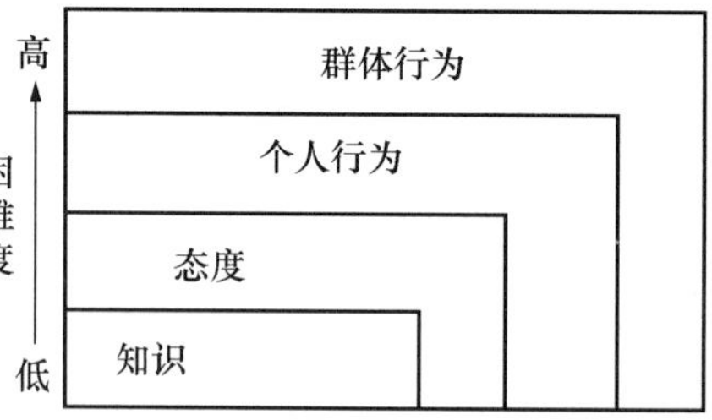

图Ⅰ.4.2 行为改变层次的困难程度

（1）知识的改变　就是由不知道向知道的转变，比较容易做到，通过宣传、培训、教育、咨询、信息交流等手段使农民改变知识，增加认识和了解。这是行为改变的第一步，也是基本的行为改变。只有知识水平提高了，才有可能发展到更高层次的改变。

（2）态度的改变　就是对事物评价倾向的改变，是人们对事物认知后在情感和意向上的变化。态度中的情感成分强烈，并非理智所能随意驾驭的。另外，态度的改变还常受到人际关系的影响。因此它比知识的改变难度大，而且所需时间较长。但态度的改变又是人们行为改变关键的一步。态度的改变就是在知识改变的基础上，通过认识的改变，特别是情感的改变来达到意向的改变。例如，通过推广教育，农民对某项新技术从不认识到认识，从没有兴趣到逐渐产生兴趣并产生极大热情，从而抛弃旧技术准备采用新技术就是态度的改变。

（3）个人行为的改变　个人行为的改变是个人在行动上发生的变化，这种变化受态度和动机的影响，也受个人习惯的影响，同时还受环境因素的影响。例如，农民采用行为的改变，就受到对创新的采用动机，对创新的态度意向，采用该创新所需物资、资金、人力、自然条件等多种因素的影响。因此，个人行为的完全改变难度更大，所需时间更长。

（4）群体行为的改变　这是某一区域内人们行为的改变，是以大多数人的行为改变为基础的。农民个体之间在经济、文化、生理、心理等方面的差异大，因而改变农民群体行为的难度最大，所需时间最长。例如，对某项技术的推广，群体内不同农民可能会停留在不同的行为改变层次。有的农民知识改变了，但未改变态度；还有的人知识、态度都改变了，但由于有些条件不具备,最终行为没有改变。因此,推广人员要注意分析不同农民属于哪个行为改变层次,有针对性地开展推广工作。

2.行为改变的阶段性

心理学研究发现,个人行为的改变要经历解冻、变化和冻结3个时期。解冻期就是从不接受改变到接受改变的时期。就是认识到应该破坏个人原有的标准、习惯、传统及旧的行为方式,应该接受新的行为方式。解冻的目的在于使被改变者在认识上感到需要改变,在心理上感到必须改变。促进解冻的办法是:增加改变的动力,减少阻力;将愿意改变与奖赏联系起来,将不愿改变与惩罚联系起来,从而促进解冻过程。变化期是个人旧的行为方式越来越少,而期望的新行为方式越来越多的时期。这种改变先是“认同”和“模仿”,逐渐学习新的行为模式,然后逐渐将该新行为模式“内在化”,离不开这种新行为。冻结期就是将新的行为方式加以巩固和加强的阶段。这个时期的工作就是在认识上再加深,在情感上更增进,使新行为成为模式行为、习惯性行为。

(二)农民个人行为的改变

1.农民个人行为改变的动力与阻力

农业技术推广要引导和促进农民行为的改变,而农民行为的改变既有动力又有阻力。推广人员要善于借助和利用动力,分析和克服阻力,才能做好推广工作。

(1)农民行为改变的动力 农民行为改变受3大动力因素的作用:一是农民需要,即原动力。大多数农民都有发展生产、增加收入、改善家庭生活的需要,这种需要是农民行为改变的力量源泉。二是市场需求,即拉动力。随着市场经济的发展,农民收入的增加,农民有志于参与市场交易,进行商品生产。因此,市场需求拉动着农民行为的改变。三是政策导向,即推动力。农业生产关系国计民生,政府为了国家和社会的需要,要制定相应的政策来发展农业,发展农村,推动农民行为的改变。在以上3种动力中,农民需要最重要,它是行为改变的内动力,属内因。市场需求和政策导向属外动力,即外因。

(2)农民行为改变的阻力 农民行为改变的阻力因素包括2个方面:一是农民自身和他们所属文化传统的障碍。不少农民受传统文化影响较深,存在保守主义、不愿冒险、只顾眼前、听天由命等传统信念和价值观;许多农民受教育程度较低,掌握技术的能力差,不少农民缺乏争取成就的动机,阻碍着他们行为的改变。因此,通过教育、培训等方式,提高农民的科技文化素质,可以从根本上改变农民的信念、观念和行为。二是农业环境中的阻力。主要是缺乏经济上的刺激和必要的投入。任何先进的农业技术,如果在经济上不能给农民带来好处,都不可能激励农民的行为。另外,某项新技术即使可以使农民得到经济上的刺激,如果缺乏必要的生产条件,农民也难以实际利用。这些阻力在经济落后的地区往往同时存在。只有改变生产条件,增加经济上的刺激,才能激励和推动农民采用新技术。

2.动力与阻力互作模式

在农业技术推广中,动力因素促使农民采用创新,而阻力因素又妨碍农民采用创新。当阻力大于动力或两者平衡时,农民采用行为不会改变。当动力大于阻力时,行为发生变化,创新被采用,达到推广目标,出现新的平衡。此后,推广人员又推广更好的创新,调动农民的积极性,帮助他们增加新的动力,打破新的平衡,又促使农民行为的改变。因此,农业技术推广工作就是在农民采用行为的动力和阻力因素的相互作用中,增加动力,减少阻力,推广一个又一个创新，推动农民向新的目标前进。

3.改变农民个人行为的途径

改变农民个人行为的途径可以从两个方面考虑：一是增加动力的途径，二是减少阻力的途径。

(1)增加动力　根据农民的迫切需要选择推广项目，激发和利用农民的采用动机。加强创新的宣传刺激，提高农民的认识，改变他们的态度，通过创新的目标来吸引他们的采用行为。通过低息贷款、经费补助、政策优惠等措施，推动农民采用创新。筛选和推广市场需求旺盛、生产成本低、产品价格高、经济效益好的项目，促使农民在经济利益的驱动下采用创新。

(2)减少阻力　通过提高农民素质和改善环境两个方面来减少阻力。农民采用创新的阻力之一，常常是文化水平较低和受传统观念影响太深。通过推广工作，直接改变农民的知识、技能、信念和价值观，提高他们的素质，这种阻力就会减少或被克服。通常情况下，推广人员应尽力面向个人，通过宣传、引导、示范、技术培训、信息传播，帮助不同类型的农民改变观念、态度和获得应用某项技术的知识与技能。农民采用创新的另一个阻力，是环境条件的限制。创造农民行为改变的环境条件，就是要建立健全各种社会服务体系，向农民提供与采用创新配套的信贷、物资、运输、加工、销售等方面的服务。同时，要在舆论导向方面鼓励采用创新，形成采用创新光荣的社会风气。

(三)农民群体行为的改变

在农业技术推广中，推广人员更多的时间是面向一个又一个的农民群体，促进农民群体行为改变。因此，掌握农民群体行为特点及其改变方式，有利于更好地开展推广工作。

1.群体成员的行为规律

群体成员的行为与一般个人的行为相比，具有明显的差异性，表现出以下规律：一是服从。遵守群体规章制度，服从组织安排是群体成员的义务。当群体决定采取某种行为时，少数成员不论心里愿意还是不愿意，都得服从，采取群体所要求的行为。二是从众。群体对某些行为没有强制性要求，而在多数成员采用时，其他成员常常不知不觉地感受到群体的“压力”，而在意见、判断和行动上表现出与群体大多数人相一致的现象。“大家干我就干”就是从众行为。从众行为是农民采用创新的一个重要特点。三是相容。同一群体的成员由于经常相处、相互认识和了解，即使成员之间有时有不恰当的语言或行为，彼此也能宽容相待。一般情况下，同一群体的成员之间容易相互信任、相互容纳、和谐相处。四是感染与模仿。所谓感染，是指群体成员对某些心理状态和行为模式无意识及不自觉地感受与接受。在感染过程中，某些成员并不清楚地认识到应该接受还是拒绝一种情绪或行为模式，而是在无意识之中的情绪传递，相互影响，产生共同的行为模式。感染实质上是群众模仿。在农民中一种情绪或一种行为从一个人传到另一个人身上，产生连锁反应，以致形成大规模的行为反应。群体中的自然领袖一般具有较强的感染作用。在推广实践中，选择那些感染力强的农户作为科技示范户，有利于创新的推广。

2.群体行为改变的方式

群体行为的改变主要有 2 种方式：一是参与性改变，二是强迫性改变。参与性改变就是让群体中的每个成员都能了解群体进行某项活动的意图，并使他们亲自参与制定活动目标，讨论活动计划，从中获得有关知识和信息，在参与中改变知识和态度。这种改变的权力来自下面，成员积极性较高，有利于个体和整个群体行为的改变。这种改变持久而有效，适合于成熟水平较高的群体，但费时较长。强制性改变是一开始便把改变行为的要求强加于群体，权力主要来自上面，群体成员有压力，带有强迫性。一般情况下，上级的政策、法令、制度强制在整个群体中执行，在执行过程中使群体规范和行为改变，也使个人行为改变。在改变过程中，对新行为产生了新的感情、新的认识、新的态度。这种改变方式适合于成熟水平较低的群体。

(四)影响农民行为的方法

推广人员常常通过教育、培训、试验、示范等手段影响农民行为，而政府通常采用政策、法律、经济等手段影响农民的行为。常见的影响农民行为的方法有以下几种：

1. 强制使用权力

使用强制权的人，应具备以下条件：①他必须有足够的权力可以使用；②他必须了解如何达到目的，即有达到目的的方法与手段；③他必须有能力去检查被强制的人是否按要求去做；④使用强制力量便意味着强制者对他力图改变的对象的行为负责，如果失败或造成损失，应承担全部责任。

在相对短的时间内，强制使用权力改变许多人的行为是可能的，但耗费大，且被强制者未必总能按要求行动。所以，要想在改变行为的过程中发挥人的积极性，用强制的方法是不适宜的。要使被强制者了解有什么制裁，并努力说服其自愿遵守规定。在这方面，推广可能是很重要的方法。例如，要使奶牛专业户的挤奶棚符合严格的卫生要求，乳品质量监督员必须事先宣讲某些规定与制度，如果专业户未按要求去做，监督员不得不使用某些规定、罚款及其他制裁手段来达到目的。

2. 交换

即在两个对象之间进行商品及服务方面的交换。使用该方法需要的必备条件：①交换的双方都认为对各自有利；②每一方都直接有对方所需要的商品或服务；③每一方只能在另一方已提供所交换的商品或服务的条件下，才提供自己的那一部分，除非相互信任度很高。

尽管交换并不总是有效和公平的，有时利益向一方倾斜，如农民与城市商人之间的交换。但对于满足不同群体、社团和个人需要及兴趣来说，交换通常是非常有效的方法。在交换过程中，推广人员可起到有效的作用，它提醒交换中处于潜在不利地位的一方，以防止另一方获得不公平利益。例如，对边远地区及山区的农民，可以向他们提供城市市场农产品价格的信息，也可以提供有关城市贸易伙伴进行有保障的、公平合法的贸易方面的咨询。

3. 咨询

咨询用于对确定问题解决方案的选择，其应用条件是：①就问题的性质与选择正确的解决方案的标准方面，农民与推广人员的看法一致；②推广人员对农民的情况了如指掌，有足够的知识来解决农民的困难，而且实践证明，这些知识是科学的、可行的；③农民相信推广人员能够帮助他们解决问题；④推广人员认为农民不可能或没必要自己解决问题；⑤农民自己具备足够条件采纳建议。

推广人员要对咨询质量负责，要有扎实的专业知识，做到理论和实践相结合，就能很好地发挥咨询的作用。

4. 公开影响农民的知识和态度

这种方法的应用条件是：①由于农民的知识不够或有误，或者由于其态度与其所达到的目标不一致，推广人员认为农民自己不能解决问题；②推广人员认为如果农民有更多的知识或改变了态度，就能自己解决问题；③推广人员愿意帮助农民收集更多、更好的信息，以促进农民改变态度；④推广人员有这种知识或知道如何获得这些知识；⑤推广人员可以采用教育方法来传播知识或影响农民的态度；⑥农民相信推广人员的专长与动机，并在改变其知识或态度方面愿意与推广人员合作。

用这种方法可达到长期行为改变的效果，能增强农民自己解决类似问题的能力和信心，这是在推广过程中常用的一种方法。例如，推广人员教给农民如何防治病虫害，应首先讲明病菌、害虫及作物的生命周期，使农民懂得在病菌和害虫最脆弱的时期安全用药。农民再遇到类似问题时，就可以根据自己积累的经验，分析并解决问题。

5. 操纵

操纵的意思是指在农民尚未清楚的情况下来影响其知识水平和态度。其应用条件是：①推广人员坚信在某一确定的方向，改变农民的行为是必要而且可行的；②推广人员认为由农民独立做决策是不必要或不可行的；③推广人员要掌握影响农民行为的分寸，使他们不易觉察到；④农民并不极力反对受这样的影响。在这种情况下，实施影响的人要对其行为后果负责。例如，推广机构发布拖拉机等农业机械的操作性能方面的官方试验报告，农民便根据这些报告，对照厂家在广告中的宣传来检验机具的操作性能。

6. 提供条件

提供条件主要是指为农民提供农业生产所需的特定条件。在下列情况可用此法：①农民努力达到某一目标，推广人员认为这一目标是合适的，但条件不够，需要帮助；②推广人员具备这些条件，并准备短期或长期地提供给农民；③农民不具备达到目标的现成条件，或者不愿冒险使用这些条件。

农业上特定的条件包括：短期或长期贷款，用于购置化肥、良种、药械、建筑材料、农机具以及进行生产补贴等。这有助于增加个体农民的收入，但也存在风险。如不精心管理和监督，贷款及其他物资可能收不回来或不能完全收回，使用这种影响方法耗资多。

推广机构虽不直接参与贷款和生产资料分配，但在提醒农民注意获得这些条件来改善环境方面能起到重要作用，推广人员可以帮助农民使用补贴、贷款等，也可以帮助农民做出相应的决策。

7. 提供服务

即帮助农民做某些工作。其应用条件是：①推广人员有足够的知识或条件，能让农民更好地开展某项工作；②推广人员和农民都认为开展这项工作是有益的；③推广人员愿意为农民干这些工作。

如果无限制地为农民提供免费的帮助，农民很可能产生依赖思想，缺少自力更生精神。

8. 改变农村社会、经济结构

在下述情况下，改变可能是十分重要的影响手段。①推广人员认为农民的行为恰当，如农民自己组织专业技术协会、研究会等；②由于存在社会经济结构方面的障碍，农民处于不能按这种方式行动的地位；③推广人员认为结构方面的变化是合理的；④推广人员有权在这方面开展工作；⑤推广人员处于可以通过权力或说服来影响农民的地位。

改变社会结构也会遭到某些人及社团的反对，因为会导致他们丧失权力和收入。农民组织协会，就能更好地联合起来，可能有足够的力量来克服这种阻力。影响人们行为的方法是不断变化的。影响者和被影响者之间利益冲突与和谐的程度，双方对利害关系的认识状况，以及双方各拥有多少权力等都影响这些方法。就推广工作来说，推广人员与农民的利益是互相依存的，任何一方的某种变化都有可能破坏彼此的利益关系。通常农民不受与推广人员相同道德的约束，农民更易打破这种关系。因此，推广人员的活动要与贷款监督、投入分配、规章制度执行等结合起来，这样推广人员和农民的关系就会更紧密。

案例 宁夏回族自治区灵武市在推广水稻规范化旱育稀植技术时，当地农民既希望增产增收，又对新技术抱有怀疑态度。为了尽快推广该项技术，农技推广中心的技术人员在梧桐树乡的几个村进行了示范。他们早出晚归，宣传培训，组织配药浸种，育苗插秧，真心实意为农民服务，把农民的事当作自己的事来做，干给农民看，带领农民干。农民被他们的实际行动所感动，纷纷采用规范化旱育稀植技术，取得了每公顷增收 2 250 元的效益。

三、行为原理在农业技术推广中的应用

(一)按农民的需要进行推广

农民需要、市场需求和政策导向是农业技术推广工作的三大动力。当农民需要、市场需求、政策导向 3 种动力方向一致时，形成正向合力，有利于农业先进技术的推广，效益最为显著。当 3 种动力方向不尽一致但有互相接近的趋势时，经过调整后可以形成一定的正向合力。3 种动力有两种或两种以上方向互不一致时，形成内耗，作用力互相抵消甚至形成负向合力，形成对新技术推广的阻力，最不利于农业新技术的推广应用。

按农民需要进行推广是市场经济的客观要求。作为相对独立的微观经济主体的农户是自主的生产经营者，他们的生产经营是以满足市场和自身的经济利益为取向，即追求利润的最大化；作为宏观经济主体的政府以价格、税收、信贷等经济杠杆进行宏观调控，对农业经济进行管理。解决国家利益和农民利益矛盾的方法，是通过间接宏观调控使两者趋于一致，而不能使用强制农民服从的办法。推广工作必须尊重农民的意愿、符合农民的需要，以增加农民的经济收入为最终目的，这与满足社会的需要、国家的需要是一致的。

按农民需要进行推广也是行为规律所决定的。农民的需要是一种客观存在，是农民利益的集中体现，是农民从事生产活动的原动力所在，只有承认它、尊重它、保护它，才能调动农民的主动性和创造性，促进农业发展。按农民需要进行推广，正是通过满足农民在生产经营中的实际需要，来帮助农民实现增加收入的最终目标。

按农民需要进行推广，推广机构和推广人员应注意的问题：一是应深入了解农民的实际需要。要启发诱导、挖掘农民需要；要尊重农民的客观需要；辨别合理与不合理、合法与不合法的需要；分析满足需要的可能性、可行性，尽可能满足农民合理可行的需要。二是分析农民需要的层次性。推广人员应该对不同地区和不同农户确定不同的推广目标，满足不同地区、不同农民的需要。三是分析农民需要的主导性。所谓需要的主导性就是在众多的需要中，某种需要在一定时期内起主导作用，它是关键的需要，只要一经满足，就会有较大的效果。如对农民尊重的需要有时会占主导地位，农民希望推广人员看得起他，与他平等对话，而不希望推广人员指手画脚、高人一等。

(二)正确使用期望激励,调动农民积极性

正确确定推广目标,科学设置推广项目。期望理论表明,恰当的目标会给人以期望,使人产生心理动力,激发热情,引导行为。因此,目标确定是增强激励力量最重要的环节。在确定目标时,首先,要尽可能地在组织目标中包含更多农民的共同要求,使更多的农民在组织目标中看到自己的切身利益,把组织目标和个人利益高度联系起来,这是设置目标的关键。其次,目标要尽量切合实际,只有所确定的目标经过努力后能实现,才有可能激励农民干下去;反之目标遥远、高不可攀,积极性会大大削弱。

认真分析农民心理,热情诱发农民兴趣。同一目标,在不同人心目中会有不同的效价,甚至同一目标,由于内容、形式的变化,也会产生不同的效价。因此,要根据不同农民的情况,采取不同的方法,深入进行思想动员,从经济效益、社会效益和生态效益的角度,讲深讲透所要推广项目的价值,提高对其重要意义的认识。只要你推广的项目,农民很关注、很向往,觉得很有意义,其效价越高,这样激励力量就越大;反之,农民觉得无足轻重,漠不关心,其效价就会很低甚至为零;如果农民觉得害怕、讨厌而不希望实现,其效价为负数,不但不会调动其积极性,反而会令其产生抵触情绪。

提高推广人员自身素质,积极创造良好推广环境,增大推广期望值。如果对期望值估计过高,盲目乐观,到头来实现不了,反遭心理挫折;估计低了,过分悲观,容易泄气,会影响信心。所以,对期望值应有一个恰当的估计。当一个合理的目标确定后,期望值的高低往往与个人的知识、能力、意志、经验有关。要使期望变为现实,还要求推广人员训练有素,既要有过硬的专业技术,也要有良好的心理素质。同时,要努力创造良好的环境,排除不利因素,创造实现目标所需要的条件。

(三)改变农民群体行为,促进农村经济稳步发展

农民群体行为的改变,是一种最困难、最费时但却是最重要的行为改变。群体行为的改变首先是集体意识的培养,并把集体意识上升为集体主义,最后才能使他们步调一致,达到群体行为的改变。

1.集体主义的培养

集体意识只是一种朦胧的、萌芽状态的成员意识,往往具有暂时性和随意性。因此将集体意识升华为集体主义是十分重要的。集体主义培养的途径主要有两个方面。

(1)集体活动　有效的集体活动包括集体舆论、集体感受、竞赛和模仿。

集体舆论是对社会生活、个人活动的事实做出的一致判断。舆论的形成有时是自发的,有时是有意识的。舆论有正确与错误之分,因此集体要力求控制舆论。

在社会共同体中,人们的情绪状态相同,就是集体感受。集体感受有肯定与否定之分,一个健康集体的特点是:精神饱满,气氛热烈,情绪高涨。

竞赛是个人或集体的各方力求超过对方成绩的相互行动。竞赛和竞争不同,它没有对抗趋向,并不想不惜任何代价来压倒对方、吃掉对方。竞赛造成情绪饱满,并相互感染,因为每一方都力求取胜,获得荣誉,从而显示集体的团结和意志的力量。

模仿就是自觉或不自觉地模拟一个榜样,农村中年轻人模仿有经验的中老年人等就是如此。对于榜样的模仿是根据上级的指示、成员之间的约定或是自发进行的。模仿和其他心理

现象一样，逐渐成为团体和集体中人与人关系的内容和形式。

(2)个人修养　修养是一个含义广泛的概念，主要是指人们在政治、道德、学术及技艺方面勤奋学习和刻苦锻炼的功夫，以及长期努力所达到的一种能力和思想品质。集体成员的个人修养好，思想境界高，集体主义精神就容易增强。

2. 群体行为改变的方法

(1)风俗习惯性行为调节改变　风俗习惯是人类在长期的生产活动中自发形成、自觉遵守的，反映人们共同意志的行为规范，它包括风尚、礼节、习惯等，具有如下特点：一是规范的形成具有自发性。风俗习惯是人们在长期的生产活动中逐步形成的，具有约定俗成的特征。它的产生和变化有两种趋势：一种是个别形成而为大家所接受的行为规则，另一种是个别违反而不加惩罚的行为规则。二是规范的遵守具有自觉性。由于规范是自然形成的，因而对于这种规范的遵守，具有自觉的性质，没有谁会去故意破坏它。三是规范反映全体社会成员的共同意志。由于规范反映的是社会成员的共同意志，因而对每一个社会成员都有约束力，具有调节、改变人与人之间关系，建立良好社会秩序的功能。

(2)知识情感性行为调节改变　第一，科学调节改变。科学的中心问题是真理问题。通过学习科学，认清真理与谬误，调节自己的行为。第二，道德调节改变。道德的中心问题是善的问题，通过评价，向善而斗恶，自觉按照道德规范约束自己，改变调节自己的行为。第三，艺术调节改变。艺术的中心问题是美的问题，通过美的鉴赏和美的创造活动，使人们了解什么是美，什么是丑，从而自觉地按照美的形象塑造自己，塑造集体。

(3)政策法律性行为调节改变　包括社会规范调节和自然规范调节。社会规范是调节人与人之间关系的行为规范，有法律规范、道德规范、宗教规范、日常生活规范等。例如，村规民俗、规章制度等。自然规范是调节人与自然之间的关系，是人们如何利用自然力的行为规范，也叫操作规程，如土地法、水利法、森林法等。这种自然规范本身没有阶级性，但违反了它，往往不仅会给违反者本人，而且也会给社会造成极大的危害。因此，现代社会把自然规范和社会规范一起确定为法定的义务，以政策、法律的形式公之于众，从而保证生产、社会生活的正常进行。

由于人们所处的层次不同，所发挥的作用不同，因而对于群体行为的影响和约束力也不同，改变群体行为，要综合而恰当地运用上述 3 种方法。

思考题

1. 行为改变的一般规律是什么？
2. 集体意识形成的条件是什么？
3. 影响农民群体行为的方法有哪些？

基础五　农业技术推广沟通

学习目标

1. 理解推广沟通的要素、程序和特点；
2. 明确推广沟通网络的重要性，正确分析影响推广沟通的因素；
3. 掌握推广沟通的准则、要领和技巧；
4. 提高推广沟通技能。

沟通是指社会中的个人或群体运用媒介彼此交流信息的过程。农业技术推广沟通是指在推广过程中推广人员向农民提供信息，了解需要，传授知识，交流情感，提高农民的素质与技能，改变农民的态度和行为，并不断调整自己的态度、方法的一种信息交流活动。沟通贯穿于农业技术推广的全过程，体现在各种推广方法的应用之中。

一、沟通的要素、程序和特点

(一)沟通的要素

1. 沟通主体

沟通主体指承担信息交流的个人、团体及组织。根据他们在沟通中所处的地位和职能，沟通主体又分为传送者和接受者。

传送者又叫信源，指在沟通中主动发出信息的一方。在推广机构中，推广人员一旦获得了农业创新的信息，就会产生向农村、农民推广此项创新的意向和行为，这时，推广机构和推广人员就成为传送者。传送者在沟通中居于主动地位，把所要传送的技术、信息等，通过加工变为农民能够理解的信息发送出去，经过一定的渠道让农民接受。因此，传送者是首先发起沟通活动的一方。

接受者指接受信息的一方。当推广人员发出信息后，农民通过一定的渠道接收信息，有选择地消化这些信息，并转化为自己所能理解的形式，采取一定的行为，将行为结果反馈给传送者，所以接受者是被动的沟通者。

在双向沟通中，传送者和接受者是相对的，推广机构及推广人员与农民互为传送者和接受者，共同构成农业技术推广的沟通主体。

2. 沟通客体

沟通客体指沟通的信息内容。农业技术推广沟通客体主要由信息、情感、思想等构成。信息作为沟通客体极为普遍，信息一般以文章、讲话、简报及声像资料等形式进入沟通过程。情感也常常作为沟通的客体，例如，农民群体的内聚力的大小取决于农民之间人际关系状况；推广人员与农民双方共同商讨技术问题，彼此发表各自看法，互相汲取对方的有益意见，相互满足心理上的需要，就会产生亲密感和相互依赖感。用感情沟通的手段可以提高农民群体的凝聚力，增强农民主动采用农业新技术的积极性。

3. 沟通渠道

沟通渠道是指传送和接受农业信息的通道和路径。农业技术推广中常见的沟通渠道有以下几种类型：

(1)单串型　由首先发出信息的人经过一长串的人依次把信息传递给最终的接受者，接受者的反馈信息，则以相反的方向依次传递给最初的发信人。

(2)饶舌型　又叫轮式渠道，即由一个人把信息同时传递给若干人，反馈信息则由此若干人直接传递给最初发出信息的人。集体指导即属于此种类型。

(3)扩散型　最初由一个人将信息传递给若干人，再由这些人把信息分别传递给更多的人，使信息接收者越来越多，反馈信息则以相反的方向回流，最终流向最初发出信息的人，即平常所说的“一传十，十传百”。由推广人员首先指导科技示范户，示范户再带动周围一大批农民就属于此种类型。

(4)全通道型　指参与沟通的多人互相之间均能有信息交流的机会，如小组讨论会、辩论会等。

4. 沟通媒介

沟通媒介指沟通的信息载体和信息传播工具。

(1)大众传播媒介　利用电视、广播、网络、报纸、杂志等大众媒介进行信息传播，具有速度快、覆盖面广的特点，但反馈信息少，对接收者的接收状况了解较少。

(2)声像传播媒介　利用电影、录像等进行沟通。传播速度及覆盖面不及大众传播媒介，但反馈信息多，对接收者的接收状况有较多的了解。

(3)语言传播媒介　即通过口头语言和书面语言进行信息传播。前者如讲话、谈话、培训讲课、小组讨论等；后者如科技图书、科普文章、科技通信、培训教材等。

(二)沟通的程序

1. 信息准备阶段

信息准备是指推广人员从多种途径获得农业信息，有了传播的意向，为信息的传递所做的准备工作，该阶段有下列工作要做：

(1)确定信息内容　即在正式沟通以前，先要系统地分析本次沟通所要解决的问题、目的、意义及信息的质量、适应性等。

(2)确定信息接收者　即农村中的集体或个人、领导或群众、示范户或一般农户等。

(3)确定信息传递时间　信息传递的时间很重要，过早时机不成熟，不一定能引起对方兴趣；过晚则由于时过境迁而失去使用价值，因此要把握好沟通的时机。

2. 信息编码阶段

信息编码是指推广人员将所要传播的信息，以语言、文字或其他符号来进行表达，以便于传递和接收。信息编码有以下几方面的要求：

(1)信息表达要准确无误　农业技术推广沟通最常用的工具是语言和文字。在与农民进行沟通时，要使用简单明了、通俗易懂、形象生动的语言文字来准确地表述科学概念、原理及技术方法。

(2)使用沟通工具时要协调配合　书面语言和口头语言相配合，语言形式和非语言形式相结合。要根据沟通内容选择适当的沟通工具。

(3)要考虑农民的接受能力　在编码时要考虑农民的文化水平和接受能力。人在单位时间内所能接收的信息量是有一定限度的，因此，在一次沟通中，信息量不能太多，否则影响沟通效果。

3.信息传递阶段

传递阶段是推广人员借助沟通工具，通过一定的渠道，把信息传送出去的过程。有效的传递，要注意以下几点：

(1)选择合适的工具和渠道　同一信息可以通过不同的渠道和工具来传递，要根据经济有效的原则进行选择。

(2)控制好传递的速度　传递的速度过快，可能会使对方接收不完全，欲速则不达；过慢则可能坐失良机，影响沟通效果。

(3)防止信息内容的遗漏和误传　要尽最大努力排除各种干扰，力求准确，无遗漏。

4.信息接收阶段

指农民从沟通渠道接收信息的过程。在接收信息时应力求做到完整，不漏掉传递来的每一个信息符号。

5.信息译码阶段

译码阶段是接收者(农民)把获得的信息进行译解，转换成为他们所能理解的形式的过程。要求接收者能充分地发挥自己的理解能力，准确地理解所接收的信息的全部内容，不能断章取义，更不能误解传递者的原意。

6.信息反馈阶段

本阶段是接收者对接收到并理解了的信息内容加以判断，向传递者(推广人员)做出一定反映的过程。反馈要注意以下两个问题：

(1)反馈要及时　这样可使传递者及时了解信息被接受的程度，便于传递者及时采取相应措施，提高沟通效果。

(2)反馈要主动、清晰　接收者要积极主动地反馈，清楚地说明自己的意图，这样才能真正实现双向交流，使沟通效果得以提高。

(三)沟通的特点

农业技术推广沟通有以下特点：第一，推广人员和农民都是沟通的参与者，从这个意义上说二者是平等的关系。因为无论缺少哪一方，都不能进行沟通。但是推广沟通是推广人员为推广科学技术这个最终目的来与农民沟通的，所以推广人员常常以沟通传送者的面貌出现，而农民则以沟通接受者的面貌出现，两者互相提供信息的数量和作用不能等量齐观。第二，在沟通中是推广人员主动适应农民，而不是农民去适应推广人员。例如，推广人员是根据农民的具体条件、具体需要决定沟通的方法和内容，而不是农民根据推广人员的需要来决定内容和方法。第三，沟通双方是互相影响的，但这种影响作用和性质不同。推广人员对农民的影响是要提高其素质和技能，改变其态度和行为。也就是说，通过沟通要使农民掌握一定的先进技术，把科技成果传播开来，变为现实的生产力。而农民对推广人员的影响则是使其对农民有更充分的了解。如当前存在的问题是什么，农民需要哪方面的技术和信息等，从而改变推广的方法和调整服务的内容。

二、推广沟通网络与沟通障碍

（一）推广沟通网络

在农业技术推广工作中，除依靠推广人员和推广对象之间的人际沟通外，还有许多其他的沟通方式。推广人员及推广组织需要同农村社会的各种团体，如农村基层行政组织、农民自助组织等，以及参与农业服务的各种组织，如农业科研、教育、生产资料供应、市场营销、金融与信息等机构，进行有效的沟通，因而沟通的形式是多样化的。

所谓沟通网络是指各种沟通渠道的复合体。组成沟通网络的各个相关个体之间通过特定的信息流联系在一起。这种沟通网络有助于目标团体系统的所有成员都能经常接收到新的信息，它不仅具有信息传递的多向性，而且还具有沟通主体多元化的特征。在沟通网络中，信息的来源可以是个人，也可以是群体或组织。要建立这种沟通网络，就需要充分利用各种沟通关系、各种有影响的人物及各种有助于实现团体目标的媒介等来加强信息的传播。

沟通网络战略的一个特点是在沟通过程中可以发现新的问题和疑难，从而可以鼓励提问并证实信息。为了有效地实施这种沟通网络战略，可以利用广播、电视等大众传播媒介普及一般性知识，也可以用团体咨询会议的形式提供详细的信息，还可以在农村市场或村屯宣传某项成果并为农民解答疑难。为了确保其他能够传播信息的消息灵通人士和有影响的知名人士能对推广工作给予支持，还要分别为商人、合作组织、公司企业等单位或个人以书面材料、图纸或文章等形式提供咨询服务。

如果仅仅考虑一种信息渠道或一种传播媒介，那么沟通往往会失败。要想取得好的效果，最好是要熟悉特定团体的沟通网络，了解不同的团体（如妇女、青年等）常在什么地方集会，然后在推广工作中有目的地利用这些团体和集会。假如人们能够利用多种方式交流信息，评价反馈结果，并采取相应的行动，那么即使某一地区的推广人员暂时短缺，也可以通过这种沟通网络战略得以部分弥补，从而使推广工作较好地开展。

（二）推广沟通障碍

在推广沟通过程中，常因沟通要素质量不高，沟通工具运用不佳，沟通方法选择不当及沟通渠道不畅等造成沟通障碍。

1. 语言障碍

（1）语言差异造成隔阂　我国地域辽阔、人口众多，各地的语言差异较大。由于不同方言发音上的差异，给沟通带来诸多的障碍。推广人员应尽量使用普通话进行沟通，特别是到外地进行推广沟通时，使用普通话可能更有利于克服语言上的障碍，提高沟通效果。但有时推广人员针对某地区的语言特点讲方言，也许沟通效果更好。

（2）语义不明造成歧义　语义不明就不能正确表达思想，使对方造成误解。例如，一位农民到推广站购买麦种，农民问："此麦种种几代了？"技术员随口答道："二代"，这位农民听完调头就走了。从这件事反映出这位农民有一定的科技常识，他起码知道杂种二代不能再种了，但他误认为小麦品种的二代也不能种，技术员没有理解农民问话的真正含义，回答过于简单，结果造成农民误解。

2. 观念障碍

观念属于思想范畴，由一定的经验和知识积累而成，是一定的社会条件下被人们接受、信奉并用以指导自己行动的理论和观点。有的观念是促进沟通的动力，有的观念则成为沟通的障碍。

(1)封闭观念排斥沟通　封闭观念源于小农经济，农民自给自足，简单劳动只凭经验和力气即可，不需要分工协作，与外界联系甚少，产生封闭观念。这种封闭观念必然导致不尊重科学，不采用新技术，更反对竞争与冒尖，自然排斥科学知识的沟通。

(2)僵化观念窒息沟通　僵化观念就是把某种认识神圣化、凝固化，视为永恒的真理不可更改。农民喜欢从自己过去的体会中寻找经验，与现在的事物比较，自己没有经历过的事就难以相信和接受。对于农业生产中的某些陈规陋习，有时也不愿意轻易放弃。

3. 角色障碍

处于社会中的每个人在社会大舞台中都扮演着不同的角色，如果缺乏明智或陷入盲目，常常由于不同角色之间缺少共同语言而导致沟通障碍。

(1)年龄不同形成“代沟”　农村中有许多年轻人在得到新技术的信息后，总想试一试，而一些老年人认为他们的行为是好高骛远；而年轻人也常常把老年人的丰富经验说成是落后，把一些正确的忠告说成是思想僵化。农业技术推广人员应了解由“代沟”而带来的沟通障碍，引导他们在大目标一致的前提下，相互体谅、相互理解、求同存异。

(2)专业不同形成“行沟”　俗话说“隔行如隔山”，在思考问题时常常是从本专业的角度出发。这样，不同专业或行业的人就会对同一问题或同一事物形成各自的看法和态度，在互相沟通时就会产生“行沟”。比如，解决贫困地区农民脱贫的方法，有人认为要加大资金投入，有人认为要加大物资投入，有人则认为需要政策引导，有人认为需要提高农民素质，如此等等，各人有各人的道理。打破“行沟”最有效的办法就是换位思考，彼此理解，就会识大体、顾大局，再沟通时就顺利了。

(三)影响推广沟通的因素

推广沟通是一种具有信息反馈的双向沟通过程，推广人员和农民发出信息和接受信息都会受到传播技术、知识、态度、社会与文化背景等因素的影响。信息的内容、使用的符号和处理方式以及所使用的媒介等因素都会影响推广沟通的效果。

1. 沟通环境因素

沟通环境是指沟通现象赖以发生效果的社会的、文化的、心理的背景。它可以理解为传送者与接受者在沟通行为过程中形成的沟通惯例，它是在某种环境中人们对待沟通的习惯和定式，如对传媒的选择习惯、使用习惯、关注程度等。这种背景也包括由一定社会结构、文化素质、心理状态综合而成的社会文化氛围，如特定的价值观念、文化传统、情绪反应定式、意见倾向等。

2. 沟通目的因素

沟通目的是传送者选择传播内容的出发点和希望达到的效果。传送者选择传播内容不是任意的，而是综合考虑了自身的使命、传媒通道、传播内容的可接受性、接受者的接受程度等多方面的情况而确定的，同时接受者在接受传送者的信息内容时，也必须考虑自己的需要，接受的条件与可能（包括文化技术素质、经济条件、生产条件等），采用的接受方式等情况而确定沟通活动的有效性。

3. 沟通反馈因素

沟通反馈是指接受者对传播内容的反应。传送者则在反馈的基础上调整传播内容和方式。由于推广沟通是双向沟通过程，因此，沟通过程中沟通反馈十分重要，反馈是否畅通、及时，既对调整沟通双方的传播内容和方式起关键作用，又是保持沟通双方能否继续进行，达到目标的重要保证。

4. 社会知觉因素

农业技术推广活动中人际关系的建立，均以社会知觉的结果为基础。要想建立良好的人际关系，首先必须有正确的社会知觉。所谓社会知觉是指主体对社会环境中的有关个人或团体特性的知觉。其内容包括对人的知觉、人际知觉、角色知觉 3 个方面。对人的知觉是指对别人的动机、情感、意向、性格等的认识。由于个人生活经历、所受教育、职业、处境、兴趣、年龄等方面的条件不同，可能对同一认知对象产生不同的认知结果，或对不同的认知对象产生完全相同的认知结果。其中极可能有错误的认知。人际知觉，是指对人与人相互关系的认知。在推广活动中必须了解每一个人与其他人的相互关系，这样才能在处理人际关系时不出差错。角色知觉，是指对某人在社会上所扮演的角色的认识与判断，以及有关角色行为的社会标准的认识。在推广活动中，农民有着不同的社会角色，他们在采用技术上有自己的选择。正确认识这些不同角色的行为标准和心理需要，能处理好与这些人的关系。

5. 自我认识因素

自我认识是指综合过去和现在对自己的观察而得出的有关自己的知觉认识，包括对自己的身体、欲望、情绪、态度、思想、品质、能力等方面的认识。正确的自我认识是推广人员选择正确的态度和行为去适应外界的环境需要的前提条件之一。同时，基于正确的自我认识所产生的态度和行为来把握自身特点，能达到与环境的和谐统一。人们认识自我，往往通过与别人相比较，通过别人的态度和自己的工作成果来实现。

6. 风俗习惯因素

风俗是某一社会文化区域内人们共同的行为模式，反映的是某一地域团体的社会文化性质。由于我国农村社会的经济、文化发展不平衡，社会的风俗习惯构成了一种既丰富多彩，又良莠混杂，科学与迷信并行的状况。这对推广沟通既有积极影响，又有消极影响。推广人员应学会利用风俗的积极影响，因势利导、顺水推舟地传播技术，同时还要为改造旧俗、革除陋习、为创造科学文明的社会习惯而不懈努力，使风俗为科学技术的普及和传播服务。

7. 组织行为因素

推广活动中有正式组织和非正式组织，不同组织的行为直接影响推广沟通的进行。正式组织是有效实现推广任务而规定成员之间相互关系和职责范围的一定的组织体系。非正式组织就是一种非官方的，以群众的感情、兴趣、爱好等为基础而自然形成的民间组织。无论是推广人员还是推广对象都在一定的正式组织中和非正式组织中扮演不同的角色，在正式组织中他要遵守组织章程，按组织要求办事。同时他在与同事之间形成的非正式组织中遵守某些规范。当非正式组织的目标与正式组织的活动目标一致时，就会促进推广任务的完成；不一致时就会影响推广工作的顺利进行。

三、沟通的一般准则、要领和技巧

(一)沟通的一般准则

1.维护和提高信息源的信誉

沟通能否成功在很大程度上取决于信息接受者对待信息源的态度和方式。例如,一个农民认为某个推广人员是一个可信赖的信息源,那么他对这个推广人员提出的建议就会积极采纳;如果他对报纸或其他信息源持消极或否定的态度,他就倾向于忽视这些信息源提供的信息。但是,如果他后来发现报纸等信息源也提供了有用的信息,他会及时转变态度。推广人员要想在农民中树立良好形象,就得花费一定的时间与精力同农民进行沟通,了解他们的需要,向他们介绍实用的技术与信息,培养他们的自主能力与自我决策能力。

2.信息内容要与农民相关

要做到这一点,推广人员需要将农民划分为若干类群,了解各个类群的兴趣、需要与问题,从而有针对性地提供技术和信息服务。例如,在持续的旱灾期间,同农民谈论土壤改良技术,农民是不会有多大兴趣的,因为他面临的紧迫问题是度过灾害以求生存。有时推广人员传播的新技术的确具有相关性,但农民可能不以为然,这就需要用农民熟悉的语言以及其他方式向其解释新旧技术之间的关系与差异。

3.信息的组织与处理应简单

首先,要求信息传播中正确选用媒介,编码简单易懂,适合农民的接受能力,多运用图片、图表,比只用语言文字符号效果更好。其次,在传播每一个新的概念之前需要指明其意义,因为对传播者而言可能是很简单的术语,但对接受者而言可能含义不明。最后,组织信息时要注意信息的逻辑顺序和结构安排,使接受者更易理解。

4.适当重复信息的关键内容

在口头传播信息中,重复特别重要。通常需要重复要点、难点,澄清误解,举例说明。通过多种信息源重复信息的效果更佳。例如,人们以前已经从大众传播媒介上了解到某项技术,若再进行现场考察、接受培训和指导,则更信服这项技术。

5.运用比较和对比

要把传播的新技术和原技术联系起来,把已知的信息和未知的信息进行比较,更容易看出它们之间的异同,从而更清楚地了解新技术的价值。

6.加强信息反馈

有效的沟通远远不只是单向地传播技术和信息,而是一种双向的信息交流。在推广沟通中,推广人员和农民都是沟通的参与者,他们之间是互教互学、相互促进的关系。因此,只有加强信息反馈,才能增进理解,实现互动。

7.改善沟通环境

这不仅包括沟通参与者的社会、文化及心理等方面的因素,而且还包括外部的物理环境。例如,在一个闷热的房间里,人们很难聚精会神地听讲。同样,在烈日当空或寒风刺骨的野外,人们也不可能全神贯注地观看示范,接受信息。

8. 重视沟通网络

在推广过程中，推广人员必须充分认识到他们是在同农民、农业企业组织等机构与人员一道开发知识并交流信息。例如，与农村社会的基层行政组织、农民自助组织等各种团体，以及参与农业服务的农业科研机构、教育机构、生产资料供应机构、市场营销机构、金融与信贷机构等各种组织进行有效的沟通。在这种沟通网络中推广人员是关键的一员。因此，推广人员需要加强同网络中其他成员的沟通，以形成高质量的信息流，为农业和农村社区的发展提供更有效的服务。

(二)沟通的基本要领

1. 摆正"教"与"学"的关系

在沟通过程中，推广人员应具备教师和学生两种身份，既是教育者，向农民传递有用信息，同时又是受教育者，向农民学习生产经验，倾听农民的意见。要明确农民是"主角"，推广人员是导演。因此，农民需要什么就提供什么，不是推广人员愿意教什么，农民就得被动接受什么。推广人员与农民是互教互学、互相促进、相得益彰的关系。

2. 正确处理好与农民的关系

各级推广机构的推广人员既要完成国家下达的任务，又要为农民服务。推广人员要同农民打成一片，了解农民的生产和生活需要，与农民一起讨论所关心的问题，帮助农民排忧解难，取得农民信任，使农民感到你不是"外来人"，而是"自己人"。

3. 采用适当的语言

要尽可能采用适合农民的简单明了、通俗易懂的语言。例如，解释遗传现象时可用"种瓜得瓜、种豆得豆"等形象化语言。解释杂种优势时可用马与驴杂交生骡子为例来说明。切忌总是科学术语的"学究腔""书生腔"。同时还要注意自己的语调、表情、情感及农民的反应，以便及时调整自己的行为。

4. 善于启发农民提出问题

推广沟通的最终目的就是为农民解决生产和生活中的问题。由于文化素质、知识智能等原因，农民形不成问题概念，或提出的问题很笼统。推广人员要善于启发、引导，使农民能准确地提出存在的问题。例如，可以召开座谈会，互相启发，互相分析，推广人员加以必要引导，这样就可以较准确地认识到问题所在，形成问题的概念。

5. 善于利用他人的力量

由于推广人员数量较少，不可能直接面对千家万户。因此，要善于利用农民中的革新先驱者、科技示范户，把他们作为科技"二传手"，借助他们的榜样作用和权威作用，可产生"倍数效应"与"辐射效应"，使农业科技成果更好更快地传播，取得事半功倍的效果。

6. 注意沟通方法的结合使用和必要的重复

研究表明，多种方法结合使用常常会提高沟通的有效性。如大众传播媒介与成果示范相结合，家庭访问与小组讨论相结合等。行为科学指出，人在单位时间内所能接收的信息量是有限的，同时，在一定的时间加以重复则可使信息作用加强。所以在进行技术性较强或较复杂的沟通时，必须进行重复才能增强沟通效果。例如，大众传播媒介，需要多次重复才能广为流传，提高传播效率。

(三)沟通的技巧

1. 给人留下良好的第一印象

推广人员刚走上工作岗位，或到一个新的工作地点时，都有与别人第一次见面的问题。初次见面，别人往往对你形成一定的认识，这就是第一印象。第一印象形成后，会在人的大脑皮层印上很深的痕迹，以后要抹掉这个痕迹是相当困难的。推广人员给人的第一印象应是朴实、诚恳、勤奋、大方。因为我们的工作对象是农民，他们非常朴实，只有给人一个朴实的印象，才便于和他们沟通，才有利于开展工作。面带笑容、不卑不亢、自然开朗、大方洒脱、文雅朴实、积极肯干，就会给人留下良好的第一印象。

2. 做农民的知心朋友

推广人员必须成为农民的知心朋友。要获得推广事业的成功，应努力做到以下几个方面：第一，尊重他人，关心他人，对人一视同仁，富于同情心。第二，热心群体活动，对工作高度负责。第三，持重、耐心、忠厚、老实。第四，热情、开朗、喜欢交往、待人真诚。第五，聪颖，能独立思考，善于解答别人提出的问题。第六，具有谦虚的品质。第七，有多方面的兴趣和爱好。第八，知识渊博，说话幽默。

3. 与农民沟通之前先"认同"

推广人员要适应农民，需要先"认同"。"认同"在心理学上就是在千差万别当中，能够在某些方面趋向一致。"认同"的过程就是协调人际关系的过程。"认同"要经过3个阶段：一是顺应阶段。顺应就是要求一方迁就另一方，迁就在沟通中很重要，双方暂时迁就，就会互相体谅，各自就会逐渐打开心扉，开始说真话。二是同化阶段。顺应可能不十分乐意，也许是一种策略，而同化则是另一回事。最后可以"入乡随俗""人家这样干我也这样干""他是人咱也是人，为什么不能像他那样呢?"这样干得多了，也就习惯了，觉得没有什么不舒服不自在了，这就是被同化了。三是内化阶段。内化就是推广人员长期和农民在一起，各方面或某一方面都达到高度一致，十分默契。对于农民的性格、兴趣、习惯和作风摸得很透，十分适应，双方觉得非常合得来。

4. 要让农民对你感兴趣

每推广一项技术，每说一句话，都要站在对方的角度上看问题。做到了这一点，农民就会对你或你的推广内容感兴趣。实事求是地、客观地站在对方的角度上看问题，应该成为推广工作者的工作原则。

5. 善于利用人们迷信成功者的心理

每个人都有迷信成功者的心理，推广人员要善于利用这一心理。当你试验某一项技术获得成功，确信可以推广时，应该先让农民看你的结果，不要轻易将技术的关键道出，让对方先对你产生迷信心理，他就会更相信你的技术肯定对他有用。相反，在还没有引起足够重视的情况下，你便将技术讲给他听，他会不相信，或者认为没这么简单，你的话就不能打动他。而当他对你和你的技术产生了迷信心理之后，抱着渴求的心理在迷惑不解的时候来找你，你一旦说出，他便有茅塞顿开之感，对技术理解得深、掌握得好，并且传播也快。

6. 了解、利用风俗，为推广服务

推广人员每到一地，首先必须了解当地的风俗习惯、风土人情，努力做到入乡随俗，才能成为一个受当地农民欢迎的人。不了解当地风俗习惯就容易产生笑话，甚至直接影响推广工作。如近年各地兴起的“科技赶集”活动，利用集日人多、人员集中的特点，宣传科学技术，但必须了解和利用当地风俗，才能收到较好的推广效果。发达国家遍布全国的俱乐部、周末晚会，就是他们宣传、推广技术的主要场所。

7. 善于发挥非正式组织的作用

非正式组织的存在对推广活动有积极作用，也有消极作用。就其积极作用而言，它可以沟通在正式交往渠道中不易沟通的意见，协调一些正式组织难以协调的关系，减少正式组织目标实施中的阻力；同时与非正式组织成员的沟通，还可以结识许多新朋友，扩大推广效果。就其消极作用而言，容易形成小圈子，一个人有消极的情绪后，会影响到一大批人。

要注意发挥非正式组织的积极作用，纠正和克服消极作用。在农业技术推广中，要寻找非正式组织中的核心人物，可以将其培养成科技示范户、科技标兵。利用他们在非正式组织中的地位和威信，形成科技推广的“辐射源”，以其为中心向四周成员“辐射”，将科技新信息迅速传播。

学习拓展

沟通技能测试

评价标准：非常不同意（或不符合）1 分，不同意（或不符合）2 分，比较不同意（或不符合）3 分，比较同意（或符合）4 分，同意（或符合）5 分，非常同意（或符合）6 分。

测试问题：

1. 我能根据不同对象的特点提供合适的建议或指导；
2. 当我劝告他人时，更注重帮助他们反思自身存在的问题；
3. 当我给他人提供反馈意见，甚至逆耳的意见时，能坚持诚实的态度；
4. 当我与他人讨论问题时，始终能就事论事，而非针对个人；
5. 当我批评或指出他人的不足时，能以客观标准和预先期望为基础；
6. 当我纠正某人的行为后，我们的关系能够得到加强；
7. 当我与他人沟通时，我会激发出对方的自我价值和自尊意识；
8. 即使我不赞同，我也能对他人观点表现出诚挚的兴趣；
9. 我不会对比我权力小或拥有信息少的人表现出高人一等的姿态；
10. 在与自己有不同观点的人讨论时，我将努力找出双方的某些共同观点；
11. 我的反馈是明确而直接指向问题关键的，避免泛泛而谈或含糊不清；
12. 我能以平等的方式与对方沟通，避免在交谈中让对方感到被动；
13. 我以“我认为”而不是“他们认为”的方式表示对自己观点负责；
14. 讨论问题时我更关注自己对问题的理解，而不是直接提建议；
15. 我有意识地与同事和朋友进行定期或不定期的私人会谈。

自我评价：80～90 分，你具有优秀的沟通技能；70～79 分，你的沟通技能略高于平均水平，有些方面需要提高；70 分以下，你需要严格训练沟通技巧。

思考题

1. 农业技术推广沟通有何特点？
2. 影响农业技术推广沟通的因素有哪些？
3. 如何提高农业技术推广沟通效率？

学习方法介绍

思维导图

思维导图又叫心智图，是表达放射性思维的有效图形思维工具，它简单却又极其有效，是一种革命性的思维工具。思维导图运用图文并重的技巧，把各级主题的关系用相互隶属与相关的层级图表现出来，把主题关键词与图像、颜色等建立记忆链接。思维导图充分运用左右脑的机能，利用记忆、阅读、思维的规律，协助人们在科学与艺术、逻辑与想象之间平衡发展，从而开启人类大脑的无限潜能。思维导图因此具有人类思维的强大功能。

一、思维导图由来

科学研究已经充分证明：人类的思维特征是呈放射性的，进入大脑的每一条信息、每一种感觉、记忆或思想(包括每一个词汇、数字、代码、食物、香味、线条、色彩、图像、节拍、音符和纹路等)，都可作为一个思维分支表现出来，它呈现出来的就是放射性立体结构。

英国教育学家托尼·巴赞(Tony Buzan)在大学时代遇到信息吸收、整理及记忆等困难，前往图书馆寻求帮助，却惊讶地发现没有正确指导有效使用大脑的相关书籍资料，于是他开始思索和寻找新的思想或方法来解决。

托尼·巴赞开始研究心理学、神经生理学等学科，渐渐地发现人类头脑的每一个脑细胞及大脑的各种技巧如果能被和谐而巧妙地运用，将比彼此分开工作产生更高的效率。以放射性思考(radiant thinking)为基础的收放自如方式，如渔网、河流、树、树叶、人和动物的神经系统、管理的组织结构等，逐渐地形成整个架构，托尼·巴赞也开始训练一群被称为"学习障碍""阅读能力丧失"的族群，这些被称为失败者或曾被放弃的学生，很快变成了好学生，其中更有一部分成为同年级中的佼佼者。

托尼·巴赞1942年出生于英国伦敦，毕业于英属哥伦比亚大学，先后获得心理学、英语语言学、数学和普通科学等多种学位。他所撰写的20多种大脑方面的图书已被翻译成几十种语言，在50多个国家出版，并成为世界顶级公司进行高级人员培训的必选教材。另外，他还出任一些政府部门、大学和研究院以及跨国集团公司的咨询专家，包括国际商用机器公司(IBM)、惠普公司、巴克莱国际公司、数字设备公司等。他主持的大脑知识讲座已成为西方家喻户晓的节目，在广播、电视节目中大受欢迎，业内人士称他为"大脑先生"。

1971年，托尼·巴赞开始将他的研究成果结集成书，逐渐形成了放射性思考和思维导图法(mind mapping)的概念，思维导图是大脑放射性思维的外部表现。思维导图利用色彩、图画、代码和多维度等图文并茂的形式来增强记忆效果，使人们关注的焦点清晰地集中在中央图形上。思维导图允许学习者产生无限的联想，使思维过程更具创造性。

二、思维导图制作

(一)制作工具

在制作思维导图前,准备以下材料和用具:一些 A3 或 A4 大的白纸;一套 12 支或更多的好写的软芯笔;4 支以上不同颜色、色彩明亮的涂色笔;1 支标准钢笔。

(二)技法

1. 主题

(1)最大的主题以图形形式表现。我们以前作的笔记,都会把最大的主题写在笔记本纸面上最顶格的中间。而思维导图则把主题体现在整张纸的中心,并且以图形的形式体现出来,我们称之为中央图,中央图要有 3 种以上的颜色。

(2)一个主题一个大分支。思维导图把主题以大分支的形式体现出来,有多少个主要的主题,就会有多少条大的分支。

(3)每条分支用不同的颜色。每条分支用不同的颜色可以让你对不同主题的相关信息一目了然。

2. 内容

(1)运用代码。小插图不但可以更强化每一个关键词的记忆,同时也突出关键词要表达的意思,而且还可以节省大量的记录空间。当然除了这些小的插图,还有很多代码可以用。比如厘米可以用 cm 来代表,可以用代码的尽量用代码表示。

(2)箭头的连接。分析一些信息的时候,各主题之间会有信息相关联的地方,这时可以把有关联的部分用箭头把它们连起来,这样就可以很直观地了解到信息之间的联系了。如果分析信息的时候,有很多信息是有联系的,如果都用箭头相连接会显得比较杂乱。解决这个问题的方法就是运用代码,用同样的代码在它们的旁边注明,当你看到同样的代码的时候,你就可以知道这些知识之间是有联系的。

(3)只写关键词,且写在线条上方。思维导图的记录用的全是关键词,这些关键词代表着信息的重点内容。不少人刚开始使用思维导图时,会把关键词写在线条的下面,这样是不对的,记住一定要写在线条的上面。

3. 线条

(1)线长等于词语长度。思维导图有很多线条,每一线条的长度都是与词语的长度一样的。刚开始使用思维导图的人会把每根线条画得很长,词语写得很小,这样不但不便于记忆,同时还会浪费大量的空间。

(2)中央线要粗。思维导图体现的层次感很分明,越靠近中间的线会越粗,越往外延伸的线会越细,字体也是越靠近中心图的最大,越往后面的就越小。

(3)线与线之间相连。思维导图的线条之间是互相连接起来的,线条上的关键词之间也是互相隶属、互相说明的关系,而且线的走向一定要比较平行,换言之线条上的关键词一定要让你自己能直观地看到,而不是把纸转了一定角度才能看清楚自己在写什么。

(4)环抱线。有些思维导图的分支外面围着一层外围线,称为环抱线,这些线的作用:一是当分支多的时候,用环抱线把它们围起来,能让你更直观地看到不同主题的内容。二是可以让整幅思维导图看起来更美观。要注意的是,要先完成思维导图后,再画外围线。

4. 总体要求

(1)纸要横放。大多数人在写笔记的时候,笔记本是竖着放的。但做思维导图时,纸是横着放的。这样空间感比较大。

(2)用数字标明顺序。可以有2种标明顺序的方式,主要是依你的需要和习惯而定。

第一种标明顺序的方式,可以从第一条主题的分支开始,用数字把所有分支的内容按顺序标明出来,这样就可以通过数字知道内容的顺序了。

第二种标明顺序的方式,每一条分支按顺序编排一次,比如第一条分支从1标明顺序后,第二条分支再从1开始编排,也就是说,每条分支都重新编一次顺序。

(3)布局。做思维导图时,它的分支是可以灵活摆放的,除了能理清思路外,还要考虑到合理地利用空间,你可以在画图时思考,哪条分支的内容会多一些,哪条分支的内容少一些,可以把最多内容的分支与内容较少的分支安排在纸的同一侧,使整幅画看起来很平衡。在作思维导图前,要记得思考如何布局会更好。

(4)个人风格。学会思维导图之后,还鼓励建立自己的风格,每一幅思维导图虽然都有一套规则,但都能形成个人的风格。

上述技法中,关键词是最重要的一部分,因为思维导图只记录关键词,如果关键词选择不正确,思维导图所要表达的信息就不准确。要学会全面地分析信息,你需要学会观察出信息中哪部分是关键的部分,并搜索到它的关键词。

三、思维导图作用

思维导图可以应用于生活和工作的各个方面,包括学习、写作、沟通、演讲、管理、会议等,运用思维导图带来的学习能力和清晰的思维方式会改善人的诸多行为表现(图Ⅰ.6.1)。

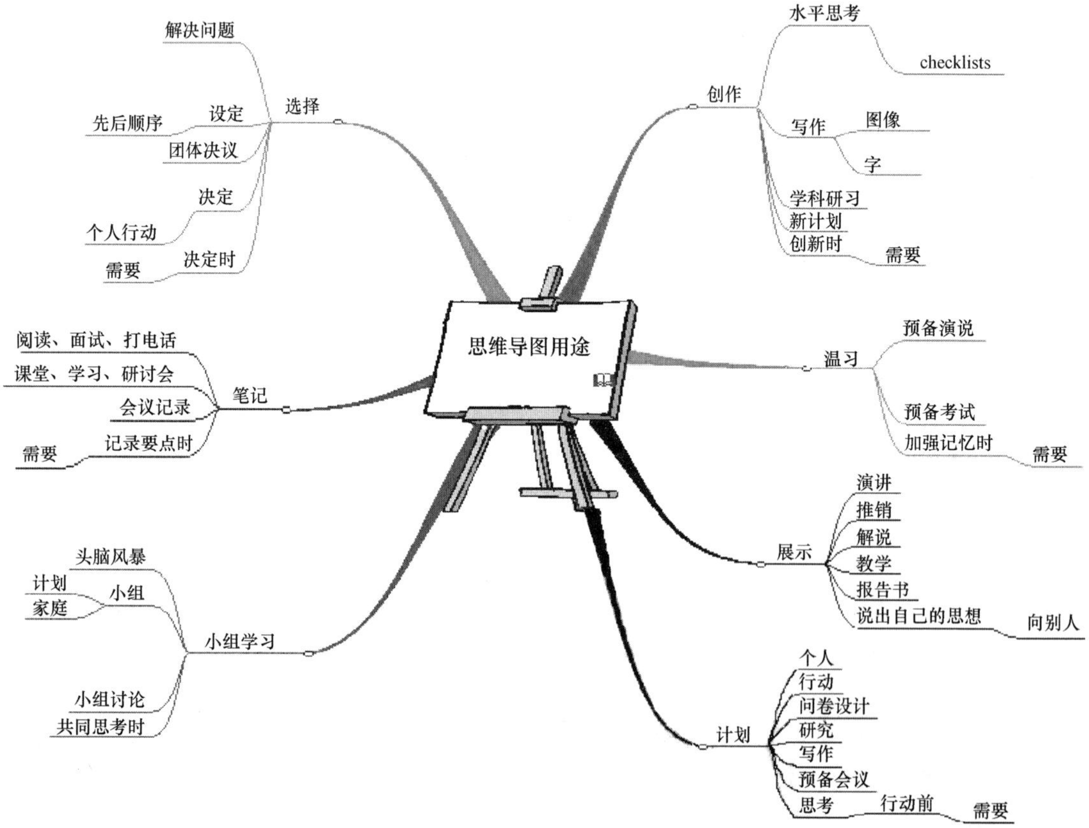

图Ⅰ.6.1 思维导图用途

第一，成倍地提高学习速度和学习效率，更快地学习新知识与复习整合旧知识。

第二，激发联想与创意，将各种零散的智慧、资源等融会贯通成为一个系统。

第三，让我们形成系统的学习和思维习惯，实现众多想达到的目标，包括快速地记笔记、顺利通过考试、轻松地表达沟通、演讲、写作、管理等。

第四，让我们有超人的学习能力，向我们喜欢的优秀人物学习，并超越我们的偶像和对手。

第五，让我们尽快掌握思维导图这个能打开大脑潜能的强有力的图解工具。同时让我们运用大脑皮层的所有智能，包括词汇、图像、数字、逻辑、韵律、颜色和空间感知。可以运用于工作和生活的各个方面，帮助我们更有效地学习，更清晰地思维，让我们的大脑有最佳的表现。

四、思维导图优势

思维导图能够清晰地体现一个问题的多个层面，以及每一个层面的不同表达形式，以丰富多彩的表达方式，体现了线性、面型、立体式各元素之间的关系，重点突出，内容全面而有特色。思维导图与传统的学习记忆方法相比有较大的优势。

一是可以成倍提高学习效率，增进理解和记忆能力。如通过使用关键词强迫我们在做笔记的时候，就要思考句子的要点到底是什么，这使我们可以积极地倾听讲课者。而且思维导图还能极大地激发我们的右脑，因为我们在创作思维导图时还使用颜色、形状和想象力。科学研究发现，人的大脑是由两部分组成的，左大脑负责逻辑、词汇、数字，而右大脑负责抽象思维、直觉、创造力和想象力。托尼·巴赞说："传统的记笔记方法是使用了大脑的一小部分，因为它主要使用的是逻辑和直线型的模式。"图像的使用加深了我们的记忆，因为使用者可以把关键词和颜色、图案联系起来，这样就使用了我们的视觉感官。

二是把学习者的主要精力集中在关键的知识点上。如果不需要浪费时间在那些无关紧要的内容上，则节省了宝贵的学习时间。

使用关键词强迫我们开展业务或做笔记时，关键知识点之间的连接线会引导我们进行积极主动思考，快速系统地整合知识，为知识融会贯通创造了极其有利的条件，发展创造性思维和创新能力。发散思维是创新思维的核心，画思维导图的方法恰恰是发散思维的具体化、形象化过程。

三是思维导图具有极大的可伸缩性。它顺应了人类大脑的自然思维模式，可以使我们的主观意图自然地在图上表达出来。它能够将新旧知识结合起来。学习的过程是一个由浅入深的过程，在这个过程中，将新旧知识结合起来是一件很重要的事情，因为人总是在已有知识的基础上学习新的知识，在学习新知识时，要把新知识与原有认知结构相结合，改变原有认知结构，把新知识同化到自己的知识结构中，能否建立新旧知识之间的联系是学习的关键。

学生自测

一、名词解释

农业技术推广、农业现代化、创新、行为、群体、沟通。

二、填空题

1. 农业现代化的基本特征是________、________、________、________、________。

2. 党的十九大提出的我国乡村振兴战略的总要求是__________、__________、__________、__________、__________。

3. __________是将有用的信息传递给人们，而且帮助这些人获得必要的知识、技能和正确观点，以便有效地利用这些信息和技术的一种教育过程。

4.采用者的类型包括__________、__________、__________、__________和__________。

5.农民采用创新过程的五个阶段分别是__________、__________、__________、__________和__________。

6.人的行为是由__________ 产生的，而__________ 是由内在需要和外界刺激引起的。

7.农民行为改变的层次包括__________、__________、__________、__________，这4种改变的__________和__________是不同的。

8.群体行为改变的方式有两种：一种是__________，另一种是__________。

9.推广人员对农民心理影响的方法有__________ 、__________ 和__________。

10. __________是指各种沟通渠道的复合体。

11.推广沟通过程包括__________、__________、__________、__________、__________和__________。

三、判断题

1.政府部门的干预式和命令式推广，能提高农民采用新技术的积极性，技术推广效果好。（ ）

2.可分性小的技术装备，如农业机械等较容易推广。（ ）

3.我国农民的生产经营规模小，生产条件较差，对采用创新是一种制约因素。（ ）

4.在农民采用创新过程的评价阶段，大众传播对农民的评价影响最大。（ ）

5.在农民采用创新过程的试用阶段，宜采用试验和示范的方法，鼓励农民采用。（ ）

6.改变农民行为的途径可以从增加动力和减小阻力两个方面考虑。（ ）

7.按农民需要进行技术推广时，要满足农民的所有需要。（ ）

8.在推广沟通中是农民主动适应推广人员，而不是推广人员去适应农民。（ ）

9.参与性改变持久而有效，适合于成熟水平较低的群体。（ ）

10.推广沟通中，摆正“教”与“学”的关系，就是要求推广人员当好老师，农民当好学生。（ ）

11.在农业技术推广中，与农民切身利益关系密切的技术，容易引起农民的兴趣。（ ）

12.在发展农民专业合作组织时，应选择能力较强的农户，形成强强联合体。（ ）

13.做好农业技术推广工作，推广人员必须有坚忍不拔的意志和顽强钻研的精神。（ ）

14.在与农民进行情感互动时，推广人员要保持自己的身份和地位，与农民保持适当的距离。（ ）

15.实现农业现代化需要采用大量的先进技术，没有发达的农业技术推广，就没有农业现代化。（ ）

四、单项选择题

1.农业技术推广系列化服务是指（ ）。

A.生产、加工、销售系列化服务　　B.科研、推广、生产系列化服务

C.产前、产中、产后系列化服务　　D.资金、物资、技术系列化服务

2.党和政府十分重视“三农”问题，“三农”问题是指（ ）问题。

A.农业教育、农业科研、农业技术推广　　B.农业、农村、农民

C.农业投入、农业生产资料、农产品价格　　D.农业机械、农村道路、农田水利

3.创新者在农民群体中所占的比例一般是(　　)。

A.2.5%　　B.13.5%　　C.16%　　D.34%

4.在现代农业科技水平不断提高,市场经济水平日益发达的条件下,创新的扩散呈(　　)式扩散。

A.传习式　　B.接力式　　C.波浪式　　D.跳跃式

5.(　　)是农业技术推广的原动力。

A.农民需要　　B.市场需求　　C.政策导向　　D.自然条件

6.(　　)的改变,是一种最困难、最费时、但却是最重要的行为改变。

A.知识　　B.态度　　C.个人行为　　D.群体行为

7.在(　　)时,农民行为改变,达到推广目标。

A.动力和阻力平衡　　B.动力大于阻力

C.阻力大于动力　　D.没有动力

8.利用科技示范户示范推广农业新技术,是利用了群体成员行为规律中的(　　)。

A.服从　　B.从众　　C.相容　　D.感染与模仿

9.(　　)是指传送和接受农业信息的通道和路径。

A.沟通主体　　B.沟通客体　　C.沟通渠道　　D.沟通媒介

10.小组讨论、辩论会属于(　　)的沟通渠道。

A.单串型　　B.饶舌型　　C.扩散型　　D.全通道型

11.第一印象对以后认知的影响作用称为(　　)。

A.晕轮效应　　B.刻板效应　　C.经验效应　　D.首因效应

12.对同一事物沿着不同方向、不同角度思考问题,从多方面寻找解决问题方法的思维方式称为(　　)。

A.动态思维　　B.发散思维　　C.侧向思维　　D.逆向思维

13.规范和指导农业技术推广工作的基本法律是(　　)。

A.《中华人民共和国农业法》　　B.《中华人民共和国土地法》

C.《中华人民共和国农业技术推广法》　　D.《中华人民共和国种子法》

14.在农民行为改变中,(　　)的改变最容易。

A.知识改变　　B.态度改变

C.个人行为改变　　D.群体行为

五、多项选择题

1.农业创新的扩散过程分为(　　)。

A.突破阶段　　B.紧要阶段　　C.跟随阶段　　D.从众阶段

2.农民行为可分为两类,即(　　)。

A.领导行为　　B.组织行为　　C.社会行为　　D.经济行为

3.群体成员行为与一般个人行为相比表现出(　　)。

A.服从　　B.从众　　C.相容　　D.感染与模仿

4.农民行为改变的动力因素包括(　　)。

A.农民需要　　B.市场需求　　C.政策导向　　D.自然条件

5.与农民沟通之前应先认同,认同分为3个阶段,即(　　)。

A. 了解阶段 B. 顺应阶段 C. 同化阶段 D. 内化阶段

6. 在农业技术推广中，沟通的障碍有（ ）。

A. 通信障碍 B. 语言障碍 C. 观念障碍 D. 角色障碍

7. 推广沟通的要素包括（ ）。

A. 沟通主体 B. 沟通客体 C. 沟通渠道 D. 沟通媒介

8. 群体意识形成的条件包括（ ）。

A. 共同的目标利益 B. 合理的奖惩制度

C. 自然领袖 D. 亲近和友爱

9. 农民群体特征表现为（ ）。

A. 群体规模和性质的不确定性 B. 群体成员感情联系的紧密性

C. 群体成员信息共享的制约性 D. 群体中核心人物的重要性

10. 农业技术推广人员对农民进行心理影响可以采用（ ）。

A. 劝导法 B. 处罚法 C. 暗示法 D. 吸引法

11. 农业技术推广人员与农民的心理互动包括（ ）。

A. 认知互动 B. 情感互动 C. 意志互动 D. 行为互动

12. 个性心理特征是在个人身上经常地、稳定地表现出来的心理特点，包括（ ）。

A. 理想 B. 能力 C. 气质 D. 性格

六、绘制创新思维导图

Part II

农业技术推广学习项目

项目一　农业技术推广程序和方法运用
项目二　农业技术推广项目选择与实施
项目三　试验、示范与技术培训
项目四　农业技术推广信息服务
项目五　农业技术推广调查
项目六　农业技术推广工作评价

项目一　农业技术推广程序和方法运用

测土配方施肥技术是湖南省重点推广的一项农业技术。株洲县农业局土肥站在推广测土配方施肥技术时，精心组织、认真落实，重点进行试验、示范、培训和土样分析，为不同乡镇农民提供适合当地土壤和作物的施肥配方。他们主要开展了以下工作：一是开展项目试验，让测土配方技术深入农民心中。为了大力推广测土配方施肥技术，土肥站组织开展了肥效田间试验，即“3415”田间试验 10 个，肥效校正试验 10 个，不同肥料用量试验 2 个，不同质地土壤及追肥比例试验 2 个。通过试验探索经验，也能对农民进行示范和引导，让农民看得见，学得着。二是开展技术培训，提高农民科学施肥水平。结合全县土壤条件、作物生产情况和农民要求，在洲坪、太湖、雷打石 3 个水稻测土配方施肥核心示范区开展测土配方施肥技术培训，举办技术培训班 24 期，培训农民 2 215 人次，发放测土配方施肥技术明白纸 2 000 余份、测土配方施肥建议卡 2 200 余份，农民既学到了测土配方施肥技术，又提高了科学施肥水平。三是开展技术指导，提供配套技术服务。重点指导科技示范户、水稻测土配方施肥核心示范区农户采用测土配方施肥技术。土肥站更新仪器设备，免费为农民进行土壤样品分析，并提供施肥配方。协调生产资料经营部门购进所需要化肥，满足农民实施测土配方施肥技术需要。经过 3 年的不懈努力，测土配方施肥技术已经在全县推广应用，创造了良好的经济效益和社会效益。

子项目一　农业技术推广程序运用

学习目标

1. 掌握农业技术推广程序；
2. 能灵活运用农业技术推广程序。

农业技术推广是科研成果转化为现实生产力的过程，一项农业新技术的推广要经过几个阶段才能完成。因此，农业技术推广程序就是农业技术推广工作的步骤。农业技术推广工作只有按照一定的程序进行，才能取得良好的效果。

一、农业技术推广程序

农业技术推广程序是农业技术推广原则在推广工作中的具体应用，它是一个动态的过程。

但“试验、示范、推广”是农业技术推广的基本程序。

1. 项目选择

项目选择是一个收集信息、制订计划、确定项目的过程，也是推广工作的前提。如果选准了好的项目，就等于技术推广工作完成了一半。项目选择首先要收集大量信息，项目信息主要来源于4个方面：一是引进外来技术；二是科研、教学单位的科研成果；三是农民群众先进的生产经验；四是农业技术推广部门的改进技术。农业技术推广部门根据当地自然条件、经济条件、产业结构、生产现状、农民的需要及农业技术的障碍因素等，结合选择项目的原则，进行项目预测和筛选，初步确定推广项目。推广部门聘请有关的科研、教学、推广等各方面的专家、教授和技术人员组成论证小组，对项目所具备的主观与客观条件进行充分论证。通过论证认为切实可行的项目，则转入评审、决策、确定项目阶段，即进一步核实本地区和外地区的信息资料，详细调查市场情况，吸收农民的合理化建议，对项目进行综合分析研究，做出最后决策。推广项目确定后，就应制订试验计划和试验实施方案。

2. 试验

试验是推广的基础，是验证推广项目是否适应当地的自然条件、生态条件、经济条件及确定新技术推广价值和可靠程度的过程。由于农业生产地域性强，使技术的广泛性受到一定限制。因此，对初步选定的新技术必须经过试验。而正确的试验可以对新成果、新技术进行推广价值的正确评估，特别是引进的成果和技术，对其适应性进行试验就更为重要。如新品种的引进和推广就需要先进行试验，然后才能扩大应用规模。历史上不经试验就引种而失败的实例很多。因此，掌握农业技术推广试验的方法，对做好农业技术推广工作十分重要。

3. 示范

示范是进一步验证技术适应性和可靠性的过程，又是树立样板对广大农民、乡村干部、科技人员进行宣传教育、转化思想的过程，同时还要逐渐扩大新技术的应用规模，为大规模推广做准备。示范的内容，可以是单项技术措施、单个作物，也可以是综合配套技术或模式化栽培技术。

目前，我国多采用科技示范户和建立示范田的方式进行示范。“树立一个典型，带动一方农民，振兴一地经济”，示范迎合了农民的直观务实心理，达到了“百闻不如一见”的效果。因此，示范的成功与否对项目推广的成效有直接影响。

4. 培训

培训是一个技术传输的过程，是大规模推广的“催化剂”，是农民尽快掌握新技术的关键，也是提高农民科技文化素质、转变农民行为最有效的途径之一。培训时多采用农民自己的语言，不仅通俗易懂，而且农民爱听，易于接受。培训方法多样，主要有举办培训班、开办科技夜校、召开现场会、巡回指导、田间传授和实际操作、建立技术信息市场、办黑板报、编印技术资料和技术手册，或通过广播、电视、报纸、电影、录像、电话、网络等手段宣传介绍新成果、新技术。

5. 服务

服务不仅限于技术指导，还包括物资供应及农产品贮藏、加工、运输、销售等服务。各项新技术的推广必须是行政、物资、金融、推广等部门通力协作，为农民进行产前、产中、产后系列化服务，帮助农民排忧解难。服务的具体内容包括：帮助农民尽快掌握新技术，做好产前市场与价格信息调查、产中技术指导、产后运输销售等服务；为农民做好采用新技术所需的肥料、农药、农机具等生产资料供应服务；帮助农民解决所需生产资金的服务。这些服务是新技术大规模推广的重要物质保证，没有这些服务，新技术就很难迅速推广。这些方面的服务也是新技术、新成果推广过程中必不可少的重要环节。

6.推广

推广是指新技术应用范围和面积迅速扩大的过程，是科技成果和先进技术转化为现实生产力的过程，是产生经济效益、社会效益和生态效益的过程。新技术在示范的基础上，一经决定推广，就应切实采取各种有效措施，加快推广速度。目前常采用宣传、培训、讲座、技术咨询、技术承包等手段，并借助行政干预和经济手段推广新技术。在推广一项新技术的同时，还必须积极开发和引进更新、更好的技术，以保持农业技术推广旺盛的生命力。

7.评价

评价是对技术推广工作进行阶段总结的综合过程。由于农业的持续发展，生产条件的不断变化，一项新技术在推广过程中难免会出现不适应农业发展的要求。因此，推广过程中应对技术应用情况和出现的问题及时进行总结。推广基本结束时，要进行全面、系统的总结和评价，以便再研究、再提高，充实、完善所推广的技术，并产生新的成果和技术。

对推广的技术或项目进行评价时，技术经济效果是评价推广成果的主要指标。同时，也应考虑经济效益、社会效益和生态效益之间的关系。不论进行到哪一步，都应该有一个信息反馈过程，使推广人员及时准确掌握项目推广动态，不断发现问题和解决问题，加快新技术推广的速度。

农业技术推广工作要按照推广程序进行，但更重要的是推广人员要根据当地实际情况灵活掌握和运用，不可生搬硬套。

二、农业技术推广程序灵活应用

在农业技术推广程序中，“试验、示范、推广”是3个基本环节。一般情况下，农业技术推广应按照“试验、示范、推广”这一基本程序进行。特别是某项技术的适应性、有效性未得到充分论证，组装配套技术没有相应配合的情况下盲目大规模推广，往往会给生产造成损失。但在推广实践中，有很多情况需要灵活掌握推广程序。通常在下列情况下可以灵活运用推广程序：

第一，在相同自然条件下，由于发达地区和欠发达地区农民思想观念和经济条件不同，某项新技术已在发达地区大规模推广，而欠发达地区尚未采用，在这种情况下，可以组织农民到发达地区参观，运用示范、培训等推广手段直接进行推广。

第二，农民在多年的实践中总结出的行之有效的实用技术、先进经验等，推广部门在及时总结关键技术的同时，采用召开现场会等方式进行大力宣传，不必进行试验、示范，就可以在同类地区直接大力推广。

第三，科研部门在当地自然条件和生产条件下培育的某些新品种等成果，由于在本地区进行了多年多点试验和一定规模的示范，在农民中产生了一定的影响。这样的品种一经审定后，就可直接进入推广领域，不必重复试验。

第四，由于科研单位研究的某项技术就是针对某一地区存在的主要问题进行研究的，当研究成功后，可以减少中间环节，直接在当地推广。

第五，大规模综合组装的技术，多数是在当地应用多年的各单项技术，或是正在推广应用的技术，实践证明是行之有效的，所以组装起来后不必进行试验、示范，就可在同类地区大力推广，达到增产、增收的目的。

第六，科技成果管理规定，某些科研成果在认定时，必须有一定的试验、示范规模。而这些试验、示范工作多是科研部门和推广部门共同完成的。对于这样的成果，推广部门不必进行试验、示范，就可以在其适应的区域内推广。

第七，"教学、科研、推广"相结合的协作攻关项目，教学、科研、推广单位统一制定试验研究和示范推广方案，由攻关人员在试验基点进行试验研究后，筛选出最优调控模式并进行示范，这样的成果通过鉴定后，即可直接在适宜地区推广。

综上所述，农业技术推广程序在技术推广过程中起着非常重要的作用，是推广工作的步骤和指南，不但要求每个农业技术推广人员必须掌握，而且还要求推广人员根据项目的性质及当地自然条件、经济条件灵活运用推广程序。

思考题

1. 农业技术推广的基本程序是什么？
2. 如何做到灵活运用农业技术推广程序？

子项目二　农业技术推广方法运用

学习目标

1. 理解大众传播、集体指导和个别指导的特点；
2. 掌握常用农业技术推广方法；
3. 提高综合运用农业技术推广方法技能。

农业技术推广方法是农业技术推广部门和推广人员为实现推广目标，对推广对象所采取的不同形式的组织措施、教育和服务手段。农业技术推广的手段是指在传播农业技术时所利用的各种载体和媒体。

一、大众传播

大众传播法是农业技术机构和推广人员将农业技术和信息经过选择、加工和整理，通过大众传播媒体传播给广大农民的技术推广方法。

(一)大众传播媒体的特点

1. 信息传播权威性高

通过大众媒体传播的技术、信息是经过加工整理而传递的，其技术信息具有很高的权威性。所谓权威性，是指大众媒体刊载的信息，除了信息本身的价值外，还附有发行机构的声望。如中央电视台、地方电视台和个人发表同一信息，人们在心理上的接受程度就不同。相同的信息，由大众媒体传播，就比个人传播具有权威性，接收者容易接受。

2. 信息传播数量大、速度快

大众媒体如印刷品可印刷若干份，广播稿件可多次广播，电视片、影片可在全国各地播放，广播、电视、网络、电话通过卫星传送，在短时间内可传遍全国乃至全世界。有些信息需要以最快的速度传播，如大风降温预报、病情虫情预报、台风暴雨预报等，只有通过这种方式才能实现。

3. 信息传播成本低、范围广

大众传播速度快、传播范围广。尽管制作和播放一套节目要花费较多资金，但由于大众传播接受的人数多，即单位人力、物力的投入可获得广泛的推广规模和众多的接受者，如果费用按收听、收看节目的人数平均分摊，实际上大众传播是提供信息最廉价的渠道。

4. 信息传播方式多是单向的

大众传播媒体如印刷品、电视、电影的信息传播是单向的，由一方传到另一方，无法做到发送信息者与接收信息者面对面地双向沟通，更无法传授实用技术、技能和进行现场咨询，接收信息者处于一种被动的接受状态。

(二)大众传播媒体类型及其特点

大众传播媒体分为印刷品媒体、视听媒体和静态物像媒体 3 种类型，并各有其特点。

1. 印刷品媒体

依靠文字、图像组成的农业技术推广印刷品媒体包括报纸、书刊和活页资料。这些读物可以不受时间限制，供农民随时阅读和学习；可以根据推广项目的要求，提前散发，能较及时、大量、经常地传播各种农业信息。

(1)报纸、杂志　报纸是农业技术推广的有效传播渠道，它传播对象广，速度较快，信息容量比较大。编辑报纸应注意掌握及时性、重要性、准确性、鲜明性、生动性和趣味性，以提高报纸的实用价值。

推广人员应通过报纸报道下列内容：重要推广活动，如调查研究、参观考察、演讲、会议等；各种与推广有关的信息，如科研成果、推广成果、典型经验、市场信息、统计数据等；特写文章，较详细地介绍信息背景。

杂志与报纸相比，具有信息容量大、内容丰富、系统的特点，但一般周期较长，没有报纸传播速度快。

(2)墙报　墙报是应用比较广泛的一种技术推广手段。一般来说，墙报具有体裁广泛、形式多样、内容丰富，时间可根据要求而定，省时、省力，适合于农业技术在一定区域传播的特点。墙报一般张贴在人群密集的建筑物上，或是村委会、公共场所的墙壁上。当然，如果再加上新颖实用的内容，图文并茂、具有乡土气息的版面，就一定能够吸引更多的农民。但墙报具有传播面狭小的缺点。

(3)黑板报　在目前推广部门经费普遍紧张，尤其是村级农技服务组织缺乏经费的情况下，黑板报是一种经济实用的推广普及手段。在人群密集的街道、场所挂一块黑板，利用粉笔、毛笔、广告颜料等很简单的工具，就可办成一块经济有效的板报。与报纸、墙报等形式相比，只需要较低的费用就可进行宣传教育。要注意根据生产和技术推广的需要，抓住关键技术，以简明扼要的方式进行介绍，也可进行科技知识的连载。要注意勤写、勤换、图文并茂、实用、实际、实效。

2. 视听媒体

农业技术推广活动中的视听媒体是指利用声、光、电等设备，如广播、电视、录像、电影、计算机等，传播农业科技信息。这种宣传手段比单纯的语言、文字、图像有着明显的优越性。视听媒体以声像与农民沟通，是一种农民喜闻乐见的方式。

(1)广播　广播包括无线广播和有线广播两种，二者都是只能单程传递声音，不能传递图像。主要区别有3点：一是传播声音媒介不同，无线广播是以电磁波为媒介传递声音，有线广播则以导线为载体传递声音；二是声音传播的范围不同，前者不受时间、空间限制，传播距离远，后者受线路分布的限制，传输距离短；三是接收装置不同，前者用收音机收听信息，后者则要用扩音器装置收听。不论无线或者有线广播都是大众传播农业技术常用的手段。

(2)电视　电视是远距离图像和声音的直接传播手段，是当代人类传递和接受声像信息最多、最快的一种工具。在农业技术推广中，运用电视节目开展农业技术专题讲座，介绍新信息、新品种、新产品，宣传新技术成果等，影响面大，效果好。在电视教学中，把原理、原则与实物、图片、图表、数据结合在电视媒介中运用，是一种理论联系实际的有效手段。教学电视的内容根据需要灵活安排，时间可长可短，可复制使用，也可作为技术培训的教具。

(3)录音、录像　录音是通过唱片录音、磁性录音、光学录音等方法把声音记录下来，以备随时播放。它可以长期保存，反复使用，有利于扩大范围、增强传播效果。

录像是把图像和声音信号变为电磁信号的记录过程，它是电视传播过程中不可缺少的一个环节。在农业技术推广中录像非常重要，它能把推广工作者或示范户的声音、形象真实地反应在农民面前，是提高推广工作效果的重要手段。

(4)电影　电影是用摄影胶片，通过复杂调控过程，用声、光、电传递音像的一种动态视听媒介。农业电影是指专门用来传递农业信息的影片，有农村故事片、农业科教片、农业纪录片等。电影能将人物声音、图像、色彩结合在一起，对人吸引力强，深受广大农民群众的欢迎。

(5)网络　通过网络传播农业技术已成为广大农民接受新技术的一条重要渠道。网络传播具有以下特点：一是实时性。信息可以实地随时传播，既包括了传播的真实性，又包括了传播的有效性。农业新技术可以在网络上以文本、图像、音频、视频形式立即公布，满足广大农民的技术需求。二是兼容性。与传统大众媒体相比，网络具有极大的兼容性，包括了所有媒体的传播方式，可以实现双向传播。三是延展性。从时间上看，不受传统媒体出版发行周期的限制，从空间上看，信息的发布是无限的。目前，我国的农业信息网络建设速度很快，网络终端已经普及到乡镇，下一步建设的重点是村级信息网络。广大农民足不出户、轻点鼠标，就能了解到各类农业技术和市场信息，还可以利用网络出售自己的产品。

3.静态物像传播媒体

静态物像是以简要明确的主题将物像展现在人们能见到的场所，从而影响推广对象的方式。如广告、标语、科技展览、陈列等。静态物像媒体以静态物像与农民沟通。这里着重介绍科技展览陈列的方式。

科技展览是将某一地区成功的技术或优良品种的实物或图片定期地、公开地展出。由于科技展览把听和看有机地结合起来，环境和气氛比较轻松愉快，有利于推广人员和农民的接触和交流，有利于技术的普及和推广。为提高科技展览的效果，一般应将展览场所安排在交通方便、较为宽敞的地方，并设置明显的标记；展览之前，要广为宣传，使农民知道展览的时间和内容；展览过程中，展览陈列要突出主题，以明显的对比、生动的形象、鲜明的色调，配合讲解，示范表演。最好在介绍技术时，附有资料或销售相应的生产资料和其他物品。

科技展览的陈列品有以下几种形式：

（1）样品　农用物资、农机具、农业生产成果样品或标本等，直观地反映推广内容的形态、特征，加上图文介绍，便于农民了解其性能、特点、使用方法等。使用样品可信度高、直观性强，便于扩大传播范围，便于满足农民学习的重复性要求。在展品选择上要求具有典型性和代表性，反映出实物真实特征，可通过操作、表演、示范方式强化传播效果。

（2）模型　绘制农业技术成果的图片或制作模型，反映其特征或特性。可以运用放大、缩小或夸张手段，提高清晰度和可视性，一般比实物造价低、耐搬运。

（3）照片　与模型的特点和功能基本一致，画面更真实可信。通过对不同时间、空间的照片进行编辑、排列，可以全面、系统地反映农业技术的全过程，增强传播效果。

（三）大众传播法的应用

在农业技术推广活动中，根据大众传播不同媒体的特点和农民采用新技术的不同阶段，扬长避短，充分发挥媒体的作用。在推广初始阶段，利用广播、电视等反复传播适合农民需要的科技信息，以引起农民的注意和重视。当农民已经了解科技信息，需要进一步深入学习时，应采用科技展览的方法，新技术与原技术对比，加深他们的认识，激起对新技术的兴趣。当农民准备试用时，就应向他们提供相应的产品、资料等，组织现场参观，使他们掌握技术细节，以确保试用的成功。总之，大众传播的方法要根据不同的推广对象及其认识程度，有针对性地采用。

一般情况下，大众传播法适用于以下几种情况：一是介绍农业科技新观点、新成果，提高广大农民的兴趣和认识。二是及时发布天气预报、病虫害预测预报等，并提出相应的具体措施。三是介绍成功者的经验，以便他人学习。四是针对多数农民共同关心的问题提供咨询。五是扩大推广活动的影响。六是传播具有普遍指导意义的技术信息和具有重大效益的信息。七是强调或重申重要的信息和建议，以便加强记忆。

二、集体指导

集体指导又称团体指导或小组指导，即在同一类型地区，生产和经营方式相同的条件下，采取小组会议、示范、培训、参观考察等方法，集中地对农民进行指导和传递信息的方法。采用集体指导方法，一次可向多人进行传播，达到多、快、广的目的，是一类介于大众传播和个别指导之间的比较理想的技术推广方法。

（一）集体指导的特点

1. 指导范围较广，推广效率高

集体指导是一项具有一定规模的活动，涉及对象相对较多，推广人员把信息传递给农民，农民作为“义务广播员”对信息进行广泛传播。因此可以节约农业技术推广人员直接工作的时间，从而提高推广效率和经济效益。

2. 信息双向交流，反馈及时

集体指导一般是由推广人员引导农民从事各种活动，推广人员和农民可以面对面地沟通，推广人员的建议、示范、操作可以立即得到农民的反馈，以便推广人员采取相应的措施，使农民真正掌握所学习的技术，为农民采用打下良好的基础。

3. 利于开展讨论,达成一致意见

推广人员与农民可以进行讨论,农民与农民之间也可以进行讨论或辩论。通过讨论可以澄清对某些技术信息的模糊认识和片面理解。通过互相交流、讨论,明辨是非,最后达到完全理解,掌握技术的目的。

4. 注重整体效应,个人意愿难以满足

由于集体指导注重整体性,在短时间内,只是对每个成员共同关心的问题或感兴趣的事情进行指导或讨论,解决共性问题,而对某些人的特殊要求则无法立即满足,要解决这些人的问题,需要和个别指导相结合。

(二)集体指导的原则

1. 重引导,坚持自愿参加

集体指导的内容,一定要适合农民的需要,要想农民之所想,急农民之所急,讲农民心里想知道、想解决的问题,这样才能调动农民学知识、用技术的积极性,引导农民主动自愿参加学习。不能采用强迫的手段,要求农民学习。

2. 重实际,考虑农民特点

农民既是生产者又是经营者,他们每天除了从事生产和经营活动外,还要完成许多家务劳动,体力和精力消耗很大,所以农民晚上休息较早。为此,进行集体指导时,一方面要选择合适的时机,如雨天和农闲季节;另一方面要努力提高集体指导效率,讲课时多举实例,多讲怎么做,少讲为什么,尽可能利用课件、挂图、实物、标本、音像等直观指导教具,有助于提高农民参与仿效的积极性。

3. 重质量,注重指导效果

集体指导的对象多而复杂,授课前一定要做好充分准备,讲课要有讲稿或教材,必要时可印发一些文字材料,对农民容易提出的问题及解答的方式、方法做到心中有数。同时讲课时语言要简洁精炼,形象生动,幽默风趣,朴实无华。

(三)运用集体指导的要求

1. 对推广对象的要求

集体指导是推广人员与农民、农民与农民之间面对面交流的集体活动,所以选择参加集体指导的对象必须是对同一类问题感兴趣的人,这样容易在讲授、示范、讨论过程中形成共同的语言和兴趣,实现同一目标。

2. 对时间的要求

选择每个成员都能参加的时间。确定时间时,农业技术推广人员要与农民进行协商,一旦多数人同意后,就把集体指导的时间确定下来,利用各种方式通知每位参加者,尽量保证全部参加。

3. 对方法的要求

集体指导法的方法较多,如小组讨论、示范、讲座、现场会、参观考察等。指导方法的选择要根据培训的内容和效果而定,选择能解决问题的最有效方法,有时根据要求可以两种或几种方法结合,穿插进行。如讲座与参观考察、小组讨论与示范相结合等。

4.对方式的要求

参与式讨论是集体指导方法的最突出特点。因此，必须引导农民提高参与意识，只有当每位成员充分参与到该组织中来，并敢于发表自己的见解，才能使这一形式更活泼、更具有吸引力，从而收到理想的效果。

5.对规模的要求

小组活动的规模不能太大，一般最适宜的小组规模为20～40人。规模大容易出现松散，讨论问题时也不容易形成一致的意见。规模小有利于成员之间的密切接触，有更多的参与机会，有更多的条件来增进友谊与互相帮助。

(四)集体指导的应用

集体指导有集会、小组讨论、培训班、示范、现场指导等多种形式。

1.集会

集会有很多种类，按讨论的方式分类，有以下几种形式：

(1)工作布置会　上级推广部门向下级推广部门安排部署推广项目时，一般多用这种形式。在工作布置会上，提出项目要求、目标、方法和具体实施方案。

(2)经验交流会　邀请项目推广的先进典型、劳动模范、科技示范户等介绍他们的经验、做法及体会，达到传播技术和经验的目的。

(3)专题讲习班　定期用广播或报告会的形式，就推广项目的技术问题进行讲解，或提供有关信息和技术专题知识，组织农民听讲，规模可大可小，根据实际情况而定，时间以1 d为宜。例如，农药安全使用、病虫测报、土壤诊断测试讲习班等。

(4)科技报告会　组织专家、学者和农业技术推广人员成立科技报告团，进行巡回演讲并发放科技信息资料，报告内容要精炼，适合农民需要，时间宜短不宜长。

2.小组讨论

小组讨论是应用最广泛的推广方法，一般采用农业专题讨论和非正式讨论两种方法。

(1)农业专题讨论　由农业技术推广人员根据农民关心的问题，提出讨论的问题，并请对此问题有经验或有见解的农民参加讨论。选定的问题要新颖，而且能引起农民的兴趣，在讨论中如引起争论，推广人员要加以引导，力争能取得良好的效果，使参与讨论的农民的认识得到提高。

(2)非正式讨论　农业技术推广人员利用农民认为合适的时间，不拘形式地把部分农民集中在一起，讨论大家共同关心的问题，交流信息、经验和观点，推广人员借此机会把有关的知识和技术推荐给农民。

小组讨论在农业技术推广中适用于以下情况：改变参与者的观点；激发参与者的合作精神；培养参与者的责任感；提高参与者的评论和思维能力；发现和鼓励富有潜力的领导者；对某个问题或看法做出一致的决定。

小组讨论需要经过设计、组织、讨论、总结等阶段。其中一个很重要的问题是讨论主持人的选定。一个优秀的主持人应具备有关讨论问题的基本知识，以便引导讨论。同时还要使讨论在轻松、愉快的环境下进行，取得预期的效果。

小组讨论有很多好处。参加者可以互相学习、交流经验；在会上可以听到各种不同的见解，从而提高自己的辨别能力，培养为形成小组决议所需的责任感和合作精神，以及对不同意见的容忍态度。对推广人员来说，至关重要的是通过小组讨论，不断引导农民改变他们原有的态度和做法。小组讨论的不足之处是花费时间较多，只有在分组范围较小的情况下，讨论才会有效地进行。讨论会不适用传授具体技能。另外，讨论还要求参加者必须能够用同一种语言交流，对即将讨论的问题，也应有一定的了解和认识。

3. 培训班

在一定时间内，把与推广项目有关的人员组织起来，就项目推广过程中有关的技术问题进行集中培训。根据参加人员的不同，其培训的内容深浅应有所不同，如果是推广项目区的有关领导、推广人员、农民技术员、科技示范户，则就推广项目中的技术信息进行较为系统的培训，时间可长一些，内容可丰富一些。而对推广项目区内的一般农户，只能在生产的关键季节，就某些技术要点、具体做法和注意事项进行有针对性的培训。

4. 示范

示范分为成果示范和方法示范，是推广工作中常用的行之有效的手段和方法，是指通过实际操作，向农民展示某项新成果在农业生产中的实际应用所获得的结果，或某一新技能的实际操作过程。例如，引进水稻优良品种经试验成功后，必须选好示范户和示范地点进行示范推广工作，通过示范效果展示给周围农民，以引起农民的兴趣而进行效仿，并为大规模推广做准备。果树修剪、机具使用、玉米去雄、仔猪去势、雏鸡公母识别等可进行方法示范。

5. 现场指导

现场指导是指组织基层领导、农民技术员、科技示范户及农民到试验、示范现场参观考察，推广人员对他们进行实地指导，是通过实例进行技术推广的重要方法。参观的地点和单位，可以是一个或几个，交通要便利。具体单位可以是农业试验站、农场、科技示范户、农户、专业合作社或其他农业企业。通过参观访问，农民亲眼看到和亲耳听到一些新的技术信息和成功经验，不仅增加了知识，而且会产生更大的兴趣。

现场参观应由技术推广人员和乡、村负责人共同组织，应有目的、有组织、有计划地进行。参观的人数不宜过多，在参观过程中，推广人员同农民边看边议，及时进行指导。参观结束时，要组织农民讨论，帮助他们从看到的事实中得到启发。每次现场参观结束，要进行评价总结，为今后组织参观提供借鉴。

三、个别指导

个别指导是推广人员和农民单独接触，研究讨论共同关心或感兴趣的问题，是向个别农民直接提供信息和建议的推广方法。农民因教育程度、年龄层次、经济和环境条件的不同，对创新的接受反应也各异。个别指导宜采取循循善诱、贴近农民的方法，有利于农民智力开发及行为的改变。

(一)个别指导的特点

1. 针对性强

农民的情况千差万别、各不相同，个别指导有利于推广人员根据不同的对象，采取不同的方式、方法，做到有的放矢，适应其个别要求，使个别问题得到解决。从这个意义上讲，个别指导正好弥补了大众传播和集体指导的不足。

2. 解决问题的直接性

推广人员与个别农民或家庭直接接触，平等地展开讨论，充分地交流看法，认真听取农民的意见，坦诚地提出解决问题的方法和措施，能使问题及时得到解决。

3.沟通的双向性

推广人员与农民的沟通是直接的和双向的。一方面有利于推广人员直接得到反馈信息，了解真实情况，掌握第一手材料；另一方面能促使农民主动地接触推广人员，愿意接受推广人员的建议，推广人员和农民容易建立起相互信任的感情。

4.信息发送的有限性

个别指导的效果是个别而又分散的，单位时间内信息发送量有限，服务范围窄，占用人力、物力多，费用高，不能迅速在广大农民中传播新技术。

(二)运用个别指导的要求

1.良好的交通和通信条件

个别指导需要与农民进行直接联系，由于农民居住分散，联系和沟通有一定的困难，具有良好的通信和交通条件是个别指导顺利进行的前提和保证。

2.有较多的高素质推广人员

个别指导对推广人员有以下要求：一是推广人员要有解决实际问题的推广能力；二是推广人员要不怕苦、不怕累，具有强烈的事业心、责任感和献身农业的精神；三是推广人员态度要谦虚，对农民要有爱心、有耐心，尊重农民；四是推广人员要深入研究和充分了解农民的个别需求，及时掌握反馈信息。

3.技术指导与经营服务相结合

在个别指导时，推广人员提出解决问题的办法，往往需要技术和物资配套应用，如果推广单位能实现“既开方又卖药”，则更能方便农民，有针对性地解决生产技术问题，同时推广单位也能有一定的收益。

(三)个别指导的应用

个别指导主要有访问农户、办公室咨询、信函咨询、电话咨询、田间旗帜、计算机服务等形式。

1.访问农户

访问农户是推广人员与农民之间最常见的个别接触形式，推广人员与农民之间面对面地直接沟通，虽然成本高，接触面小，但针对性和说服性强。所以访问农户在推广计划的设计或执行期间，都具有较高的使用价值。通过访问农户，推广人员可以最大限度地了解农民的需要，并帮助农民解决问题，特别是解决个别农民的特殊问题尤为有效。

(1)访问农户适宜时期　适宜的访问时期：一是受农民的邀请。二是与农民约定的时间，推广人员与农民建立较密切的关系，或使农民认识推广人员的能力与热诚。三是农民试用新技术、新方法时。如农民接受推广人员建议引种杂交高粱进行试种时，推广人员的访问会促进农民实施新技术。四是推广人员为了掌握某地区的农业问题及农业技术推广工作的成果。五是在技术采用或生产出现特殊情况时，需要推广人员的指导。

(2)访问农户注意事项　为了提高访问农户的效果，要注意以下几点：一是访问要有计划、有目的、有准备地进行，如果农民提出的问题解决不了，要实事求是地向农民讲明。二是选择好访问对象，应重点选择农村的示范户、专业户和贫困户，以及具有代表性的一般农户。三是坚持经常访问,特别在关键时期要不失时机地对农户进行访问,不断向农民提供信息,发现问题并及时帮助农民解决问题。四是访问农户时,推广人员要有同情的态度,关心农民的生产和生活问题,并有兴趣和信心帮助其解决。五是做好访问记录,尽可能多记、记全,访问后要及时整理。六是访问要有结果,对被访问农户要进行考评。

(3)访问农户实施步骤　访问农户分为准备、访问、解决问题及考评 4 个实施步骤。

第一,准备。在访问之前,推广人员对被访问者的情况以及访问目的要有充分的了解。对被访问者主要了解以下情况:个人性格、社会地位、社会观念、生产经验、经济情况、家庭情况以及对新事物的认识态度等。对访问目的了解,如果是推广人员主动访问,则对自己的目的要明确;如果是受农民邀请访问的,则目的是要帮助农民解决问题。户主在家可当面解决问题;户主不在家,可利用访问农户结果建议卡(表Ⅱ.1.1),留下解决问题的建议和对策。

表Ⅱ.1.1　访问农户结果建议卡

访问人:　　　　　　　　访问时间:　　　　　年　　月　　日　　时

访问项目内容	
现状、问题说明	
采取对策	
备　注	

第二,进行访问。推广人员与被访问的农户进行面对面交谈。要使访问顺利并取得成功,围绕访问的目标及具体内容,注意交谈技巧。可归纳为以下几个原则:一是对农民态度要和蔼,在轻松、愉快、和谐的气氛中解决问题。二是推广人员虚心诚恳、耐心地听取农民的意见和要求。三是访问全过程维持双向沟通的行为。四是避免触及个人隐私。

第三,解决问题。访问农户主要目的是要解决问题,帮助农民排除困难,提出改进措施和办法,传授农业知识等。广义的解决问题是要使访问有结果。访问人员不可擅作主张,代替农民做任何决定,这是访问的一项重要原则。农民自己决定如何解决问题,不仅能培养农民处理事物的能力及学习的经验,而且对农业技术推广工作的开展极为有利。

第四,考评工作。由于访问农户是一项费工、费时的工作,每次访问农户都希望能得到好的效果,因此访问之后要做好考评工作。对被访问的农民进行考评时,按以下几方面进行:一是活动考评。指被访问农民尚未按照推广计划开展活动。对这类农户,推广人员应做出打算,是同意他不开展活动或劝说并希望他能尽快开展活动。二是结果考评。指被访问农户按照推广计划已开展了活动。对这类农户推广人员应考虑其开展活动后的效果如何,是否得到了益处。如果没有,应提出补救的办法。三是继续学习考评。指被访问农户在执行推广计划中,由于对该项成果或技术的有关知识与技术要点尚未完全理解和掌握,因此在开展活动中,遇到一定的困难。对这类农户推广人员应打算是否提供给他学习的机会,是否要继续访问或提供资料。四是传播访问成果考评。指被访问农户已经执行推广计划并取得了较好的效果。对这类农户推广人员应该考虑如何将他的效果应用到其他农户身上,该农户能否充当示范角色、承担扮演义务领导者,能否作为典型材料来讨论。

(4)访问农户的优缺点　访问农户的优点:推广人员可以从农户获得直接的原始资料;与农民建立友谊,保持良好的公共关系;容易促使农户采取新技术的行动;有利于选择示范户及各种义务领导人员；有利于提高其他各种推广方法的效果。但访问农户也有缺点：推广人员花费时间较长、经费较多；访问的农户相对较少，多数农户得不到访问；有时访问的时间农民认为不方便，或不一定适合农民的需要。

2. 办公室咨询

办公室咨询又称办公室访问或定点咨询，是推广人员在办公室(或定点的推广教育场所)接受农民的咨询，解答农民提出的问题，或向农民提供技术信息、技术资料。这种形式反映了农民学习的主动性，是比较高层次的咨询服务工作。农民到办公室访问咨询，从心理上分析，这类农民希望得到帮助和亟待解决某一问题，期望推广人员有一个满意答复，同时这类农民一般学习兴趣都异常浓厚，对推广人员要求也很高。从主动与被动的角度分析，农民是主动求教的，他们很容易接受推广人员的建议和主张，指导的效果好。

(1)办公室咨询的注意事项　为了鼓励农民来访，推广人员应注意以下几方面：一是咨询地点应设在农民来往方便的地方，规定的接待时间也要尽可能对农民方便；二是推广人员应严格遵守办公时间，不能让农民空跑，还应建立来访登记、值班登记制度；三是设置最新的信息公告栏，准备一些技术资料、技术明细表、挂图、推广宣传画等；四是推广人员应热情接待来访农民，主动询问他们关心的问题，尽可能使来访农民满意而归。

(2)办公室咨询的优缺点　办公室咨询的优点：一是来访问的农民都想接受推广人员的指导，指导效果好；二是推广人员节约了时间和资金，与农民交谈密切了双方的关系。办公室咨询的缺点：一是来访的农民数量有限，不利于新技术迅速推广；二是农民来访不定期、不定时，提出的问题具有不确定性，推广人员回答问题有一定的难度。许多推广机构注意从办公室咨询工作中捕捉信息，进行跟踪调查，获得更详尽的资料，进而采取更有效的措施。推广人员可利用节假日、集会和各项公众活动日，开展咨询、宣传活动，能有效地克服办公室咨询的缺点。

3. 信函咨询

信函咨询是个别指导的一种有效形式，是以发送信函的形式传播信息。不受时间、地点的限制，也没有方言的障碍。不仅为推广人员的工作节省了大量时间，而且农民还能获得较多、较详细、可保存的技术信息资料。

信函咨询在发达国家和地区应用较为普遍，但在发展中国家和地区应用较少。其原因一是农民文化程度低，不愿意看资料，有的也看不懂资料；二是农业技术推广人员回函要占用较多时间，效果慢；三是函件邮寄时间长，解决问题不及时等。因此，为了激发农民的积极性，推广人员在回答农民的问题时，应尽可能选用准确、清楚、朴实的词语，避免使用复杂的专业术语，字迹要清楚，并注意向农民问候，对农民的信函要及时回复。

信函咨询时应注意以下问题：第一，推广部门要设专职或兼职人员负责处理农民的来函；第二，回答问题必须建立在了解当地情况的基础上，必要时要进行实地调查和了解，然后再做出回答；第三，对农民提出的问题及时回答，不能延误，以免耽误农时和失去信誉，如果推广人员答复不了，要请有关部门的专家答复；第四，答复的内容要让农民能够看得懂，最好使用当地农民习惯的语言或方言，必要时可连同答复寄送有关技术资料。

4. 电话咨询

利用电话进行技术咨询，是一种效率高、速度快、传播远的沟通方式。农业部在全国范围内启用“12316”短信息服务专用代码，并以“12316”代码为纽带，统筹规划语音电话、手机短信、互联网络等现代传播手段，全力打造“12316”综合信息服务平台，树立农业系统信息服务的统一品牌和形象，加快推进农业农村信息化。但电话咨询也有一定的不足，一是受时间的限制，不能畅所欲言；二是受环境限制，只能通过声音来沟通，不能面对面接触，其效果受到限制；三是费用高，农民不愿使用。

5.田间旗帜

田间旗帜是在推广人员走访农户或到田间调查，未遇到当事人时而采取的一种约定俗成的沟通方法。具体方法是：当推广人员到田间调查时发现某一田块病虫严重，或是脱肥，或是生长过旺，需要采取某种措施时，推广人员可将调查结果、处理意见或建议写好，放到事先准备好的小三角形红旗的口袋里，用树枝或铁丝将其竖立在田中农户易于发现的地方。农户看到小红旗时从口袋里取出信息后将它插回原处，按技术人员的建议进行操作。下次再根据问题解决的情况与农户联系。

这种方法的明显优点是当农民不在家或不在地里时，推广人员也无须花费时间去找他们。问题处理之后，仍然可以按照原定计划继续进行下一步工作，有利于推广人员有效地安排自己的工作。

6.计算机服务

自从人类进入计算机时代以来，计算机已成为农业技术推广工作的重要工具，发挥出十分重要的作用。

(1)技术监测　对农业环境、农业生态和农作物生长发育情况的观察资料进行分析处理，获得农业生产所需要的信息，并向生产者提前发出预报、警报或报告，为农业技术措施的选择提供依据。这一系统的服务内容包括病虫害预测、天气(尤其是灾害性天气)预报、土壤肥力及矿质营养监测、作物生长发育进程监测等。例如，丹麦植物保护研究中心建立的病虫害监测系统，在播种之前，研究中心调查到当年可能的种植者，随后与之联系，研究中心定期发出灾害情报和植保通信。

(2)信息服务系统　建立通用技术信息库，将农业科学研究成果和实用技术信息储存于软件中，用户根据需要，输入关键词即可调出有关信息，用以指导农业生产。这样的系统可大大提高数据的共享和查询效率。

(3)专家系统　专家系统是人工智能研究的一个应用领域，总结和汇集专家的大量知识与经验，借助计算机进行模拟和判断推理，以解决某一领域的复杂问题。专家系统的结构一般由人机交互接口、推理机构、知识库和综合数据库组成。专家系统应用于农业，始于20世纪70年代，美国和日本分别建立大豆、玉米和番茄等病虫害诊断系统，棉花、大豆、玉米、小麦和水稻等栽培管理专家系统。我国农业专家系统的研究，始于20世纪80年代，目前已有不少农业专家系统应用于生产实践，如黑龙江省的大豆生产专家系统，水稻、小麦栽培管理专家系统，作物病虫害预测、预报和防治专家系统，配方施肥及配合饲料专家系统等。农业专家系统具有系统性、灵活性和高效性的特点。专家系统一旦建立，操作简单，无需计算机专业人员，一般初中以上文化程度的农民就可使用。

四、农业技术推广方法综合运用与选择

(一)农业技术推广方法综合运用

在农业技术推广工作中，针对不同地区、不同农户及生产的不同阶段，选用几种不同的推

广方法进行合理配合，综合运用，对于获得推广的最佳效果，有着十分重要的意义。

1. 综合运用应考虑的因素

(1)推广的具体内容　如果是学习某种技能，最好是示范并结合面对面的传授；如果是传授新技术，最好是大众传播或集体指导结合直观教学。

(2)推广人员的数量和素质　如果推广人员的数量较多、素质较高，就可以多采取面对面的指导，并配合其他方法；如果推广人员较少、素质较低，应多采用速度快、效果好的形象化推广方法，辅之以集体指导等其他方法。

(3)农民的文化素质和对新技术的接受能力　如印发技术资料，对具有一定文化程度的农民效果较好，而对文化素质较低的农民则不会产生好的效果。

(4)其他因素　比如要考虑推广经费的多少、活动时间长短、推广单位的条件和设备等因素，来选择适宜的推广方法。

2. 农业技术推广方法综合运用的特点

(1)适应性广　根据各种不同的情况将多种推广方法综合运用，其适应性会大大增强，收到的推广效果也要比只用一种推广方法好。

(2)互补效应明显　各种推广方法都有各自的优缺点，使用范围也不尽相同，若综合运用几种推广方法，可以取长补短，相得益彰。例如，大众传播虽有信息量大、传播范围广、成本低等优点，但由于是单向沟通，没有更多的信息反馈，因此只在农民接受新事物的认识阶段和兴趣阶段起作用，且文字传播媒体不适用于文化层次较低的农民。如果采用大众传播辅以成果示范和面对面指导，就会弥补其不足，发挥更好的作用。

(3)推广效率高　由于采用综合的农业技术推广方法，适应性广，并有明显的互补效应，就可以加快不同类型地区、不同文化层次、不同心理特征的农民学习、接受和应用新技术、新知识的速度，迅速提高技术普及率，提高农民的素质，促进农民增产增收，改善生活。

3. 农业技术推广方法综合运用效果

在推广实践中，每种方法单独使用的很少，常把几种方法配合使用。实践证明，示范、培训、视听相结合的推广方法明显好于任何单一方法的效果，把视觉和听觉结合起来，加深了印象，促进了记忆。据科学家验证，人们通过听觉获得的知识能够记忆15%，通过视觉获得的知识，一般能够记忆25%，而通过听觉和视觉相结合获得的知识可记忆75%。因此，示范、培训、视听配套的方法，深受农民欢迎。在推广实践中，应根据不同的推广目标和对象，选择与之相适应的推广方法，才能取得预期效果(表Ⅱ.1.2)。

表Ⅱ.1.2　推广方法运用效果

推广目标	小组讨论	方法示范	成果示范	现场参观	访问农户	推广教材	新闻报道	广播电视	科技展览	办公室咨询
技术指导		√	√	√	√	√				√
群众性接触		√	√	√	√	√	√	√	√	
促使农民考虑共同问题	√	√	√	√	√					√
争取社会各方支持							√	√	√	
使农民有成功的信心	√	√	√	√	√		√	√		
引起农民的关心	√	√	√	√	√	√	√	√	√	
对不能参加集会的农民					√	√	√	√	√	

(二)农业技术推广方法选择

1. 不同推广方法的效果

不同的推广方法对农民接受和采用新技术的效果是不同的,也就是说推广效率是不同的。推广效率是指通过某种方法采纳某项成果的农户数占成果到户总数的百分率。湖南省范燕萍等把20世纪90年代初期农民接受和采用新技术的20多种方法归纳为8种,其推广效率有较大差别(表Ⅱ.1.3)。

表Ⅱ.1.3 不同推广方法的推广效率 %

示范参观	技术培训	印刷品	巡回指导	咨询服务	科普宣传	物质刺激	声像传播
24.4	20.7	14.7	11.5	11.0	10.9	3.5	3.3

农民对看得见、摸得着的技术信息比较感兴趣,因此示范参观是目前我国农业技术推广最有效的方法,其推广效率高达24.4%。通过技术培训使农民理解技术要点,并应用于生产实践,其推广效率为20.7%,仅次于示范参观。利用印刷品进行宣传推广,通过通俗易懂的文字、图表传播知识、信息,使农民一看就懂,照做就行,可以收到立竿见影的效果,其推广效率为14.7%。巡回指导(访问农户)、咨询服务是推广人员与农民面对面地直接交流信息的方法,既能及时解答农民的问题,又能及时得到反馈信息。但由于巡回指导耗时较多,指导范围小,因而对大多数农民而言,作用相对有限。声像宣传原本是现代先进的传播手段,具有直观性强、速度快、接收面广等特点,但因推广机构和农民条件有限,应用效率尚不高。物质刺激是一种被动的手段,目前农业技术推广投入较少,只能在必要时有限度地使用,所以这种方法应用的比例很低。

2. 推广方法的选择

(1)不同类型技术　不同类型技术的推广效果与推广方法有关。采用示范参观、咨询服务的方法推广物化型技术的效果比推广知识型技术的效果好;而知识型技术采用技术培训、印刷品宣传、科普宣传、巡回指导等方法的推广效果又比物化型技术较好(表Ⅱ.1.4)。因此,推广人员应根据推广技术的类型来选择适宜的推广方法,才能收到良好的推广效果。

表Ⅱ.1.4 不同技术类型推广方法的推广效率 %

技术类型	示范参观	技术培训	印刷品	咨询服务	科普宣传	巡回指导	声像传播
知识型技术	22.7	17.7	15.0	11.0	13.0	11.6	3.4
物化型技术	31.8	16.9	13.8	13.4	11.5	8.2	2.6

(2)不同类型地区　经济发达地区经济条件、自然条件均较好,生产水平较高,农民接受新技术较快,农业生产有一定的增产潜力。这类地区以推广新技术、新产品、新方法为主,主要采用印发技术资料、成果示范、方法示范、举办培训班、经验交流等形式,辅之以个别指导的综合推广方法,向农民进行技术传授。

经济发展区农民基础较好,农民素质较高,生产水平也比较高,增产潜力较大。应在提高常规技术普及率的基础上,引进新技术、新方法。推广方法以成果示范、方法示范、技术培训等方法为主,结合运用报刊、资料、广播、电视等大众传播媒体,加速技术的传播。

经济欠发达地区农业生产条件较差，技术落后，农业生产增产潜力很大，这类地区应以推广和普及常规技术为主，改变农民的传统行为，适当引进一些新技术。在农业技术推广过程中，大众传播与集体指导、个别指导相配合，搞好成果示范、方法示范，多进行双向沟通，加强个别指导，组织农民参观，举办培训班等，以拓宽农民视野，改变农民观念。

（3）不同推广对象　科技示范户和专业户的文化层次较高，是接受新技术的先驱者，人数较少，对这些农户应重视个别指导，可以进行培训、座谈、参观，结合印发技术资料，帮助农民把技术学精，使他们带动和影响周围农民。

具有一定文化和技术水平的农民是农民中的主体，这类农民以中青年占多数，属于进步农民。在农业技术推广中，应以培训班、经验交流、成果示范、印发资料、声像宣传、参观学习等方法配合运用，使他们能尽快掌握新技术。

文化技术素质较低的农民以中年以上农民为主，他们在长期的生产实践中形成了一套自己的观念，对外界新事物、新观念难以接受。因此，在技术推广中，应多用直观性强的方法，如声像宣传、成果示范、方法示范、现场参观等，使他们尽快了解新技术信息，增强其使用技术的欲望。

总之，要根据农村和农民的实际情况，灵活选用各种推广方法，提高农民的科技文化知识，改变行为，加速新技术的推广应用。

阅读材料

一人一顶小红帽，一人一块示范田

位于陕西关中东北部的澄城县，耕地面积 5.93 万 hm^2，总人口 40 万，其中农业人口 30 万，是典型的农业大县。近年来，澄城聚焦产业扶贫，大力发展水果、蔬菜、中药材等特色产业，其中苹果达到 2 万 hm^2，还有中药材和果蔬 10 万余亩。在特色产业向纵深发展之际，公益性农技推广人员知识结构老化、特色优势产业技能储备不足等问题逐渐凸显，在很大程度上制约了新兴特色产业的发展。针对这些突出问题，澄城县响应部省农业农村部门号召，科学谋划，严密组织，在实施农技推广特聘计划过程中获得有益经验，取得良好成效。

一是围绕特色产业发展，领导牵头，专人负责。根据农业农村部和省厅关于实施农技推广服务特聘计划的要求，成立由县农业农村局局长担任组长的领导小组，确定专人负责，在农技中心设立专用办公室。根据澄城县自然资源禀赋条件和现有产业发展基础，确定苹果、樱桃、冬枣、葡萄、设施果蔬和金银花 6 个产业，计划从乡土专家、产业发展技术能手和合作社、家庭农场负责人中选聘 18 名特聘农技员。

二是围绕选精选能选实，广泛宣传，科学遴选。利用 Web、微信等媒介在全县进行特聘农技员招募公告，让尽可能多的潜在能人了解政策，邀请全县 10 个镇的分管农业、熟悉农村情况的干部广泛推荐能人，建立特聘农技员人才库，并进行现场考评，确定每个产业的特聘人员后进行公开公示，确保将干实事的能人选进来。

三是围绕提升特聘服务实效，科学制定任务，建立融合发展机制。根据产业发展需要和特聘农技员实际，签订个性化的特聘农技员服务协议并制定考核办法。明确特聘农技员标志，一人一顶小红帽，一人一个工作牌、一人一个档案盒、一人一本工作记录。对于遴选出的特聘农技员，建立与体制内专业技术人员业务融合发展机制，相互学习、相互监督，共同提升。

四是围绕效果辐射带动，强化示范展示功能。为强化特聘农技员科技服务的示范带动效果，在签订服务协议时要求每个特聘农技员必须将自己所种植或栽植的田块建设成农业科技示范田，示范田插标立记，全县统一规格，统一模式。示范田标志牌上写清特聘农技员姓名、示范和服务产业种类、栽植品种、示范和推广的主要技术、技术要点、特聘农技员联系方式及农技中心联系人员姓名、职称、联系方式等。通过树立产业管理技术标杆，便于周围群众学习观摩。为充分发挥特聘农技员了解产业情况的优势，要求特聘农技员每年至少为产业发展提2～3条合理化建议。

五是围绕精准扶贫精准脱贫，建立包联对接机制。为帮助贫困户找准产业、发展经济、取得可持续收入，建立了特聘农技员包联贫困户制度。每个特聘农技员包联13户贫困户，通过手把手、面对面、心贴心的精准技术服务，助力贫困户学会技术、发展产业，获得一技之长，形成可持续增收机制。

六是围绕调动特聘农技员积极性，广泛宣传先进事迹。为了广泛宣传特聘农技员服务产业发展、带动贫困户脱贫、带动体制内人员学习农业生产实用技术的先进事迹，在县电视台开设“澄城农业特聘农技员风采”专题节目，对特聘农技员中表现突出的同志的事迹制作成特聘农技员风采专题片，在县电视台专题播放。同时在《陕西农村报》《陕西科技报》《渭南日报》《澄城农业》微信公众平台设立上专版，宣传特聘农技员的先进事迹，调动特聘农技员工作的积极性，扩大了特聘计划的影响力。

通过实施农技服务特聘计划，目前，18名特聘农技员包联的234户贫困户已全部脱贫，包联的54名体制内专业技术人员已掌握了苹果、樱桃、金银花、设施果蔬、冬枣等产业从种到收的管理技术。通过特聘人才专题培训，全县已培养农业科技明白人489人，农产品质量水平和商品率明显提升，农户增收显著，特聘计划受到当地老百姓的广泛好评。

思考题

1. 农业技术推广主要有哪些方法？各有什么特点？
2. 依据什么条件选择不同的农业技术推广方法？

学生自测

一、名词解释

大众传播、集体指导、个别指导、推广效率。

二、填空题

1. 农业技术推广程序包括________、________、________、________、________、________和________7个环节。

2. 根据传播方式，农业技术推广方法可以分为________、________和________三类。

3. 我国农村专业技术协会(研究会)进行技术推广主要有________、________和________3种方式。

4. 采用项目计划方式推广农业新技术，________和________是关键。

5. 在推广实践中，常用的农业技术推广方法有________、________、________、________等方法。

三、判断题

1. 大规模综合组装技术，不用试验、示范，就可以在同类地区直接推广。 ( )
2. 访问农户和科技展览属于集体指导的推广方法。 ( )

3.农民的生产经验必须经过试验、示范,才能在当地推广。（　）

4.访问农户是一种花费时间和经费较少的推广方法。（　）

5.个别指导具有难以反馈的特点。（　）

6.集体指导注重整体效果,个人意愿难以满足。（　）

7.“教学、科研、推广”相结合的协作攻关项目,成果通过鉴定后,必须通过试验、示范,才能推广。（　）

8.大众传播信息传播权威性高,信息传播数量大、速度快,信息传播成本低、范围广,但信息传播方式是单向的。（　）

9.集体指导一般最适宜的规模为100～150人。（　）

四、单项选择题

1.（　）是验证推广项目是否适应当地的自然条件、生态条件、经济条件及确定新技术推广价值和可靠程度的过程。

A.试验　B.示范　C.评价　D.推广

2.农业技术推广的基本程序是（　）。

A.试验、示范、推广　B.科研、教学、生产

C.培训、咨询、经营　D.边试验、边示范、边推广

3.下列推广方法中,属于大众传播的是（　）。

A.现场参观　B.田间旗帜　C.报刊杂志　D.办公室咨询

4.下列推广方法中,属于集体指导的是（　）。

A.访问农户　B.广播电视　C.科技展览　D.工作布置会

5.（　）是一种采用经济手段推广先进技术的方法。

A.技术培训　B.技术转让　C.示范　D.印发资料

6.扩大推广活动的社会影响,可以采用（　）方法。

A.个别指导　B.集体指导　C.大众传播　D.系列化服务

7.农业部曾经把（　）推广方式描述为打通农技推广的“最后一公里”。

A.科技下乡　B.企业牵动　C.技物结合　D.科技入户

8.解决个别农民的特殊问题最为有效的方法是（　）。

A.技术培训　B.小组讨论　C.访问农户　D.印发资料

五、多项选择题

1.下列推广方法中,属于个别指导的是（　）。

A.工作布置会　B.办公室咨询　C.访问农户　D.田间旗帜

2.下列推广方法中,属于集体指导的是（　）。

A.技术培训　B.经验交流　C.小组讨论　D.现场参观

3.下列推广方法中,属于大众传播的是（　）。

A.报纸杂志　B.广播电视　C.电话咨询　D.科技展览

4.推广项目来源于（　）

A.引进技术　B.科研成果　C.生产经验　D.技术改进

六、绘制访问农户思维导图

项目二　农业技术推广项目选择与实施

农业技术推广项目的选择是农业技术推广系统的重要工作，为促进农业科研成果和使用技术应用于农业生产、实现粮食增产、农业增效和农民增收，确保中国的粮食能够自给自足，在选择农业推广项目时要科学制定实施方案，整合推进，加大各项技术的推广力度，做好组织落实及实施工作，对某一专项任务以课题的形式落实下来，进行有计划、有组织、有步骤、有检查地安排实施和管理。

实施推广项目具有重大意义，可使农业科技成果和先进的使用技术尽快应用于农业生产，实现农业现代化；可以成为科技成果转化为现实生产力的最有效途径；可以实现资源的合理配置；可以提高农业生产的投资效益；可以提高推广工作的效率；可以提高推广人员和劳动生产者的素质；可以提高农民生活质量；可以进一步促进农村和农业的发展，可以提高农业生产的经济效益、社会效益和生态效益。因此，农业技术推广项目实施是促进农业技术推广工作的有效途径。

农业技术推广项目计划是搞好农业技术推广项目管理的重要环节。因此，农业技术推广项目计划应紧紧围绕科技、经济、社会发展及农业、农村、农民的需要。在编制计划时，要遵循计划编制的原则，按照编制计划的程序，做好项目的可行性研究，经过上级有关部门组织的评估论证，通过后才能进行下一步的实施。农业技术推广项目确定之后，要搞好项目组织实施，这是完成项目任务的关键和重要保证。

农业技术推广项目的实施，在制定实施方案、建立实施机构、确定工作任务、进行项目指导与服务等环节，工作任务必须要落实到推广机构、推广人员身上，并对其实施的全过程进行管理，这样才能保证项目得以顺利实施。项目完成后要进行总结与评价，总结项目实施中的经验，发现项目实施中存在的问题，不仅可以不断地改进推广工作，提高技术推广的效益，也有利于检验科技成果，以便更好地反馈，促进新成果的不断涌现。对于符合成果条件的要进行成果登记，还可以按规定程序申报奖励，对在实施推广项目中做出突出贡献的单位和个人予以表彰和奖励。

子项目一　农业技术推广项目选择与确定

学习目标

1. 了解农业技术推广项目计划编制的依据和方法；
2. 掌握农业技术推广项目选择的原则和方法；
3. 学会如何进行项目申请、项目论证评估及审批立项；
4. 提高农业技术推广项目选择与确定的技能。

我国农业科技发展迅速，可供推广的农业科技新成果不断涌现。因地制宜地选择农业技术推广项目，编制切实可行的项目计划，是搞好农业技术推广工作的重要基础。

一、编制农业技术推广项目计划

农业技术推广项目计划是保证农业技术推广工作有目标、有计划、有组织、有步骤进行的前提，是农业科技新成果、新技术尽快转化为现实生产力的有效途径，是搞好农业技术推广项目管理的重要环节。

(一)编制农业技术推广项目计划的依据

1. 社会的需要

发展生产的最终目的，是为了满足社会的需要。农业技术推广项目计划也同其他任何计划一样，只能是社会长期发展计划的一部分。其中包括：一级目标(政策目标)：国民经济发展规划协调一、二、三产业。高层官员及专家学者制定，以法律政策形式表现。二级目标(实施目标)：农业发展规划主要是14亿人口的粮食安全，农业的可持续发展，繁荣农村经济，提高劳动者素质。以政策文件，任务形式下达指导性计划。三级目标(工作目标)：各种具体计划，如高产创建计划、水土保持计划、星火计划等。农业推广项目就是为了完成三级目标而采取的具体工作措施，其目的是为了保证国家宏观发展目标的实现。

农业技术推广项目计划要同当地社会的长期发展计划有机地结合起来，保持计划在宏观上、整体上的一致性。社会需要增加粮食作物和经济作物的生产，为城乡提供更多的食品和工业原料，增加农产品出口创汇额等，在制定推广项目计划时都要认真考虑。不同地区的自然条件、生活习惯和经济状况不同，其社会需要也各不相同。农业技术推广部门在制订推广项目计划时要考虑各地区的差异和不同需求，尽可能做到因地制宜，因时制宜，做到既能发挥当地资源优势，又能满足社会需要。

2. 农民的需要

农业技术推广是为农村社会和农民服务的，农民的需要是制定农业技术推广项目计划的主要依据。农业技术推广项目计划必须符合农民的利益，满足农民的生产和生活需求。由于区域发展不平衡，不同地区的农民所处的经济条件、生产条件、生活条件和自然条件各异，对技术推广工作的要求不同，在制定农业技术推广项目计划时，一般要满足当地大多数农民的技术要求，在可能的条件下，应尽量满足所有农民的需要。

3. 市场的需要

随着社会主义市场经济体制的逐步建立和完善，农业技术推广工作也必须与市场经济相适应。面对农业结构调整、农业产业化经营、农产品国际贸易、社会主义新农村建设的新形势和新任务，农业技术推广的重点也必须做出相应调整。因此，围绕现阶段我国农业和农村发展的技术需求特点，选择一批先进、适用、成熟的农业技术，加大推广力度，加快农业科技成果转化进程和产业化进程，努力解决产量与品质、增产与增收矛盾中的技术问题，有利于农业结构调整和农业增长方式的转变，有利于农业和农村经济的持续、稳定、健康发展，有利于促进社会主义新农村建设。

4. 专家的意见

从事农业科技工作的专家，由于精通理论，对国内外的科技信息比较熟悉，有长期工作的实践经验，在技术上具有权威性。他们能根据国内外的科技信息、自身从事的科技活动，结合当地的实际情况，从历史经验和现实需要出发，提出需要改革的技术措施和推广目标，在制订农业技术推广项目计划时，应认真加以考虑。

以上 4 个方面的依据应有机结合，融为一体，如发生矛盾、难以一致时，首先要满足农民的实际需要，因为社会的需要、市场的需要和专家的意见最终都得通过农民去实现，如果农民认为暂时不需要，就不应勉强作为制订计划的依据。

(二)编制农业技术推广项目计划的条件

1. 技术的适应性

农业生产是有生命物质的再生产，生产条件、地域性、季节性等差别很大。因此，一项技术在一定地区推广，首先，应考虑该地区的自然条件等是否适应。例如，北方旱作农业技术就只能在北方干旱、半干旱地区推广，而不宜在长江流域等湿润的地区推广。玉米大垄双行覆膜栽培技术，只能在玉米主产区，特别是在积温不足和春旱较重地区推广，而不能在积温充足和春涝地区推广。其次，要考虑该项技术在这些地区的应用程度，如果已经基本普及，则不必再作推广计划；如果是推广不够，还有潜力或尚是一项新技术，那就应当考虑安排。还要看该项技术在这些地区推广可能取得的经济效益和社会效益是否显著，能否较大幅度地实现增产、增收等。

2. 农民的接受程度

农业技术推广的程度和效果如何，在很大程度上取决于该项技术能否被大多数农民所接受和掌握。被推广地区农民的文化水平、科技素质和经营条件都是接受推广技术的直接影响因素。还有一些项目可能引起生产结构和劳动力布局的变化，当地农民能否与之相适应，也要认真研究。农业生产是一种复杂的能量转化过程，人们的劳动行为、农作物的生长发育规律和自然条件，共同构成对农作物产量的制约因素。从某种意义上讲，人的劳动行为包括接受技术的程度，在采用技术中占有重要的地位。因为农民接受技术的相关条件越好，农民的信心就足，技术推广就快，取得的效益就高。

3. 支农服务的可能性

农业技术推广工作是一项综合性很强的社会工作，涉及的范围广、部门多，许多农艺措施的技术效果往往取决于物化程度，也就是化肥、农药、农膜等能量的释放。技术推广应用光靠农业技术推广部门和农民的积极性是很不够的。所以，推广部门在制定推广项目计划时，要考虑当地政府对此是否具有积极的态度，以及物资、信贷、工商等各相关部门是否积极配合和协作，能否保证农业生产资料的供应、信贷资金的投入和产品的销售等。农民对这些问题是很关心的，这些问题也在很大程度上影响着技术的推广与落实。

4. 推广机构自身的条件

农业技术推广项目的实施，要靠训练有素的农业技术推广人员的积极努力和辛勤工作，没有一定数量农业技术推广服务人员的直接指导和帮助，光靠一般号召是无法完成推广计划的。因此，在制订推广项目计划时，除了考虑技术推广人员的素质、专业配备外，还要考虑农业技术推广部门自身配套的物资、设备、经费来源等条件。如果这些条件尚不具备，或经过努力仍达不到要求，则不宜轻易做出计划，以免计划难以实施。

(三)农业技术推广项目计划编制

农业技术推广项目计划应紧紧围绕科技、经济、社会发展及农业、农村、农民的需要，明确发展方向和具体任务，突出重点，统筹安排，注意计划的系统性和连续性。

1. 分析项目

制订农业技术推广项目计划，首先应对农业生产现状、农村经济发展现状、农民生活现状、农业技术推广现状及推广项目进行调查分析。

(1)现状调查分析　调查预定推广地区的自然条件、生产条件、经营条件、技术应用条件等。首先拟订调查提纲，按照调查提纲要求有计划、有步骤地进行调查。定性调查要求概括准确，定量调查要求核算精确。为确定项目适应区域，合理制订农业技术推广项目计划奠定基础。

(2)历史比较分析　制订农业技术推广项目计划，既要根据现状，又要借鉴历史，总结农业技术推广经验，了解经济发展、生产发展、技术发展规律，为制定农业技术推广项目计划提供科学依据。

(3)未来预测分析　制订农业技术推广项目计划，要立足现实，但项目实施要有一个过程，预测其发展趋势和可能出现的情况，是保证推广项目效益，制订农业技术推广计划的重要依据。

2. 确定推广目标

编制农业技术推广项目计划，首先要确定推广目标。确定目标应从实际出发，结合本地生产发展、技术发展状况，提出符合客观条件和促进技术发展的目标。要防止盲目追求高指标，脱离本地实际。进行科学的预测和论证，包括目标的综合性、阶段性、层次性和客观性等。指标要明确，应在分析以往数据及经验的基础上，预测、论证、确定，内容要具体而全面。

(1)确定项目的推广规模与范围　根据推广项目的适应范围、技术推广人员的技术保障能力、农民的实际需要确定项目推广的规模和区域。再制订出年度推广计划，保证计划按时落实。

(2)确定项目的具体指标　农业技术推广项目指标应包括经济指标、教育指标、社会指标、生态指标等。如经济指标指项目的经济效果，包括土地生产率、增产率、增收率、劳动生产率、农产品市场竞争力、农产品流通加工率等。各项指标应明确、具体，便于落实和考核。

(3)确定推广进度　根据项目推广规模与范围，推广的难易程度，推广人员的技术保障能力，当地农民的生产和技术水平等因素，确定项目推广的周期和阶段时间要求。

3. 编制推广项目计划

根据农业技术推广项目计划的目标要求，项目计划按期限分为长期计划和短期计划。短期计划一般以3～5年为实施期限，应注意将新技术、新成果和近期内能应用的实用技术相结合，在保证近期生产发展的同时，适度考虑技术的超前发展。短期计划以促进当前生产发展和解决当前生产实际问题为主，选择实用和成熟的技术项目。长期计划一般是以5～10年为实施期限的计划，要与国家和地区发展规划相适应。

农业技术推广项目计划的内容主要包括项目名称、主要技术内容、技术指标、经济效益、社会效益、生态效益、承担单位、人员及协作单位、完成时间、经费概算等。

编制计划时，要形成几个不同的草案，然后从不同的草案中进行优选，做出最后的选择。优选决策过程，是从比较到决断的过程。在这一过程中要有严肃的态度、严谨的逻辑和严格的程序。农业技术推广项目计划的编制涉及农村科技、经济、社会的协调发展和千家万户的不同需求，加上农业生产的地域性、季节性、综合性强和生产周期长等特点，对计划的内容要做出全面的科学论证和评价，综合考虑计划执行后可能带来的各种结果，最后做出审慎的决策，并经过规定的审批程序，把农业技术推广项目计划确定下来。

二、农业技术推广项目选择

选择农业技术推广项目必须从当地实际出发，根据推广项目的来源、特点以及当地产业发展的需要和社会需求的变化趋势，确定项目选择的原则，并对成果的先进性、适用性、经济性进行综合评价，才能确定为推广项目。

(一)农业技术推广项目特点

农业技术推广项目是按照农业技术推广的总体计划，对某一专项任务以项目的形式进行有计划、有组织、有步骤、有检查地实施与管理的过程。农业技术推广项目特点鲜明。

1. 直接的生产性

农业技术推广项目是根据一个地区的农业生产需要，为解决农业生产中的重大问题而进行的一种直接的科技投入。这种投入能有效地改善农业生产要素的质量和效能，具有很强的针对性、生产性，每项农业技术推广项目的推广应用，都能直接带动农业生产水平的提高，产生显著的经济效益、社会效益和生态效益。

2. 学科上的综合性

农业生产是一项复杂的系统工程，同一生产过程需要多种生产要素的配合，才能发挥整体效能。农业技术推广项目多是组装配套的多学科、多项技术的综合体。单一技术难以获得显著的经济效益，这就要求推广组织在推广项目实施过程中，合理组成完整的技术体系。如生产上的良种、良法一齐推广，就体现了学科的综合性、技术的完整性。

3. 推广的周期性

任何一项农业科技成果的推广应用，都要经历发生、发展、成熟、衰亡的过程，在时间上表现为明显的周期性。科技成果在农业生产中推广应用要经过试验—示范—推广过程。要使科技成果转化为现实生产力，需要科学的计划、严密的组织、多部门的协作，使其尽快在农业生产中发挥作用。同时要积极引进和开发新的技术推广项目，不断推进农业科技进步。

(二)农业技术推广项目来源

1.科研成果

即通过国家和省、自治区、直辖市科技主管部门、农业主管部门及有关部门审定公布的农业科技成果。这些成果一般都是来自科研、教学单位的应用技术科研成果,具有区域、国内或国际先进水平,这种来源占主导地位。

2.农民的先进经验

这类技术是农民群众在长期的生产实践中创造的,有着坚实的实践基础和群众基础,技术的适应性强,农民易于接受,需要的技术投入少,因而容易推广。

3.技术改进成果

这类成果是科研单位或农业技术推广单位在原技术基础上进行的某些方面的提高和改进,或由技术推广单位对多方面、多来源、多专业的成果或技术综合组装的成型技术及常规技术的组装配套。

4.引进技术

通过技术贸易从国内、国外引进的先进技术和成果,应用这类成果能发挥其后发性优势。

上述4类技术成果各有其特点。科研成果和引进技术多属原创性成果,以单项技术为主,深度较强,一般在本区域内代表最先进的水平。但必须对其适应性进行严格的试验,方可入选。群众的技术经验土生土长,适应性强。改进或组装的技术综合性强,比常规技术具有更新的特点和更加适合生产的要求,推广中需要多专业的配合。

(三)选择推广项目原则

1.项目的先进性

所谓先进性,一是要创新,即要选择最新的科研成果和最新的技术;二是经济合理,即项目要有最佳的产出投入比,也就是要选择那些对生产有重大影响,对改变地区面貌起决定性作用的投资少、见效快、效益高的项目,不仅要有显著的经济效益,还要有显著的社会效益和生态效益;三是适应性广,能够较快地大规模推广应用。

先进技术应具备如下条件:一是优于原来的生产技术,并适宜当地的生产条件;二是有效地利用和保护自然资源,有较好的生态效益;三是有利于提高劳动生产率,能取得显著的经济效益和社会效益,并能持续不断地促进农业生产的发展。

2.项目的成熟性

项目的成熟性是指项目的可靠性和相对稳定性,这是保证项目推广取得成功的基本条件。所选项目在满足其技术要求的条件下必须是真正有效的,并保证长时期的稳定性,以免给生产造成损失,或造成人、财、物的浪费。

3.项目的适应性

每项科技成果都是在特定的地域条件和自然条件下形成的。因此,引进和选择项目时,首先要考虑当地的自然条件和生产条件是否适应。推广项目只有在适宜地区推广,才能达到预期目标。

4.项目产品的需求性

在市场经济发展中,推广任何农业技术的最终目的,都是为了直接或间接地满足消费者的需要。因此,推广项目的选择必须兼顾产品的市场需求。既要考虑产品的产量,又要考虑产品的质量。随着人民生活水平的提高,对产品质量的要求将越来越高。产品既要销得出,又要价格合理,否则项目将难以推广。

5.项目的技术要求和农民接受能力的一致性

农民是农业技术的接受者,项目推广的程度和效果如何,在很大程度上取决于农民的科学文化水平,也就是取决于农民对该项技术的接受和掌握程度。农民接受技术能力越强,推广速度就越快,取得的效益越高。因此,在选择项目时必须考虑农民的接受能力,要选择那些农民经过培训就能掌握的技术。

6.符合农民的需要

推广农业技术首先是为农民服务的,选择项目必须符合农民的利益。在可能的条件下,应尽量满足当地农民的需要,至少要满足科技示范户的需要。这不仅要看项目投资多少、见效快慢、效益高低,而且还要看项目要求的条件,是否符合农民的经济条件和生产条件。

7.符合农业发展目标和技术政策

农业发展目标代表了一定时间内的农业发展的基本方向,技术政策是在一定时期内有关专业技术要适应国家发展的有关规定。推广项目的选择必须符合农业发展目标和农业发展技术政策的要求。

(四)选择推广项目的方法

1.调查现状法

调查现状是选择项目的第一步。即通过各种渠道和应用各种手段,进行细致周密的调查,摸清推广项目中各个环节的现实情况和历史情况、本地情况和外地情况,情况必须真实、全面可靠,并尽可能有精确的数据。如通过情报、文献分析或深入现场具体了解,填发统计表格或进行民意测验,集体座谈或个别征询意见,上下结合,专群结合。有时各种方法可以反复、交叉、互相印证。

2.分析、预测法

分析就是把调查的现状、收集的文献资料进行汇总分析。根据分析结果,去掉那些情况不明,脱离生产实际,经济效益和生态效益较差的项目,把留下的项目再次进行深入细致的分析、比较,分析研究有利条件和不利因素,以及推广项目的难度等。

预测就是对项目的未来发展情况进行预测,预测发展的趋势和可能取得的结果。预测的目的是为了对方案进行比较,选择最佳的项目,确定最佳的实施方案。在预测时,必须对项目的经济效益进行最基本的经济评价和预测,才能保证项目的完成,达到预期目标。

3.评议论证法

邀请各方面的专家和了解情况的人员对重大的农业技术推广项目进行评议,广泛听取意见,对推广项目技术上的先进性、设计方案上的可行性、经济上的合理性进行评议。评议审查的内容有:①推广单位的基本情况及条件。如人员情况及技术力量、经济及物质实力、设备条件等。②技术分析及论证。如项目的国内外水平及发展趋势、关键技术分析及解决措施、实现的可能性、结论意见。③经济效益分析。如预期收益、市场需求情况(现状)的调查研究。④承担项目的条件。如工作基础、物质条件及其他保证措施等。

4. 优选决策法

通过一系列的筛选之后，用优选决策法对推广项目进行最后决策。优选的过程是从分析比较到决断的过程。决策的依据，取决于提供决策的可靠数据。因而决策前一定要做到心中有数，再进行审查。审查的内容包括以下几方面：①项目的名称是否恰当，提出项目的依据是否充分。②目的意义是否明确。③条件是否基本具备。④关键技术是什么，推广方法是否合理。⑤总目标和阶段目标是否明确。⑥经济效益、社会效益、生态效益如何。⑦协作单位、推广对象和分工是否落实。⑧所用资金和所需仪器设备情况。⑨起止年限。决策时一定要实事求是，不能无根据地轻易肯定或否定。

上述4种方法是有内在联系的，在运用时要根据项目大小、所用时间长短综合考虑。

三、农业技术推广项目确定

确定农业技术推广项目是开展农业技术推广工作的前期准备，其程序包括项目申请、项目论证、评估及正式立项等环节。

（一）申请农业技术推广项目

农业技术推广管理部门在确定农业技术推广的目标后，下级部门便开始申请推广项目。申请农业技术推广项目应提供推广项目申报书、成果鉴定书和项目简介。

1. 推广项目申报书

提供项目申报书的目的是通过申报书来阐述立项的必要性、可行性，并对项目及技术依托单位给予介绍，以便使主管部门对项目全面认识和了解。农业技术推广项目申报书一般包括以下几部分内容：

（1）申报项目基本情况　主要包括项目名称、技术依托单位、主要参加单位、成果来源、研制起止时间、成果鉴定情况（组织鉴定单位、鉴定日期、成果水平）、成果应用情况（应用于生产的时间、应用范围）、科研经费投入、成果获奖情况（获奖人员、获奖名称、等级及授奖部门）等内容。

（2）申报推广的理由　这部分是考核项目的重要依据，主要包括推广项目的技术内容、原理及技术路线、和国内外同类技术的比较，推广的必要性及推广范围预测，已推广应用情况，典型实施范例的经济、社会效益分析。

（3）技术依托单位基本情况　包括单位名称、性质、地址和项目实施具有的人力、物力、财力及组织能力。

（4）推广措施　项目承担单位在实施项目过程中采取的措施，包括试验、示范布点情况，推广进度安排，推广方法，主要协作关系等。

2. 成果鉴定书

成果鉴定书是成果持有单位完成成果后的最终成果结论。国家各部委有明确规定，非鉴定成果一律不予列入推广计划。农业部的“丰收计划”“新品种扩繁计划”以及国家科技部的“星火计划”立项都必须有鉴定书。

3. 项目简介

项目简介主要用于宣传、扩大推广项目的影响面。对领导、对农民、对相关部门进行宣传，取得各行业、各部门的支持，有助于项目的确定与实施。项目简介要求精练简洁、突出主题、通俗易懂。

(二)农业技术推广项目评估、论证

上交推广项目申报书后，主管部门对重点项目还要请申请单位提交可行性研究报告，并请专家对项目进行科学性和可行性分析，修改项目中不成熟、不合理的部分，以增强农业技术推广项目的准确性和可行性。项目的可行性研究是项目准备的核心内容，其目的是为了从技术、组织管理、经济效益、社会效益、生态效益、实施力量等各有关方面论证整个推广项目的可行性和合理性。

1.提交可行性研究报告

可行性研究报告由申请单位提交，报告一般包括以下内容：

(1)推广项目概况　包括项目的目的、意义、国内外现状、水平、发展趋势及项目的内容简介。

(2)技术可行性分析　主要包括技术路线、需解决的关键技术、最终目标和技术经济指标、实施项目所具备的条件和项目完成的生产条件。

(3)市场预测　包括国内外需求情况及市场容量分析、产品价格与竞争力分析等。

(4)项目预期经济效益、社会效益、生态效益　一般从新增总产值、新增纯收益、节能节材情况、节约利用资源情况、改善环境的作用、对促进社会发展的作用等方面论述。

(5)项目推广的技术方案及推广范围、规模和年限(项目计划进度安排)。

(6)预计的推广经费及用款计划。

(7)经费偿还计划。

2.农业技术推广项目评估、论证

农业技术推广项目评估、论证是准备中的关键环节，是能否立项的重要步骤。是从科学、技术、经济、社会等方面对拟定项目进行系统、全面的科学论证和综合评估，论证项目的选择是否符合原则，项目要推广的技术或成果是否先进，开题的必要性，技术路线的先进性，合理性，实施的可能性，项目实施后的经济效益、社会效益和生态效益是否显著，项目的经费概算是否合理等。为确定项目提供决策依据，为以后项目的实施和完成奠定基础。

农业技术推广项目的评估、论证一般以会议形式进行。由项目主持单位聘请有关科研、教育、推广及行政等方面的专家、教授、技术人员和领导组成项目论证小组，论证小组一般由7～15人组成。要求参加人员必须具有中级以上技术职务，组长应由具有高级技术职务并有较高学术水平的人员担任，论证组从科学、技术、经济、社会等方面，对申报或拟定项目进行系统全面的科学论证和综合评估。论证项目的选择是否符合原则，项目要推广的技术或成果是否先进，开题的必要性，技术路线的先进性、合理性和可行性，实施的可能性，项目实施后的经济效益、社会效益和生态效益是否显著，项目的经费概算是否合理等为确定项目提供决策依据，为以后项目的实施和完成奠定基础。

(三)农业技术推广项目确定

论证后，农业技术推广项目就转入经评估、评审、决策、确定项目的阶段。

1.项目决策

项目决策机关或决策人在项目论证的基础上，进一步核实本地区、外地区、国内外的信息

资料，市场和农村调查情况，根据国家政策，同时征询专家意见，吸收群众的合理化建议，从系统的整体观念出发，对项目进行综合分析研究，最后做出决策，确定农业技术推广项目。

2. 签订项目合同或任务书

农业技术推广项目确定后，项目主管部门和项目实施单位还应签订合同书或项目任务书，至此项目才正式立项。农业技术推广项目合同的主要内容包括：立项理由（推广目的、意义、国内外水平对比和发展趋势），项目主要内容及技术经济指标、经济效益和社会效益，预期达到的目标，采用的技术推广方法和技术路线，分年度计划进度（包括推广地点、规模），经费的筹集、去向及偿还计划，配套物资明细表，参加单位和项目组负责人等。

阅读材料

如何确定推广目标

确定推广目标常常是推广工作中最容易被忽视的方面。因为一些推广人员总是认为目标是不言而喻的，没有必要明确，而实际情况却恰恰相反。准确地描述目标对推广工作的每一阶段都是必要的。为了保证农业技术推广项目顺利确定和实施，在申请农业技术推广项目时应认真确定推广目标。

一、推广目标的层次

农业技术推广目标包括政策目标、中间目标、实施目标和教育目标。

政策目标包括诸如“优质生态稻米产业化开发技术”“超级杂交稻高产高效综合技术”等叙述以及其他一些内容广但不明确的声明。政策目标不可能具体明确，因为除了总的原则外，不可能涉及很多具体问题。政策目标对推广人员来说是重要的，因为它给推广人员指明了方向和工作重点。如果推广的具体目标与政策要求不一致，推广工作就可能既得不到公众支持，也得不到官方支持而被迫中断。

中间目标的鲜明特点是表明了在一定时期内、一定条件下期望获得的结果。如“两年内将农民人均收入从 15 000 元提高到 16 000 元”，这一目标与前面描述的政策目标是一致的。它告诉我们目标是什么，需要多长时间才能达到这一目标。但是，没有告诉我们要达到这一目标，必须做些什么。为此，我们必须再深入到下一个更具体的层次。

要在两年内将农民人均年收入从 15 000 元提高到 16 000 元，必须做什么工作，其答案就是实施目标。实施目标根据什么能做，什么已做了，也就是根据人们的打算和他们的行为而定。例如，我们可以宣布，政府将为农产品制定最低价格。这样的解决办法可能有利于目标的实现，但它不是推广工作的目标，因为提供物质手段或资源不是推广人员的责任。

推广人员如何改变农民的习惯呢？当然，要通过教育使他们确信所推荐的办法的好处，通过示范完成这项工作的最佳办法等来改变农民的习惯，这就是教育目标。教育目标描述的是谁学习，学习什么内容，也就是期望的学习类型，包括知识、技能和观念。

二、推广目标的确定

推广人员不决定政策目标，一般这项职能属于政府及其高级官员，或某组织的领导人。推广人员要列出推广工作的重要性，帮助那些政策制定者制定政策及目标。这是一项困难而具体的工作，不仅要求对该地区的形势及所存在问题要有一个严密的分析，而且在参加和引导讨论方面要有相当的技巧。

推广人员帮助制定中间目标。在制定中间目标即指标时，也不是由推广人员确定指标，但他必须耐心地说服社区的领导或社区选出的代表来制定指标。

推广人员确定实施目标。相比之下，实施目标的确定才是推广人员的职责。推广人员提出的解决办法必须在一定条件下，从技术的角度进行试验，得到证实方可在实际中应用。确定实施目标时要考虑目标是否表达清晰明了、与农民的问题是否相一致以及能否实现等诸多问题。例如，确定推广“秸秆还田综合配套技术”200 万 hm^2，其中稻草还田 166 万 hm^2，大豆秸秆还田 27 万 hm^2，玉米整株翻压还田 7 万 hm^2。通过使用什么样的方法能达到这一目标，实现这一目标需要克服哪些困难等都是需要考虑的。

实施目标要求的是推广人员明确农民去做什么，而教育目标要求的是推广人员明确农民懂得什么，能够完成什么工作或感受什么。例如，在推广“秸秆还田综合配套技术”过程中，让农民知道采用什么样的技术、什么样的方法能够达到目标。

思考题

1. 农业技术推广项目来源有哪些？
2. 如何选择农业技术推广项目？

子项目二　农业技术推广项目实施

学习目标

1. 了解农业技术推广项目实施的基本环节；
2. 学会制定项目实施方案的要求，能进行任务分解，签订项目实施合同；
3. 学会落实实施方案和监督检查的方法；
4. 提高农业技术推广项目实施技能。

农业技术推广项目确定之后，搞好项目组织实施，是完成项目任务的关键和重要保证。推广项目必须落实到推广机构、推广人员身上，并对其实施的全过程进行管理，以保证项目顺利实施。因此，农业技术推广项目的实施是农业技术推广工作的一项重要内容，具体工作包括建立实施机构、制定实施方案、确定工作任务、落实实施方案与监督检查等。

一、建立项目实施机构

为保证项目的顺利实施，要建立项目实施组织机构，这是确保项目计划完成的组织保证。包括确定项目人员组成，明确项目负责人。在参加人员的搭配上，要吸收行政领导、科研人员、物资部门的人员参加。对一些规模大或重点项目，可成立行政领导小组、技术指导小组和项目协作组。

1. 行政领导小组

行政领导小组主要由有关政府领导牵头，由农业、财政、物资、金融等单位的负责人组成。其主要任务是负责项目实施的监督和组织保障，以实现行政、技术、物资的有效结合，进行组织协调工作,宣传教育和群众思想发动,保障配套资金和物资的供给,提供市场信息,帮助解决有关实际问题和困难,使项目顺利开展。

2.技术指导小组

技术指导小组主要由农业技术人员组成。其主要任务是在推广项目实施过程中进行技术指导,负责解决推广过程中的各种技术问题。进行项目试验、示范、宣传,开展技术培训和技术指导,印发技术资料,监督检查项目的落实情况,以及搞好项目的总结、交流和验收活动等。

3.项目协作组

对于一些跨省(自治区、直辖市)或跨地区、县的规模较大的农业技术推广项目,还应成立全国性或地方性的项目协作组,共同搞好项目的组织实施。项目协作组的组成人员可以是全国农业技术推广机构,或各省、地、县的项目承担单位的负责人,并吸收有关农业研究单位、教学单位以及其他相关单位参加。其任务是共同进行项目的落实、检查、考察、交流、验收等工作。

二、制定项目实施方案

农业技术推广项目确定之后,还应制定项目实施方案。项目实施方案是一种为有效执行项目计划需要而安排的活动概要。项目实施方案是由项目主持人主持制定的具体的推广活动计划。项目实施方案包括的主要内容有以下几方面:一是项目设置的目的、意义和达到的目标;二是项目要求解决的问题和达到的经济技术指标,以及分年度推广规模和范围等;三是项目技术要点和创新点,重点论述为实现项目预定目标应采取哪些技术措施;四是完成项目任务应抓好哪些工作,包括任务的具体分解、试验示范点的安排、配套物资的供应、技术考察指导、推广方法的确定、推广经费筹措与具体使用以及需要解决的其他问题等;五是建立和加强组织领导,主要是行政领导、技术指导和物资服务小组的组成及活动安排,项目参加人员的确定和其他具体要求等。

三、任务分解和签订实施合同

农业技术推广项目实施方案制定后,为了确保农业技术推广项目适时、全面地实施和按时圆满完成各项任务指标,调动每一个相关人员的工作积极性,项目牵头单位和项目主持人要将整个项目任务指标按照工作内容和推广区域进行逐级分解,划分职责范围,明确工作责任,并与各参加单位、协作单位、项目实施单位逐级层层签订项目实施合同。

项目实施合同主要规定项目的技术要求、目标进度、经费预算、任务期限以及双方应承担的责任和义务等,根据合同要求进行考评和奖惩。

一般以招标方式或指定方式确定各级项目承担单位及其推广任务、负责人和参加人员。并根据总体推广实施方案,制定本地区的具体方案或分课题具体方案,使项目达到层层有方案,有专人负责,形成完整的技术管理体系。

四、落实实施方案及监督检查

(一)落实实施方案

根据推广项目实施方案以及项目合同的任务要求,适时地开展项目推广工作,做到任务明确、职责分明、技术规范。

1.适时开展宣传和组织发动

为了使相关部门、单位、领导和广大农民及早了解与认识推广项目的实施意义、推广任务、推广目标和预期实施效果，各级政府和各参与单位，要充分利用广播、电视、报纸、墙报和明白纸等各种宣传工具与手段，宣传推广项目的基本情况，或通过各种会议进行组织发动，从而使推广项目家喻户晓，人人皆知，为项目的推广实施打下基础。

2.进行项目技术培训

项目技术培训的目的是使相关基层领导和农民群众对新技术的适用范围、操作方法、技术要点以及注意事项等有一个全面的了解，以便于农民尽快掌握新技术，并在实际生产中推广应用。在培训方式上，应做到集中培训与分散培训相结合，基础培训与实用培训相结合；在培训时间上，应做到不误农时，使培训与农时季节相结合，与各种会议及其他活动相结合；在培训方法上，应做到因地制宜、因势利导、抓关键、抢时间；在培训效果上，要注重实效，不搞形式主义，以农民真正掌握推广项目的技术为原则。

3.做好项目服务

项目服务包括产前、产中、产后服务。产前服务主要是为农民提供技术、市场和效益等多方面的信息，帮助农民准备推广项目所需的资金、物资；产中服务主要是技术保障及建立项目示范点、建立项目技术档案、搞好技术培训等；产后服务主要是帮助农民疏通流通渠道、推销项目产品等，为农民增收创造有利条件。

4.开展项目技术指导

一项农业新技术的推广，需要一定的时间和过程，有时很难通过一次集中培训就能达到预期的效果。因此，农业技术推广人员还需在集中培训的基础上，利用现场会或亲自到农民田间进行实地技术指导，才能使农民进一步了解项目技术的基本原理，掌握推广项目的操作方法与操作技能，才能真正亲自实施，实现有效推广。

5.做好项目实施记录

项目实施是一个动态过程，为了全面分析、考核、比较、评价推广项目的实施情况和实施效果，必须对整个实施过程进行翔实记录。记录的主要内容包括：项目推广的对象和范围，推广的时间和地点，推广人员和劳动力安排，设备、资金运用情况，项目实施过程中出现的特殊情况，同时完成月度、季度、年度报告。

(二)监督检查

项目实施过程中要加强管理和监督，目的在于促进项目保质、保量、高效地完成。项目计划下达单位和项目领导小组要定期对项目进展情况、经费使用情况等方面进行检查和监督，及时发现和解决项目实施中存在的问题，保证顺利完成各项目标任务。为提高项目实施质量，一般实行年度和中期评估制度，对项目完成情况差或根本未完成计划任务的单位和个人，要通过整改、停止项目或绳之以法等形式进行处理，保证项目资金的合理使用和项目的顺利完成。

1.监督检查的内容

(1)检查项目实施方案落实情况　检查内容包括推广范围、规模、项目推广组织管理措施、推广人员的岗位责任制落实及承担项目的各部门间协作情况等。

(2)检查项目试验、示范田建立情况　检查试验、示范田设计安排是否符合方案要求，各项技术措施落实是否到位，田间技术档案建立情况等。

(3)对推广效果进行评估　即对技术措施实施后的效果检验，预测能否实现项目方案的技术经济指标，及时发现和解决方案执行过程中存在的问题。如发现技术方案不完善的共性问题，应及时反馈、修正等。

(4)及时总结典型经验　在检查过程中，及时发现和总结各承担单位好的推广方法和管理经验。对项目执行有推动作用的典型经验，要及时向整个项目示范区推广。

2. 监督检查的方法

(1)建立定期报告制度　由项目承担单位在项目执行的各个阶段将项目执行情况结合自查进行认真总结，写成专题报告，向项目主持人和管理单位汇报。必要时可召开项目汇报会，总结前一阶段工作，提出下一阶段的指导性意见。

(2)组织项目联合检查　为保证推广目标的实现，在项目执行的关键阶段，由项目管理单位和项目主持人组织有关专家和管理人员深入示范区联合检查，听取技术推广人员的汇报和农民的反映，进行田间实地考察，及时解决项目执行中出现的问题。联合检查结束后，写出专题报告，向项目管理单位和负责人反馈。

阅读材料

玉米、水稻、大豆高产栽培技术集成与推广项目实施方案

按照黑龙江省经济工作会议提出的“科技主要是集中力量，在种子、栽培模式、化肥施用效率以及农业绿色增长模式等方面开展攻关”的总体要求。全面抓好玉米、水稻、大豆高产栽培技术集成与推广项目，落实好各项增产措施，实现项目目标，制定全省玉米、水稻、大豆高产栽培技术集成与推广项目方案。

一、指导思想

以发展现代化大农业和加快推进两大平原综合改革试验区建设为统领，以农业调结构、转方式为目标，用科技为手段，不断创新农技推广工作机制和方法，广泛开展农业“三减”、绿色增长、环境保护、藏粮于地、藏粮于技等技术研究与集成，全方位开展技术培训、技术指导，提高技术到位率，加大重大集成技术推广力度，为黑龙江省粮食提质增效和稳步发展提供坚实的技术支撑。

二、主要目标任务

(一)主推栽培技术模式

在18个玉米主产县开展玉米综合优质高产栽培技术集成与推广。主体技术：130 cm 通透栽培模式、110 cm 密植栽培模式、标准垄密植栽培模式3种方式。各任务承担单位结合本地实际情况采用。主要技术内容为：选用高产耐密抗逆良种、通透密植栽培、110 cm 密植栽培和标准垄密植栽培、配方施肥、病虫草综合防治、生育监测及高新雾化产品促控、全程机械化。每个县建设33.33 hm^2 高标准玉米密植综合高产栽培技术示范区3处。主要开展集成技术展示示范。其中两个示范区，继续开展筛选展示与密植栽培配套、全程机械化相适应的优质耐密抗逆良种；完善建立与大农业发展相适应的现代轮耕技术体系。集成与主推技术配套的精准施肥、高新雾化技术应用、高效病虫草害综合防治技术；开展玉米生长发育适时监测等工作。每个县推广玉米密植综合高产栽培集成技术面积3.333万 hm^2。另一个示范区结合“三减，减

肥、减药、减除草剂”内容，建立“生物菌剂”应用示范展示区，即应用生物菌肥减少化肥示范区。

在26个水稻主产县开展水稻优质高产栽培技术集成与推广。主体技术：大棚钵体旱育机械摆栽；新基质旱育苗栽培；超级稻示范与推广3种方式。各任务承担单位结合本地实际情况采用。主要技术内容为：选用大穗分蘖力强的中晚熟品种、智能化浸种催芽、新基质旱育壮秧、大棚大钵体旱育机械摆栽、秸秆还田、测土配方施肥、节水控灌、“减肥、减药、减除草剂”三减技术、病虫草综合防治、生育监测与调控、全程机械化等技术集成与推广。每个县建设33.33 hm^2高标准水稻技术示范田3处，主要用于筛选展示优质高产水稻良种、新基质旱育苗示范、“三减”技术的试验与示范、集成测土配方施肥、秸秆还田、病虫草害综合防治、全程机械化技术；开展水稻生长发育监测及调控示范等。每个县推广水稻优质高产栽培技术集成技术面积1.333万 hm^2以上。其中一个示范区结合“减肥、减药、减除草剂”三减内容，建立“生物菌剂”应用示范展示区，即应用生物菌肥减少化肥示范区。

在24个大豆主产县开展大豆优质高产栽培技术集成与推广。主体技术：110 cm大垄窄行密植模式；130 cm大垄密植模式；标准垄密植精量播种技术模式；45 cm双条平播密植技术模式四种方式。各任务承担单位结合本地实际情况采用。主要实施技术内容为：科学合理轮作、深松耕整地、选用耐密抗逆良种、精量播种、测土分层施肥、病虫草综合防治、全程机械化。每个县建设33.33 hm^2 高标准密植高产栽培技术示范田3处，主要开展引进与筛选耐密品种；在耕作、轮作等领域探索完善与大农业发展相适应的现代轮耕制度；“三减”技术的试验与示范，集成与主推技术配套的精准施肥、高效病虫草害综合防治技术；开展大豆生长发育适时监测。其中一个示范区结合“减肥、减药、减除草剂”三减内容，建立“生物菌剂”应用示范展示区及应用生物菌肥减少化肥示范区。每个县推广大豆密植高产栽培技术面积2.0万 hm^2。

（二）面积和产量指标

全省粮食作物重点示范推广玉米、水稻、大豆优质高产高效栽培集成技术，其中玉米60万 hm^2，水稻34.67万 hm^2，大豆48万 hm^2。三大作物产量指标：示范区平均单产较当地平均单产提高10%以上，辐射区平均单产较当地平均单产提高6%以上。

（三）工作安排

准备阶段（1—4月）。全省启动重大农业技术推广项目评审，确定项目县市，成立省项目实施领导小组和专家技术指导组，制定项目实施方案和技术方案，组织相关科技人员编写农业技术培训资料，发布技术信息，逐级开展科技培训。

实施阶段（5—9月）。各县（市、区）按照总体方案的要求制定出适合本县（市、区）的具体实施方案，与专业合作社对接，抓好地块配套农机具、物资、资金的落实；生产季节，技术人员按人包片开展技术指导与服务，开展各项试验示范技术研究与集成；举办各种形式的田间博览会、观摩会、立标会；省项目领导小组对各地实施情况进行检查。

验收总结阶段（10—12月）。省项目实施领导小组组织专家对项目区进行测产验收、考核评比、总结、表彰奖励，部署下一年度工作等。

三、推进措施

（一）成立项目领导组织

为进一步推进“重大农业技术推广项目”的实施，成立由省农委主管主任为组长，科教处处长、推广站站长为副组长的领导小组，办公室设在省农委科教处，具体负责组织实施综合协调情况反馈、领导检查。各地也要逐级成立相应的领导小组，切实建立起上下贯通、保障有力的组织领导体系，确保项目顺利开展。

（二）推进技术集成攻关

有效整合现有专业技术力量，组建由省农业技术推广站副站长为组长，省农技推广站各业务骨干、各县（市、区）业务能力强的科技人员为成员的技术指导小组，负责全面技术性工作。制定技术方案、开展专题研究、加快关键核心技术问题的攻关，开展技术咨询指导、技术培训、提出阶段性技术建议、保证技术到位率等。开展农业投入品安全使用的验证和评价工作，向农业生产者推广与主要栽培模式最相适应的农业投入品。

（三）发挥农业专业合作社作用

主要依托各类农业专业合作组织推广重点技术。各县（市）项目区至少有一家大型现代农机专业合作社为支撑，项目实施面积50%以上要由合作社承担，从而充分发发挥专业合作社先进的机械、土地规模和带动作用强的优势，提升技术标准和到位率，加快重点技术集中连片、规模推广。

（四）强化推广体系建设

实施单位要与合作社或种田大户建立紧密合作关系，制定相关运行机制，逐步建立完善农技推广村级服务组织。广泛吸收农业教学科研单位、农业企业等参与推广工作，建立与国家农技推广机构为主导的多方社会力量参与的多元化农技推广服务平台。

（五）抓好高标准示范区建设

强化成果示范效果，打造一流示范展示平台，在整地、播种、作物生育各关键环节，及时召开现场会、观摩会，组织种植大户、广大农民参观学习，增强农民对技术内容的感性认识，继续发挥农业科技园区的示范引领作用，以点带面，示范带动，及时将先进技术转化为生产力。

（六）开展全方位技术培训

创新培训方式，采取集中办班和田间培训相结合，典型启发、能人带动、专家支撑相结合等方式，围绕主体技术对广大农民开展针对性强、务实有效、通俗易懂的培训活动，通过教、引、传、帮、带，培训一批懂技术的行家里手。

（七）加强项目检查与验收

为确保项目实施效果，省农委将组织专家对项目实施情况不定期进行项目检查，同时，秋季进行测产验收，检查与测产结果将作为年终项目评比考核的重要依据。项目实施也实行动态管理。对项目实施好、带动作用强、集成创新贡献突出的单位，在下一年项目安排中优先考虑；对项目执行不力、效果不突出的单位进行淘汰。项目考核结果也将作为全省农业系统先进单位评选的重要依据。

思考题

1. 推广项目实施方案包括哪些主要内容？
2. 如何落实推广项目实施方案？

子项目三　农业技术推广项目总结验收

学习目标

1. 掌握农业技术推广项目总结的要求，能撰写项目技术总结；
2. 熟悉农业技术推广项目验收条件和方法；
3. 了解农业技术推广项目登记、报奖的程序和要求。

一、推广项目总结

农业技术推广项目完成预定目标，应由项目负责人主持对项目执行结果、所取得的技术经济效益、科技推广经验及存在问题等进行全面总结。通过总结项目实施中的经验及存在的问题，不仅可以不断地改进工作，提高技术推广的效益，也有利于检验科技成果，以便更好地反馈，促进新成果的不断涌现。一般每年做好项目年度总结，在项目完成一个段落或结束时，要进行项目实施阶段或全过程总结，并为鉴定和申请报奖提供依据。

（一）项目资料的汇总整理

将项目实施过程中的各种资料、数据按项目内涵进行系统整理和汇总，将试验、示范取得的资料进行数据统计分析，计算出结果。按照农业科技档案管理的有关规定，将汇总整理的资料存档保管。

（二）项目技术经济效益分析

对项目的各项技术经济指标实施结果进行核定，定性指标要有明确的内涵标准，定量指标按规定方法进行检测、调查，进行技术经济分析，作为项目总结验收、报奖的依据。

（三）撰写项目工作报告

项目工作报告是对农业技术推广方法和组织管理方法进行总结的专题报告。推广项目完成的质量如何在很大程度上由项目的工作报告反映出来，因此要认真写好项目工作报告。工作报告的内容包括5个方面：一是项目概况。包括项目来源、起止时间、参加人员、任务要求、指标完成情况等。二是项目推广的组织管理措施。包括建立项目的组织领导体系，建立科技人员岗位责任制，制定项目管理办法等。三是项目推广的方法与手段。包括项目实施中试验、示范网络的建立，围绕项目开展研究的具体方法，技术培训与普及，开展技术承包，方法与手段的创新等。四是项目的配套服务。包括项目实施的政策保证、物资供应、金融服务等。五是分析和建议。指出存在的问题与不足，提出改进意见。

推广工作报告要力求概括性强，内容充实，用数据、事实说明问题。报告一般分为题目、前言、正文、结束语4部分。题目的概括应精练。前言主要介绍推广情况及项目结果，导入正文。正文按报告内容论述，同时进行科学的分析，重点阐明对项目完成起主导作用的措施、做法、经验及存在问题，必要时用典型材料加以说明。结束语是用概括语言结束全文。

(四)撰写项目技术总结

项目技术总结的要求是观点明确、概念清楚、内容充实、重点突出、科学性强。主要包括以下内容:

1. 立项依据和意义

立项依据和意义主要写明项目确立的根据和由来,也就是总结项目的依据是否充分可靠,立项是否正确,是否具有针对性,是哪级推广机构下达的任务,并且阐明项目对发展农业生产和农村经济是否具有积极的作用和重大意义等,从而进一步检验确定项目的准确性和必要性。

2. 项目取得的成绩

项目取得的成绩包括项目实施以来的推广规模、范围、产量水平、增产幅度等。说明是否达到了项目合同规定的指标,执行中有什么发展和突破,取得的经济效益、社会效益和生态效益如何。

3. 项目的主要技术改进

项目的主要技术改进包括要达到预期目标而采取的技术原理是否科学可行,是否紧密结合实际,促进了生产发展。特别要总结项目实施的关键技术及其原理有哪些创新、改革和发展,包括技术路线,技术本身的改进、深化和提高,以及技术的推广应用领域的扩大、推广手段和方法的改进等。

4. 完成项目的工作方法

完成项目的工作方法主要包括建立、健全组织领导机构,坚持试验、示范和以点带面,围绕项目开展研究,抓好技术培训,组织协作攻关,现场考察,交流经验,开展技术服务,搞好技术承包等方面的工作。

5. 对项目的评价和建议

对项目的评价和建议主要是运用重要技术参数同国内外同类技术进行对比,对推广项目进行评价,确定项目重要技术参数的先进地位和程度,以及项目技术的特点、特性。同时,从项目实施情况出发,结合项目技术的科学性和可行性、国民经济发展战略、农业的现状和条件、国家的要求和农民的意愿等方面的因素进行综合分析,提出今后发展前景和建议,包括技术的可行性与应用区域、范围的适应性以及应注意的问题等。

二、推广项目验收

项目完成过程中或完成后,有关科技行政管理机关聘请同行专家,按照规定的形式和程序,对项目完成的质量和水平进行审查、评价并做出相应结论的过程称为验收。验收分阶段性验收和项目完成验收。阶段性验收是对项目中较为明确和独立的实施内容或阶段性计划工作完成情况进行评估,并做出结论的工作,作为项目完成验收的依据;项目完成验收是指对项目计划(或合同)总体任务目标完成情况做出结论的评估工作。项目验收具有正规性、严格性和法定性,是科技管理工作的重要组成部分。

(一)验收条件

1. 阶段验收条件

阶段验收的内容必须是较独立的,或者是年度进展要求比较明确的项目;推广周期较长,内容又具有明显的年度特征。因此,进行阶段验收时,推广单位必须是按计划完成了相对独立的推广内容,或完成了年度进展要求。阶段验收也需要提供比较充分的试验现场和文字资料、样品、样机等能使验收专家评价推广工作的事实材料。只要能够说明推广工作的完成情况,提供验收的材料可不拘一格,因为阶段性验收的结果只是整个项目验收的事实依据材料。

2.项目完成验收条件

推广项目的完成验收,就是对照合同书(或其他有效契约)所规定的推广内容和指标,逐条、逐项地考核、验收。不但考核技术、经济指标完成效率状况,同时也要考核经费使用情况和推广工作的组织及工作效率状况。为了使验收工作顺利进行,推广单位应提前做好以下几方面的准备工作:

(1)推广工作完成情况　进行验收的项目,必须是已经正常完成的项目,异常完成的推广项目不能进行验收。对划分为若干子项或专题的大型项目的验收,必须在各个子项或专题验收的基础上进行。项目验收的目的就是考核农业技术推广单位履行技术合同的情况,通过验收考核,也可以反映出一个单位的推广实力和技术水平,甚至还可以看出一个推广单位管理工作的水平和效率。

(2)研究工作现场和实物　为了使验收工作更直观、准确,推广单位应尽可能提供必要的试验现场,如试验田、示范田、实验室等。对推广结果是产品的项目,还应提供一定量的产品,如样机、样品等。

(3)佐证材料　在农业技术推广工作进行中,一些新技术方法和手段往往可以在扩大试验的阶段应用于某些科技意识强的生产单位。也有一些应用性推广项目,在合同书中就明确规定了必须在一定规模的生产实践中,对试验结果的实用性进行检验,生产应用过程成为推广工作的必要组成部分。因此,应由生产单位或农民对应用该项新技术所产生的效果出具书面材料,这是验收工作的重要辅助材料。推广单位应当在验收之前,将佐证材料征集完毕,要注意凡是涉及经济效益分析的佐证材料,必须经当地财政主管部门或审计主管部门审核,加盖公章后可视为有效。

(4)分析、检测报告　某些农业技术推广项目的指标或标准,必须由国家指定的技术检测部门出具检测报告。例如,兽药制品、农机产品、农作物品种等,都有专门的检测、认定机构。凡属此类内容的推广项目,均应在验收之前做好法定的分析、检测工作,并提出相应的报告单作为技术验收的依据。

(5)经费决算报告　农业技术推广单位对推广经费使用做出决算报告,作为分析经费使用是否合理的证明材料。

(二)验收方法

农业技术推广项目的验收,依据项目内容的不同,可以采用不同的验收方法。现行的基本验收方法有 4 种,即现场验收、会议验收、检测审定验收和网络验收。

1.现场验收

现场验收是指验收专家组通过考查研究工作现场的方式,对承担项目单位的推广工作结果做出是否完成预定计划的评价过程。采用现场验收的项目,往往是推广结果应用性极强的项目。这类推广项目的重点是解决大规模生产中遇到的难题,推广工作中所采用的技术和方法大都是理论依据充分的前人研究结果,推广的目的就是显著提高生产水平。因此,对这类项目的验收，只需要考查其在生产实践中应用的实际效果，采用现场验收的方法可以直观考察研究结果，准确、公正地对推广工作的结果做出评价。

2. 会议验收

会议验收是指验收专家组通过会议的方式，对提交验收的项目进行技术审查和工作审查，依据推广单位提供的有关资料，并结合实地考察或检测，对推广单位的工作结果做出是否完成预定计划的评价过程。通过会议的方式，验收专家们可以对提交的技术材料、采用的方法和技术路线进行科学审查，还可以对推广工作全过程的技术档案进行必要审查，以确定结果的真实性、可靠性。

3. 检测审定验收

许多农业技术推广项目的结果必须要有国家指定的检测、审定机构的认证方可视为合格、有效的结果，例如兽药制品、机械产品和农作物品种等的验收。

4. 网络验收

凡软课题项目，无须看现场的，可邀请有关专家，采用网上查阅资料方式，对项目完成情况的工作报告、研究报告、技术总结及有关模型、模式等进行审评，并写出验收意见。组织验收的单位要将全套资料上网，有关专家查阅评审，组织验收单位收集各位专家的验收意见后，写出综合评审意见，做出验收结论。

(三)验收内容

项目验收内容主要包括以下几个方面：一是项目合同中确定的目标与技术指标达到的情况。二是项目合同中确定的生产规模、主要经济指标及经济效益的实际完成情况。三是社会效益与生态效益情况。四是项目承担单位履行合同的情况，经费开支与偿还情况。五是项目是否具备示范扩散条件，是否提出了示范扩散计划。六是项目牵涉到的各部门、各单位的配合、协作情况，人力、财力、物力的结合情况。七是提交验收的技术数据资料和档案是否齐全、翔实、完整、真实可靠，实施记录和报告是否系统、实用。

三、成果登记与报奖

(一)成果登记

为了促进农业技术成果的推广应用，发挥出科学技术的巨大潜力和投资效益，国家科技部和各省、自治区、直辖市成果管理机构都实行了科技成果登记制度。该制度要求成果完成单位将通过专家鉴定或验收的重大成果及时公布，以促进成果转化；取得成果优先权，有利于今后成果的产权归属和成果报奖。科技成果必须同时具备新颖性、先进性和实用性 3 个特点，缺一不可，成果管理机构将已经登记的科技成果定期汇编成科技成果公报向全社会公布，强化科技成果的宣传与报道，促进科技成果向生产力的转化。成果主要包括：通过审定的植物新品种、通过鉴定的新技术、发布的标准(行标、地标)、授权的专利等。成果登记实施各类科技计划项目(含专项)产生的科技成果应当登记，非财政投入产生的科技成果自愿登记，涉及国家秘密的科技成果执行国家有关规定。

1. 成果登记的条件

(1)经过合法的成果鉴定或验收过程　通过了鉴定(验收)专家组的审核并有明确的鉴定

结论或验收意见，该结论得到了组织鉴定(验收)单位和主持单位的同意。

(2)技术先进，应用广泛　成果的技术水平至少应达到国内领先水平，或者是具有广泛的应用前景，并能带来巨大的经济效益。

(3)成果的技术资料齐全　进行登记的科技成果必须提供鉴定(验收)的全部技术资料，即研究工作报告、技术报告、国内外技术水平对比情况报告、查新报告、应用前景和经济效益分析报告及论文专著等附件。

2. 成果登记的程序

成果完成单位的科技管理部门应根据国家成果管理机构制定的成果登记条例，对完成鉴定(验收)的科技成果进行审查，将符合登记条件的科技成果挑选出来，并按照科技成果登记的要求准备技术资料。登记准备：①技术评价证明，例如品种审定证书、鉴定证书、专利证书、验收报告等；②应用证明，例如法定部门的证明材料等；③其他证明，例如论文文献等。推广单位持成果登记报表和成果登记所要求的全套技术资料，在对口的科技成果管理系统进行登记和填报。

(二)申请报奖

农业技术推广项目通过验收鉴定之后，就可以向有关成果管理部门申请报奖。根据有关规定，目前我国农业技术推广成果主要是申报国家级、省级和地市级科学技术进步奖。承担农业部或省级“丰收计划”项目的，可向农业部或省农业行政管理部门申报农业丰收奖。

1. 申请报奖的条件

(1)部级一等奖　凡推广国内已经取得的农业科技成果，推广时间在3年以上，在推广中对原成果的技术水平或工艺方法等方面有显著改进或创新，推广方法先进，并在推广中形成一整套的配套技术。其配套技术对推广先进农业科技成果有重要的促进作用，使推广范围超出一个省或某一特产作物的特定产区，产量提高10%以上，成本降低5%以上，取得了重大的经济效益和社会效益。

(2)部级二、三等奖　对一等奖所要求的条件适当放宽。

(3)其他　在推广已有的科学技术成果工作中，做出了创造性贡献，或在某些方面取得了突破性的进展，并获得了重大经济效益和社会效益的，可以申报国家级科学技术进步奖。

申报地方科学技术进步奖，可按当地要求进行。

2. 申请报奖需要的材料

①科学技术进步奖申报书。②项目验收鉴定证书。③推广项目总结报告。④应用证明，法定部门的证明材料，其中经济效益证明须加盖行政财务印章。⑤其他证明等材料。

报奖的主体材料是项目总结报告，主要对项目推广情况、效果以及主要技术在推广过程中的改进和创新等方面进行全面总结。如果推广项目在某一方面有重大改进或发展，且受总结报告的篇幅限制，不能充分表达时，可以单方面自成材料，以突出成绩和特点。

3. 申请报奖的程序和要求

申报农业部科技进步奖，必须按以下程序和要求进行。

第一，省、自治区、直辖市及省、自治区、直辖市农业厅(局)所属，或地方与农业部双重领导的推广单位，其申请报奖成果归省、自治区、直辖市农业厅(局)统一管理，主管厅(局)进行审评后，将符合部级奖励条件的成果报农业部科技司。

第二，农业农村部直属推广单位，可将本单位申请报奖的成果直接报农业农村部科技司。

第三，对完成非主管部门委托任务所取得的成果除按上述规定报送外，还应同时抄报任务委托单位。

第四，几个单位共同完成的推广成果，由项目主持单位会同参加单位协商一致后，按上述规定申请报奖。但其中部分推广成果是一个单位单独完成的，并可在生产上单独应用的，经协作项目主持单位同意后，也可以单独向归口部门申请报奖，但不得参与总项目重复报奖。协作推广项目的报奖必须有正式的技术推广合同书，明确推广内容、时间、参加人数、参加单位、主持或牵头单位、项目主持人以及其他有关事项。

第五，农业农村部部级科技进步奖申报日期截至当年 3 月底，逾期上报的当年不能参加评奖。

第六，报奖者按要求从网上下载推荐系统并准备报奖所需材料，所需材料必须认真填写打印成文并加盖公章。报奖材料要求成果鉴定书、推广项目总结报告、经济效益证明材料一式 4 份，申报书一式 40 份。申报书是报奖的关键材料，也是评奖的主要依据，申报书必须按照《农业部部级科学技术进步奖申报书》填写说明认真填写。

第七，报奖单位必须在报送项目成果的同时交纳评审费，通过银行汇到科技成果管理单位。

思考题

1. 推广项目验收方法有哪些？
2. 推广成果登记的条件和程序如何？

实训一　编制农业技术推广项目计划

一、目的要求

通过广泛的农村社会调查，分析农业、农村经济发展、产业结构调整现状，了解农民生产、生活需要，根据农业、农村经济发展总体规划，选择一项适用的农业技术推广项目，编制出农业技术推广项目计划。

二、方法步骤

以一个县(市)或乡(镇)为对象，以学生个体为单位，通过农村调查选择出推广项目，编制出农业技术推广项目计划。

(一)农村社会调查

拟订调查提纲，按照调查提纲要求有计划、有步骤地进行调查，调查的主要内容有：

1. 农村基本情况

了解本县(市)或乡(镇)的自然条件、生产条件、经济条件，农民生产、生活现状，农业技术应用状况、农业生产主要技术制约因素等。

2. 农村、农民需要

了解农民的生产、生活需要，农村经济发展需要，农村社会发展需要和市场需要。

(二)选择推广项目

在广泛进行农村社会调查的基础上，按照选择推广项目的原则，对农业科技成果的技术先进性、适应性、经济合理性等方面进行综合评价后，确定要推广的农业新技术项目。

(三)编制农业技术推广项目计划

1. 确定推广规模与范围

根据推广项目的适用范围和推广技术力量，确定推广的规模与范围。

2. 确定推广目标

制定推广项目目标应从实际出发，结合本地生产发展、科技发展状况，提出符合客观条件和促进发展的目标。具体包括经济效益指标、推广教育效果指标、社会效益指标和生态效益指标等。

3. 编制推广项目计划

根据推广项目目标要求，编制农业技术推广项目计划。农业技术推广项目计划的内容主要包括：项目名称、主要技术内容、技术指标、经济效益、社会效益、生态效益、承担单位、人员及协作单位、完成时间、经费概算等。

编制计划时，要形成2～3个不同的草案，然后从不同的草案中进行优选，选择出最优的项目计划。

三、实训作业

根据农村社会调查情况，选择一项适用的农业技术推广项目，编制出实施年限为2～3年的农业技术推广项目计划。

实训二　编制推广项目可行性研究报告

一、目的要求

了解农业技术推广项目选择确定过程中编制可行性研究报告的作用，掌握项目可行性研究报告的内容与编制要求，能在教师指导下编制出合格的推广项目可行性研究报告，为推广项目确定提供依据。

二、方法步骤

根据农村社会调查情况选择的农业技术推广项目，或教师提供的推广项目内容，每人编制一份推广项目可行性研究报告。项目可行性研究报告的内容包括以下几方面：

(一)综述

1.项目申请概述

项目申请概述包括项目的核心内容与技术，项目在农业生产中的主要作用及应用范围，预期的总体效果等。

2.项目预期目标

(1)总体目标 包括项目实施期的总体工作内容、推广的区域与范围等，实施项目要达到的主要技术与性能指标，实施项目可获得的经济效益、社会效益、生态效益等。

(2)阶段目标 在项目实施期内每一阶段应达到的具体目标，包括推广的范围，推广进度，技术应用效果，试验、示范的规模等。

(二)项目技术分析

项目技术分析主要分析项目应用技术的先进性、成熟性、适应性、需求性、承受性等，阐述项目实施在农村经济、农业生产中主要解决的问题，推广项目实施后技术经济指标发生的变化，项目技术来源，实施过程中的技术改进等。

(三)项目实施方案

1.项目内容与技术路线

介绍项目具体内容，实施项目采取的技术路线与技术方案。

2.项目实施方案论述

重点说明项目推广的区域与规模，项目承担单位及其具体工作任务分工，介绍实施项目具备的条件、项目实施所需的相关条件及其准备情况等。

3.项目的市场前景分析

说明推广项目实施中科技成果转化在农村经济、农业生产发展方面的功效，项目产品的市场需求预测及项目产品的市场竞争力。

4.项目资金预算与筹措

根据推广项目实施的内容与目标，估算项目实施过程中所需资金的额度，阐明资金来源、筹措方法及主要使用方向。

5.项目实施的风险评价

对项目实施的风险性及不确定因素进行分析，提出降低风险的措施。

6.项目实施计划

说明项目实施中各项工作的进度安排，明确提出完成各项工作预计所需时间及达到的阶段目标。

(四)项目预期效益分析

1.经济效益分析

经济效益分析含分析预测推广项目实施对农村经济、农业生产的影响，列出定性、定量指标，预测经济效益。

2. 社会效益分析

社会效益分析含分析预测推广项目实施对农业、农村经济结构的影响，对提高农业产业化水平的影响，对提高农产品市场竞争力的影响，对增加农民收入、改善农民生活、提高农民素质的影响等。

3. 生态效益分析

生态效益分析含分析预测推广项目实施对合理利用自然资源的影响，对改善农业生态环境的影响，对提高生态效益的影响等。

4. 项目推广应用分析

项目推广应用分析含预测项目推广应用的领域与范围，科技成果的转化速率等。

(五)项目支撑条件分析

1. 承担单位情况

说明项目承担单位的基本情况，从事农业科技成果转化的业绩，推广服务队伍的情况，与本项目相关的技术储备情况等。

2. 项目主持人情况

主要包括学历、所学专业、主要工作经历、技术专长和工作业绩等。

3. 合作单位情况

简述推广项目合作单位在本项目相关领域已取得的阶段成果，与本项目推广相关的条件和优势等。

(六)可行性研究报告编制说明

可行性研究报告编制单位名称、基本情况、负责人、联系电话等；可行性研究报告编制者姓名、年龄、学历、所学专业、职务、职称等。

三、实训作业

根据选择的农业技术推广项目，或教师提供的推广项目内容，在认真讨论的基础上，每人编制一份推广项目可行性研究报告。

实训三　农业技术推广项目总结

一、目的要求

通过对推广项目的实施过程和结果进行总结，进一步明确农业技术推广项目实施和总结的要求，正确进行项目资料的收集、整理和分析，撰写出观点明确、内容充实、重点突出、科学性强、具有指导意义的推广项目技术总结。

二、方法步骤

农业技术推广项目完成预定目标后，应由项目负责人主持对项目实施结果、所取得的技术经济效益、推广经验及存在问题等进行全面总结。

(一)项目资料汇总整理

将项目实施过程中的各种资料、数据按项目内涵进行系统整理和汇总，对试验、示范取得的资料进行数理统计分析，计算出结果。

(二)项目技术经济效益分析

对项目的各项技术经济指标实施结果进行核定。定性指标按内涵标准进行定性分析；定量指标按规定方法进行检测、分析，作为项目技术总结的依据。

(三)撰写项目技术总结

1.项目技术总结的内容

项目技术总结的总体要求是观点明确、概念清楚、内容充实、重点突出、科学性强。为了达到这一要求，项目技术总结应突出以下几方面的内容：

(1)立项的依据和意义　主要阐述推广项目确立的依据和由来，即总结项目的依据是否充分和可靠，立项是否正确，针对性是否较强，项目是否对农业生产和农村的商品经济具有积极的作用和重大意义等，以便进一步检验确定项目的准确性和必要性。

(2)项目取得的成绩　指自项目实施以来，在推广规模、范围、产量水平、增产幅度等方面是否达到项目合同规定的指标，有何重大发现和突破，取得的经济效益、社会效益和生态效益等。

(3)项目的主要技术　指项目实施中所采取的技术路线和原理是否科学和可行，以及有何创新、改革和发展。包括技术开发路线，技术本身的改进、深化和提高，以及技术的推广应用领域的扩大等。

(4)项目实施的工作方法　包括项目实施的组织领导机构，试验、示范、培训、协作、物资保障、信贷支持、现场考察、经验交流、技术服务、技术承包等实施方法。

(5)项目分析和建议　运用重要技术参数同国内外同类技术进行比较，并进行综合分析，以说明立项的重要技术参数的先进地位和程度、项目技术的特点和特征；根据项目实施的实际情况，项目技术的科学性和可行性，国家经济发展战略，农业的现状、条件与将来发展趋势，农民的意愿等因素进行综合分析，提出对项目的改进意见及今后确定推广项目的建议。

2.项目技术总结的格式

项目技术总结报告一般分为题目、前言、正文、结束语 4 部分。

(1)题目　点明技术总结的主题，要全面反映总结的内容。

(2)前言　是技术总结的开头，叙述项目的来源、立题依据及其意义。前言要求语言简练，概括性强。

(3)正文　是技术总结的主体，重点阐述项目的推广情况和成果、项目推广的主要方法和手段、项目的主要技术及创新点、项目的评价及发展前景、主要经验和体会等。正文的结构要根据内容拟出若干小标题分别叙述。

(4)结束语　与前言相呼应，提出项目继续推广的建议及应注意的问题，文字叙述尽可能简练。

三、实训作业

根据教师提供的农业技术推广项目实施的背景资料，进行资料整理、讨论分析，每人撰写一篇农业技术推广项目总结。

学生自测

一、填空题

1. 农业技术推广项目计划是依据________、________、________和________编制的。

2. 农业技术推广项目指标包括________、________、________和________。

3. 农业技术推广项目验收的方法有________、________、________和________。

4. 农业技术推广项目具有________、________和________的特点。

5. 农业技术推广项目实施过程中监督检查的方法有________和________。

6. 选择农业技术推广项目的方法有________、________、________和________。

二、判断题

1. 农业技术推广项目计划的制定一般有一个自下而上或自上而下，上下反复的过程。（　　）

2. 农业技术推广项目确定之后搞好项目总结是完成项目任务的关键和重要保证。（　　）

3. 编制农业技术推广项目计划时，应在项目分析的基础上确定推广目标，再编制推广项目计划。（　　）

4. 在农业技术推广项目来源中，农民的先进经验占主导地位。（　　）

5. 当农民的需要、社会的需要、市场的需要和专家的意见不一致时，应优先满足社会的需要。（　　）

6. 项目阶段验收提供验收的材料可不拘一格，因为阶段性验收的结果只是整个项目验收的事实依据材料。（　　）

7. 目前我国农业技术推广成果申报奖励主要是申报科技发明奖。（　　）

三、单项选择题

1. 农业技术推广管理的核心是（　　）。

A. 资金管理　　B. 物资管理　　C. 档案管理　　D. 人员管理

2. 实施农业技术推广项目的组织保证是（　　）。

A. 建立实施机构　　B. 制定实施方案

C. 落实实施方案　　D. 监督检查

3.（　　）是一种为有效执行项目计划而安排的活动概要。

A. 推广项目计划　　B. 实施合同

C. 可行性研究报告　　D. 实施方案

4. 编制项目计划时，从几个不同的草案中选出最佳的方案，这一过程称为（　　）。

A. 比较分析　　B. 优选决策　　C. 民主决策　　D. 调查分析

5. 在项目完成过程中或完成后，按照规定的形式和程序，对项目完成的质量和水平进行审查、评价并做出相应结论的过程称为（　　）。

A. 项目确定　　B. 项目总结　　C. 项目验收　　D. 成果登记

6. 农业技术推广项目评估、论证主要以(　　)形式进行。

A. 会议　　B. 通信　　C. 网络　　D. 参观

四、多项选择题

1. 编制农业技术推广项目计划的条件包括(　　)。

A. 技术的适应性　　B. 农民的接受程度

C. 支农服务的可能性　　D. 推广机构自身的条件

2. 申报农业科技进步奖需要提供的材料有(　　)。

A. 科学技术进步奖申报书　　B. 项目验收鉴定证书

C. 推广项目总结报告　　D. 有关证明材料

3. 申请农业技术推广项目需要提供的材料包括(　　)。

A. 项目合同书　　B. 推广项目申报书

C. 成果鉴定书　　D. 项目简介

4. 推广项目实施机构包括(　　)。

A. 行政领导小组　　B. 技术指导小组

C. 项目协作组　　D. 监督检查组

五、简答题

1. 选择推广项目的原则有哪些?

2. 如何做好农业技术推广项目实施工作?

3. 如何进行农业技术推广项目总结?

4. 农业技术推广项目验收的条件和内容有哪些?

六、绘制推广项目实施思维导图

项目三　试验、示范与技术培训

2020 年 10 月 29 日，农业农村部引领性技术“蔬菜规模化生产人机智能协作技术”展示交流活动在北京小汤山国家现代农业科技示范展示基地举行。

“蔬菜规模化生产人机智能协作技术”由全国农业技术推广服务中心、北京农业信息技术研究中心牵头，依托小汤山国家现代农业科技示范展示基地，针对蔬菜规模化生产的耕整地、播种/育苗、移栽、植保、灌溉施肥、收获全环节智能化管理与作业需求，构建了以卫星、雷达、无人机、传感器等为载体的天、空、地立体化监测传感网络，打造了人机智能协作智慧大脑，研发了无人智慧农机作业集群，建立了蔬菜规模化生产人机智能协作技术解决方案。通过该技术，能够减少人工投入成本 55%，平均减少水、肥、药施用量 25.4%、31.2%、70.5%，露地蔬菜亩均节本增效 112 元，设施蔬菜亩均节本增效 220 元。

在活动现场，技术人员只需拿出手机，就可以下达指令安排无人收获机械进行露地甘蓝无人化采收作业。在设施农业区域，参加活动代表学习了袖珍西瓜绿色高效种植技术，观摩了 beta 狗农业机器人、风送式水田侧深精准施肥试验台、大型步入式环境实验箱等智慧农业的新技术、新装备。

近年来，农业农村部每年遴选发布 10 大绿色增产、节本增效、生态环保、质量安全的引领性技术，组织部属单位组建产、学、研一体化联合体，加强技术集成熟化与组装配套。下一步，将继续打造引领性技术集成示范这个“金字招牌”，充分发挥国家现代农业科技示范展示基地的载体作用，推动两项工作协同发展、互融互促，合力打造农业科技成果转化示范的先行区、农业先进适用技术的展示窗口、农技指导服务和农民教育培训的高效平台，为农业高质量发展提供更为有力的科技支撑。

子项目一　试验

学习目标

1. 了解农业技术推广试验的种类和基本要求；
2. 掌握试验的误差来源及控制途径；
3. 掌握试验设计的基本原则，能独立进行试验设计；
4. 掌握制订试验计划的方法，能正确实施试验。

农业科技成果是在特定的自然条件、生产条件和经济条件下形成的，具有很强的生态区域性，这就使得农业科技成果的通用性受到限制。因此，农业科技成果在推广前必须进行试验，以验证科技成果的真实性，探讨科技成果在拟推广地区的可行性、适应范围，并且在生产实际中把多项技术进行改进、改型及综合配套，使新的科技成果能够合理地应用和推广，发挥其在农业上的增产作用。

一、推广试验的类型

由于试验规模有大有小，时间有长有短，涉及的因素有多有少，因而有多种分类方法。按因素多少可分为单因子、多因子或综合试验。按时间可分为一年或多年试验。按小区大小可分为小区和大区试验。按试验的性质划分，一般可分为适应性试验、开发性试验和综合性试验三类。

(一)技术适应性试验

技术适应性试验是将国内外科研单位的研究成果，或外地农民群众在生产实践中总结出的经验成果，引入本地区、本单位后，在较小规模上进行的试验。适应性试验的主要目的是观测检验新技术成果在本地区的适应性和推广价值。

任何一项新技术、新成果、新经验都有其产生和推广的条件，因而不能盲目地引进推广。即使通过认真的常识性分析，从生态、生产各方面判断估计，认为这些新技术、新成果、新经验在当地有可能增产增收，也不等于完全有把握。因为拟引进的技术成果，不论是出自权威科研机构，还是由农民创造的，其信息都是通过书报、杂志、广播、电视等新闻媒体，或是会议介绍、短期考察等渠道获得的。这些技术成果对于农业技术推广人员来说都是间接的经验，缺乏感性认识，理解不深，技术要点掌握不准，不经试验就大规模推广，常常会发生各种各样的问题，不仅会影响新技术的实际效果，有时还会造成严重损失，挫伤农民采纳新技术的积极性。

为了缩短推广周期，提高推广效率，适应性试验往往与简单的开发性试验结合进行。例如，某单位从外地引进一个新的水稻品种，可按简单的对比试验设计，与当地推广的1～2个主栽品种进行对比试验。这样既可以观察新品种抗冷性、抗病性、抗倒性、成熟期等在当地的适应性，又可在对比试验中获得该品种的增产效果。

技术适应性试验一般可在较小的规模下完成，并与当地主推技术做简单的因子对比。当引进新品种、新技术的产生地与拟推广地区在气候、土壤等生态因素相差较小时，经验丰富的技术推广人员可以直接进行开发性试验；而当引进新技术、新品种与当地生态、生产条件相差较大时，必须在完成一个生命周期适应性试验的基础上，再进行开发性试验和规模较大的生产试验。

技术适应性试验的规模可适当加大，生产试验(或中间试验)就是放大的适应性试验。因为采用小区做适应性试验时，虽然可鉴别生态适应性，但是它的实施条件一般比较优越，所获得的数据往往与大规模生产存在一定的差距。而生产试验不仅面积较大，而且基础条件、管理技术等条件与生产相接近，更能反映新品种、新技术的可靠性和可行性。例如，一个从外省引进的优良新品种，必须经过省种子管理部门统一组织的区域试验2年，然后推荐进行生产试验一年，才可审定推广。通过多年多点的区域性生产试验，基本可以掌握每个参试新品系(种)的生态适应范围、生产适应性和稳定性，并可从各个品系的对比中鉴别出增产效果。

生产试验虽然能更好地反映某技术成果的适应性效果，并兼有示范的作用，但在推广实践中，对新引进技术成果一般不采用这种试验形式，因为新技术成果具有不稳定性，如果试验规模较大，往往会带来较多的损失。所以仍以小区适应性试验→小区开发性试验→生产示范的形式为主。

(二)开发性试验

开发性试验是指对于某些引进的新技术、新成果，进行探讨性的改进试验，以寻求该项新技术成果在本地最佳实施方案，使其更符合当地的生产实际，技术的经济效益得到更充分发挥。

开发性试验是理论联系实际，对原有技术成果进行改进创新的重要过程。例如，一个新引进的作物品种，通过适应性试验仅可验证它在生育期、抗性、成熟期等方面，是否与当地的光照、温度、降水量和分布情况及耕作制度相适应。而这个品种在本地区的最佳播种期、种植密度、最适宜的行株距，以及肥料最佳施用量、施用时期等并不清楚，必须做一些单因素多水平或多因素多水平的因子试验，寻找出在当地种植的最佳技术参数，以修正或改进原育种单位在特定条件下所获得的推荐参数。开发性试验是技术推广工作中常见的也是最多的试验，如肥料的施用时期、施用数量、施用方法试验，新农药或植物生长调节剂的施用浓度、喷洒时期、施用方法试验，设施栽培中的温度控制试验，养殖业中的放养密度、饲料配比试验等均属于开发性试验。开发性试验多采用单因素多水平或多因素多水平的设计方法。

(三)综合性试验

综合性试验从理论上讲也是一种多因素试验，但与多因素试验的不同在于，试验所涉及因素的各水平不构成平衡的处理组合，而是将若干因素已知的最佳水平组合在一起作为试验处理。实际上，综合性试验就是以第一目标为主线，将多个相关内容的技术成果组装集成。

综合性试验的目的在于探讨一系列相关因素某些处理组合的综合作用，它不研究也不能研究个别因素的独立效应和各因素间的交互作用。所以，这类试验必须在起主导作用的若干因素及其交互作用已经基本清楚的基础上才能进行。选择一种或多种综合性试验作为新的技术处理，以当地传统技术作对照，对迅速推广某些组装配套技术，具有良好的比较分析效果。

二、试验基本要求

1. 试验目的明确

农业技术推广试验的主要目的是要考察科技成果在本地区的适应性、先进性、实用价值和经济效益，如果有必要还要根据本地区的条件对科技成果进行技术改进。在进行试验时，要紧紧围绕这个目的来制定试验方案，并且对试验过程中可能出现的问题及应采取的措施要有预见性，对试验的预期结果和在生产中的作用要心中有数。

2. 试验条件和材料有代表性

试验条件的代表性是指试验条件要能代表该项科技成果拟推广地区的自然条件(气候、地势、土壤质地等)、生产条件(土壤肥力、耕作制度、施肥水平、排灌条件、机械化程度、生产者技术水平等)和经济条件，只有这样，才能真正反映科技成果在拟推广地区实际生产中的表现，才有利于科技成果的推广应用。试验材料的代表性是指试验所用的一切材料一定要能代表所引入的科技成果，如品种、肥料、农药、林果、苗木等。

3.试验结果准确可靠

试验结果的可靠性关系到新引入的科技成果在本地区表现结果的真实性。如果结果可靠，则真实地反映了该科技成果的表现，根据这个结果就能做出正确的推广决策；如果结果不可靠，则不能真实地反映该科技成果的表现，根据这个结果就可能做出错误的推广决策。

为了使试验结果可靠，在试验的全过程中，必须尽最大努力准确地执行各项技术措施，力求避免发生人为的错误，特别要注意试验的“唯一差异”原则，提高试验的准确度和精确度。

4.试验结果具有重演性

试验结果的重演性是指在相同条件下，重复进行该试验时，应能重复获得与原试验相类似的结果。这对于推广农业科技成果极为重要，特别是在种植业田间试验中，不仅农作物本身有变异，而且环境条件更是复杂多变，不同地区、不同年份进行的相同试验得到的结果往往不同，这与地区间或年份间自然环境条件的变化有关，也可能与原试验不够准确或缺乏代表性有关。

为了保证试验结果能够重演，首先要明确地设定试验条件，正确地实施试验，做好各项记录，以便于重复试验时设定相同的试验条件；其次应将试验在多种试验条件下进行，即进行多年多点试验。例如，品种区域试验常进行2～3年的多点试验，以了解品种在不同年份和不同地区的真实表现，使品种推广后能与原来的试验结果一致。

三、试验设计与误差控制

(一)试验误差来源及控制途径

在试验中由于诸多因素的影响，使通过试验所获得的观测值中除包含有理论真值外，还包含有试验误差，误差的大小决定着实际观测值的准确度和精确度，直接影响着试验结果的可靠性。虽然试验误差是客观存在的，但只要仔细分析试验误差的可能来源，就可以设法控制和降低试验误差。

1.试验误差来源

(1)试验材料固有的差异　在试验中各处理的供试材料在遗传和生长发育状况上存在差异。如供试材料的基因型不一致，种子生活力有差异，试验用秧苗大小、壮弱不一致，供试肥料或农药的有效成分不一致等，都可能造成试验误差。

(2)操作和管理不一致引起的差异　试验过程中对各处理进行栽培管理和结果调查时操作上存在差异，会导致误差产生。例如，播前整地、施肥不一致及播种时播种深浅不一致，在作物生长发育过程中田间管理包括中耕、锄草、灌水、追肥、防治病虫害及使用除草剂、植物生长调节剂等完成时间及操作标准不一致，收获、脱粒时操作质量不一致，观测记载时测定时间、标准、人员、仪器等不一致，都会引起误差。

(3)外界环境条件的差异　试验是在一定的自然环境条件下进行的，各处理所处的环境条件存在差异，会导致误差产生。特别是在种植业田间试验中，试验地的土壤肥力差异是最主要、最经常的误差来源，也是最难以控制的误差来源。其他如病虫害侵袭、人畜践踏、狂风冰雹等一些偶然因素的影响也会导致误差的产生。

2.控制试验误差的途径

对于试验材料固有的差异所引起的误差，可以选择同质的试验材料加以控制。在试验中如果采用直播，应严格要求所使用的种子的基因型同质一致；如果采用育苗移栽，应尽量选用生长势一致的幼苗进行移栽，若秧苗的大小、壮弱一不致，可按大小、壮弱分批移栽，然后将同一规格的秧苗安排在同一区组的各小区内，或者将各批秧苗按比例混合分配于各小区内，从而减少试验材料造成的差异。

对于试验过程中操作和管理不一致所引起的误差，可通过改进操作和管理技术，使之标准化来进行控制。总的原则是：操作要仔细，各种操作尽可能做到完全一致，一切管理操作、观察测量、数据收集都应以区组为单位进行，以减少可能发生的差异。例如，整个试验的某项操作如果不能在 1 d 内完成，则至少要完成一个区组内所有小区的操作。这样，各处理间如果有差异，也会由区组的划分而得以控制。进行操作的人员不同也会使相同的技术发生差异。如施肥、喷药或调查记载等，会因个人的操作方法或观测标准不同而造成差异。因此，如果有几人同时操作，最好一人完成一个或几个区组，而不宜分派两个以上的人到同一区组进行操作。

对于外界环境条件的差异所引起的误差，可通过控制外界主要因素来进行控制。在引起误差的外界因素中，土壤肥力差异是最主要的误差来源，如果能控制土壤差异而减少土壤差异对处理的影响，就可以有效地降低误差，提高试验的精确度。对于土壤差异可采用以下 3 种措施来控制：一是选择肥力均匀的地块作为试验地；二是采用合理的小区技术；三是应用良好的试验设计和相应的统计分析方法。

(二)试验设计的基本原则

进行试验设计的目的在于降低试验误差，提高试验的精确度，使推广人员能从所开展的试验结果中获得准确的处理平均数和误差的估计值，从而能进行正确而有效的比较，得出正确的结论。为了有效地控制和降低试验误差，试验设计必须遵循以下 4 项基本原则。

1. 重复原则

重复是指在试验中同一处理设置的小区数。如每一处理设置一个小区，则为一次重复；每一处理设置 4 个小区，则为 4 次重复。

重复的作用有两个，第一是降低试验误差，提高试验的精确度。数理统计学已经证明：误差的大小与重复次数的平方根成反比，即重复次数越多则误差越小。另外，通过重复也能更准确地估计处理效应，因为试验只有一个小区，所得到的数据容易受到特别高或特别低的土壤肥力影响，而增加重复次数后，使同一处理的小区数目增加，这样就避免了上述问题的出现，使所估计的处理效应更为可靠，使处理间的比较更为有效。第二是估计试验误差。试验误差是客观存在的，而且可以通过同一处理的几个重复小区间的差异估算出来。如果试验只有一次重复，则同一处理将只有一个观测值，无法求得差异，也就无法估计误差。

需要注意的是并非重复次数越多越好。因为当重复次数超过一定范围时，误差减小得很慢，精确度的增进也不明显，而试验耗费的人、财、物却会大大增加，所以重复次数过多并不经济。一般来说，小区面积较小的试验通常可重复 3～6 次，小区面积较大的试验可重复 2～4 次；生产性示范试验重复 2 次即可，最好能由多点联合试验，对产量进行综合计算和分析。

2. 随机原则

随机是指同一处重复内的每一处理都有同等的机会设置在任何一个小区上。设置重复提供了估计误差的条件，但是为了获得无偏的试验误差估计值，就需要试验中的每一个处理都有同等机会设置在任何一个试验小区上，只有随机排列才能满足这个要求。因而用随机与重复结果就能为试验提供无偏的试验误差估计值。一般在试验中对小区进行随机排列，可采用抽签法或随机数字表法。

3. 局部控制原则

局部控制就是分范围、分地段地控制非处理因素，使非处理因素对同一重复内各处理的影响趋于最大限度地一致。要做到这一点，就需要将整个试验环境分成若干个相对一致的小环境，再在这些小环境内设置成套的处理，这样划分出的每一个小环境称为一个区组。划分区组时总的原则是：要保证同一区组内的非处理因素尽量一致，不同区组间的非处理因素可以有差异。这样做可以保证每个区组内的各处理处于相对一致的试验环境下，而不同区组间的差异又可以采用适当的统计方法加以区分，因此采用局部控制可以有效地降低试验误差，提高试验精确度。

实施局部控制时，应根据具体情况来划分区组。如果日期(时间)变动会影响试验结果，就以试验日期(时间)划分为区组；如果试验空间会影响试验结果，就以试验空间划分为区组；如果全部试验使用几台同型号的仪器或设备，考虑仪器或设备间差异的影响，可以把仪器或设备划分为区组；如果试验由若干人员进行操作，考虑他们的操作技术、固有习惯等方面的差异，可以把操作人员划分为区组。

4. 唯一差异原则

唯一差异原则又称单一差异原则，是指试验的各处理间只允许存在比较因素之间的差异，其他非处理因素应尽可能保持一致。例如，大豆叶面喷施磷酸二氢钾试验，不能只设喷与不喷2个处理，因为两处理之间除了磷酸二氢钾之外，还有清水的影响。正确的设计应是：不喷施、喷施等量的清水和喷施适宜浓度的磷酸二氢钾溶液。若不清楚最佳浓度，可设几种不同浓度，并将每一种浓度作为一个处理。因为农业生产中植物、动物生长发育及产量形成受多种因素的影响，若不遵循唯一差异原则，2种处理间虽然存在很大的差异，但这种差异是受何种因素影响而引起的，则无法判断。只有遵循唯一差异原则进行试验，才能将一个或几个因素对某一指标性状的影响效益分离出来。在推广的适应性试验和开发性试验中，一般需遵循唯一差异原则，而综合性试验则可例外。

采用上述重复、随机、局部控制和唯一差异原则而做出的试验设计，配合应用适当的统计分析方法，就可以既准确地估计出试验处理效应，又能获得无偏、最小的试验误差估计值，进而对于所进行的各处理间的比较能做出可靠的结论。

(三)常用试验设计方法

1. 两处理相比较的试验设计

在农业技术推广试验中，只有2个处理的试验是经常遇到的试验。如引进一项新技术或一个新品种，与当地原有的技术或品种进行比较，试验中只有2个处理：一个是新技术或新品种，另一个是原技术或原品种为对照。根据试验设计不同，2个处理相比较的试验设计又可分为成组设计和成对设计2种。

(1)2个处理相比较的成组试验设计　将供试的试验材料随机地分为2组，其中的一组给予A处理，另外一组给予B处理，2组试验材料彼此独立，2组内的试验材料数量可以相等也可以不相等。按照这种方法所设计的试验，即为2处理相比较的成组试验设计。例如，喷施植物生长调节剂试验，如果所喷施的生长调节剂只有一个浓度，以喷清水为对照，则喷施生长调节剂为一组，喷清水为另一组，分别观察喷施后作物的生长状况。

按照成组试验设计所获得的数据资料称为成组数据资料，这类资料在进行统计分析时以组平均数为代表值将两组试验结果进行比较，以明确两种处理谁优谁劣。

采用成组试验设计时要注意以下3点：一是要按随机的方法将供试材料或小区划分到2组中去；二是在条件允许的情况下，尽可能增大每组的重复次数以降低试验误差，提高试验精确度，同时也为试验提供一个无偏的误差估计值；三是选取试验材料时要尽量选择同质一致的个体，以避免因供试材料本身存在的变异而导致误差。

(2)2处理相比较的成对试验设计　成对设计又称配对设计，是根据局部控制原则，将性质相同的2个供试单位或供试材料配成一对，并设有多个配对，然后随机地将每一配对中的一个供试单位或供试材料给予A处理，另一个供试单位或供试材料给予B处理。按照这种方法所设计的试验即为2处理相比较的成对试验设计。例如，选面积相同的玉米小区10个，将每个小区分成两半，其中的一半做去雄处理，另一半不去雄，观测2种处理方法的产量结果。

按照成对试验设计所获得的数据资料称为成对数据资料，这类资料在进行统计分析时，通过比较每个配对中2个处理差数的大小来明确2种处理谁优谁劣。

成对设计具有较高的精确度。因为在进行试验设计时，同一配对内2个供试单位或供试材料的条件很接近，而不同配对间的条件可以有差异，但这种差异又可以通过同一配对的差数予以消除，因而可以控制试验误差，提高试验的精确度。

2.随机区组设计

随机区组设计是根据局部控制原则，将试验环境划分为与重复数目相等数目的区组，一个区组内安排一个重复的全部处理，同一区组内的各处理都独立地随机排列。这是目前应用最广泛的试验设计，因为这种试验设计单因素试验、多因素试验以及综合性试验都可应用。

(1)单因素随机区组设计　由于单因素随机区组试验中只包含一个试验因素，因此每一个试验水平称为一个处理，处理数等于水平数，在进行试验设计时，每一个区组内都包含所有的试验处理，且这些试验处理都随机地安排在各小区内。

例如，有一个包含9个品种的小麦品种比较试验，采用随机区组设计，重复4次。设计步骤如下：

第一步，把试验地划分为与重复数目相同数目的区组。本例中重复4次，则把试验地划分为4个区组。

第二步，把每一个区组划分为与处理数目相同数目的小区。本例中共有9个品种，每一品种为一个处理，共有9个处理，则把每一个区组划分为9个小区。

第三步，把9个品种随机地安排在每一个区组内的各个小区上(图Ⅱ.3.1)。

(2)2个因素随机区组设计　由于2个因素随机区组试验中包含A、B两个试验因素，而A因素有a个水平，B因素有b个水平，在进行随机区组设计时，首先将A因素的各个水平分别与B因素的各个水平配对，这样形成的配对称为处理组合，处理组合数等于各因素水平数的乘积，然后把每一个处理组合看作单因素随机区组设计中的一个处理，按照单因素随机区组设计方法把各个处理组合随机地安排在同一个区组内的各个试验小区上即可。

例如，对玉米进行3种施肥量(高、中、低)和4种栽植密度(甲、乙、丙、丁)试验，采用随机区组设计，重复4次。设计步骤如下：

第一步，将施肥量的高、中、低3个水平分别与栽植密度的甲、乙、丙、丁4个水平进行配

Ⅰ	1	8	9	3	6	7	2	5	4
Ⅱ	5	9	4	1	7	8	6	2	3
Ⅲ	7	3	5	4	9	2	8	6	1
Ⅳ	2	1	6	5	8	9	3	4	7

图Ⅱ.3.1 9个处理4次重复的单因素随机区组设计田间排列图

对，形成 3×4＝12 个处理组合，为便于试验设计给每个处理组合一个代号。处理组合名称及代号为：1-高甲、2-高乙、3-高丙、4-高丁、5-中甲、6-中乙、7-中丙、8-中丁、9-低甲、10-低乙、11-低丙、12-低丁。

第二步，把试验地划分为与重复数目相同数目的区组。本例中重复 4 次，则把试验地划分为 4 个区组。

第三步，把每一个区组划分为与处理组合数目相同数目的小区。本例中共有 12 个处理组合，每一处理组合为一个处理，共有 12 个处理，则把每一个区组划分为 12 个小区。

第四步，把 12 个处理组合随机地安排在每一个区组内的各个小区上（图Ⅱ.3.2）。

Ⅰ	11	1	10	4	7	8	2	6	12	9	5	3
Ⅱ	10	5	9	2	6	12	4	11	8	7	3	1
Ⅲ	8	2	12	9	4	11	5	1	3	10	6	7
Ⅳ	5	3	2	7	10	6	9	8	4	11	1	12

图Ⅱ.3.2 12个处理组合4次重复的2个因素随机区组设计田间排列图

3. 裂区设计

裂区设计是一种只适合于两因素试验的设计方法。在两因素试验中，如果处理组合数不太多，而各个因素的效应同等重要时，采用随机区组设计；如果处理组合数较多而又有一些特殊要求时，往往采用裂区设计。

在进行试验设计时，首先根据 2 个因素的重要性、对精确度的要求、所需面积大小等的不同，将 2 个因素分为主处理(A)与副处理(B)，然后先按主处理的水平数 a 将每一个区组划分为 a 个小区，这种按主处理所划分的小区称为主区，并随机地把主处理的各个水平安排到同一区组的各个主区中，再将每一个主区按副处理的水平数 b 划分为 b 个小区，在主区内所划分的小区称为副区(裂区),并随机地把副处理的各个水平安排到同一主区中的各个副区中。由于这种设计将主区分裂为副区,所以称为裂区设计。

例如,进行小麦品种与密度试验,小麦品种为A因素,设A_1、A_2、A_3 3个水平;密度为B因素,设B_1、B_2、B_3 3个水平,裂区设计,重复3次,品种为主处理,密度为副处理。设计步骤如下:

第一步,确定主处理与副处理。本例中已明确规定品种为主处理,密度为副处理。

第二步,把试验地划分为与重复数目相同数目的区组。本例中重复3次,则把试验地划分为3个区组。

第三步,把每一个区组划分为与主处理水平数目相同数目的主区,并随安排主处理各水平。本例中,主处理(品种)设有3个水平,则把每一个区组划分为3个主区,并把主处理的3个水平随机地安排到同一区组内的3个主区上。

第四步,把每一个主区划分为与副处理水平数目相同数目的副区,并随安排副处理各水平。本例中,副处理(密度)设有3个水平,则把每一个主区划分为3个副区,并把副处理的3个水平随机地安排到同一主区内的3个副区上(图Ⅱ.3.3)。

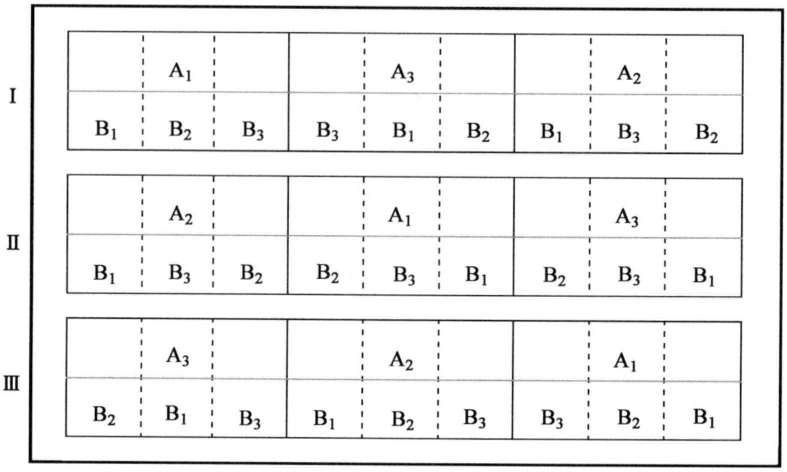

图Ⅱ.3.3 品种与密度两因素裂区设计田间排列图

(品种为主处理,3水平;密度为副处理,3水平)

进行两因素试验时,如果需要考虑以下几方面的问题,可采用裂区设计。一是试验因素对小区面积大小要求不同的两因素试验,把要求较大面积的因素作为主处理;二是试验因素的效应大小有明显区别的两因素试验,把效应较明显的因素作为主处理;三是试验因素对精确度要求高低不同的多因素试验,把精确度要求高的因素作为副处理;四是试验因素的重要性不同的两因素试验,把较重要的因素作为副处理。

四、试验方案制定与实施

(一)试验方案制定

试验方案是根据试验目的和要求所拟定进行比较的一组试验处理的总称。在制定试验方案时需要考虑以下几方面的问题。

1. 试验项目的选择

选择农业技术推广试验题目时，应从当地的生产实际出发，本着高产、优质、高效和可持续发展的原则，以解决当地生产中存在的关键问题为目的，选择先进性、实用性的项目进行试验。推广试验题目选择范围：一是农业生产上拟采用的新技术，在当地尚缺乏实践和认识，可以通过试验来回答问题和统一认识。二是最新科研成果和引进外地先进技术在本地推广前，必须先进行试验，通过试验确定新技术能否在当地推广。三是技术革新或从根本上改变农业生产面貌的超前科学试验，通过探索性的对比研究，将整个研究过程和结果展示出来，以利于农民参观学习，增加新知识，得到新认识。

2. 试验因素及水平确定

在同一试验中，供试因素不宜过多，应抓住 1～2 个主要因素解决关键问题。因为当试验因素增多时，处理组合数会迅速增多，要对全部处理组合进行全面试验，规模过大，难以实施，而且给统计分析和结果解释带来困难。例如，进行品种比较试验，评定若干个新品种的丰产性，用单因素试验即可。如果试验要包括品种与施氮量 2 个因素，这 2 个因素各有 4 个水平，则有 4×4=16 个处理组合；如果上述试验再加入密度因素的 4 个水平，以研究不同品种对不同施氮量和不同密度的反应，则有 4×4×4=64 个处理组合。因此，能用单因素试验解决的问题，就不要用多因素试验；如果必须用多因素试验，各因素的水平也不宜过多。

设置的试验处理水平间的间距要适当，使各处理的效应容易表现出来，并把最佳水平范围包含在内。例如，通过喷施矮壮素控制玉米生长试验，其浓度设置为 50 mL/L、100 mL/L、150 mL/L、200 mL/L、250 mL/L 5 个水平，其间距为 50 mL/L，如果将间距缩小到 10 mL/L，则处理数会大大增加；如果处理数不多，参试浓度范围窄，会把最佳浓度水平遗漏。设置试验水平时应将最佳水平设置在下限水平与上限水平的中央。例如，某玉米新品种的种植密度试验，育种单位要求在高肥地块种植密度为 6 万株/ hm^2，进行试验时就以 6 万株/hm^2 为中心向上向下延伸设置密度，如果间距设为 0.5 万株/hm^2，则该试验的处理水平为 5 万株/hm^2、5.5 万株/hm^2、6 万株/hm^2、6.5 万株/hm^2、7 万株/hm^2。

3. 合理设定试验指标

试验指标是用来衡量试验效果的指标性状。在进行试验时，为了对试验处理或处理组合的优劣进行科学评判，必须选用一些指标性状作为评判的标准。试验指标要根据试验目的合理地设定，它决定了试验过程中观测记载工作量的大小。过于简单，观测记载工作量小，但难以全面准确地评价试验结果；过于复杂，又会增加观测记载工作量，造成许多不必要的浪费。因此，设定试验指标时要求一定要能科学地反映试验效果。

4. 遵循试验的唯一差异原则

遵循试验的唯一差异原则，可以排除非处理因素对试验的干扰，保证试验结果准确可靠。例如，拟定叶面追肥试验方案时，如果只包括喷施与不喷施液体肥料 2 个处理，则两者间的差异既有肥料的作用，也有水的作用，这时肥料与水的作用混杂在一起无法分析；如果加进喷施清水处理，则肥料和水的作用分别可以从与喷清水处理的比较中进行分析，进而可以为试验提供准确可靠的结论。

(二)试验实施

1. 制订试验计划

试验计划是试验实施的依据,在试验实施前必须制订一份试验计划,明确试验的目的意义、内容、方法和各项技术措施的规格要求等,以规范每个参试人员在试验实施过程中的管理和操作行为,保证试验的顺利完成。试验计划的主要内容有:

(1)试验题目　试验题目要用简明、确切的词语反映试验的主要内容,如供试作物、试验因素和主要指标等。如保护地早春栽培番茄 2,4-D 蘸花研究,不同基质、施肥方式对无土草坪栽培的影响。

(2)目的意义　说明进行该试验的目的及理论依据。包括现有的科研成果、发展趋势以及预期的试验结果等。

(3)试验年限、地点及试验的基本条件　说明试验年限、地点。试验的基本条件包括土壤类型、土壤肥力、地形地势、前茬作物、排灌条件等。如果是在设施(如温室)内进行试验,还应把设施的光照、保温等条件加以介绍。

(4)试验方案　包括供试材料的种类及品种名称,试验因素和水平、处理数量和名称等。

(5)试验设计　包括试验设计方法,重复次数,区组和小区的排列方式,小区长、宽和小区面积等。

(6)主要管理措施　包括整地要求、播种量和播种深度、行株距、育苗方式、定植时期、各生育时期的肥水管理及其他管理措施等。

(7)观测记载项目和方法　观测记载项目即试验指标。按照试验指标进行观测记载是收集试验数据的过程,在试验计划中必须明确规定试验指标名称、调查日期、调查方法、调查标准等内容,力求做到数据准确、完整、系统。另外,还需要对在试验过程中的气候条件、农事操作措施、作物生育动态等进行观察记载。

(8)试验进度安排及经费预算　试验进度安排说明试验的起止时间和各阶段工作安排。经费预算要在现有条件的基础上列出完成该试验需要增添的设备、人力、材料等,将需要开支的项目名称、数量、单价、预算金额等详细列表说明。

(9)落款　试验主持人、执行人的姓名和单位。

(10)附录　包括田间布置图、观测记载表等。

2. 试验地准备和区划

选择肥力均匀的耕地做试验地,按要求施用基肥,基肥要质量一致,施肥均匀,以避免因施基肥不当而造成土壤肥力的差异。土壤耕深一致,耕平耙匀,耕地方向与区组方向平行,使同一区组内各小区耕作情况相似。如果试验地土壤肥力呈一边高一边低的梯度状变化,则划分区组时要让区组的长边与肥力变化最大的方向相垂直,小区的长边与肥力变化最大的方向相平行,以保证同一区组内各小区处在相同的肥力条件下,提高试验精确度。

进行田间区划时,可先在试验地的一角用木桩定点,用绳索把试验区的一边固定,再在定点处按照“勾股定理”划出一个直角。在此直角处另拉一根绳,即为试验区的第二边,再在第二边的末端定点,同法划出直角,就可得第三边和第四边。划出整个试验区后,即可按田间布置图区划重复、小区、过道、保护行等。

3. 种子准备

在品种比较试验中，不同品种种子的千粒重和发芽率不同，因而不能按重量采用相同的播种量，而应先根据各品种的发芽率计算每小区的播种量，要使各小区的可发芽种子数基本相同，以免造成植株营养面积与光照条件的差异。然后根据计算好的各品种各小区播种量称量种子，每小区的种子装入一个纸袋，袋面上写清重复号和小区号，避免发生差错。其他试验因所用的种子都必须是同一品种，所以只需根据发芽率计算出每个小区的播种量后，仍然以小区为单位，把称量好的种子装入纸袋，也需写清区组号和重复号。

4. 播种

播种前应按预定的行距划出播种行，并根据田间布置图给每个小区插上标牌，核对无误后，按区号分发种子袋，将种子袋放在每个小区的第一行顶端，再将区号与种子袋上的号码核对一次，无误后开始播种。播种时要做到播深一致、种子分布均匀，要严防漏播，各小区播完后仍将种子袋放回原处，播种完毕后再复查一遍是否有错误，如发现错误，应在记录本上做相应的改正并注明。为了降低试验误差，一个试验的播种工作应在 1 d 内完成，如果不能完成，则应完成某几个重复，一个重复决不可分在 2 d 播种。

5. 田间管理

试验地的田间管理措施可按当地丰产田的标准进行，但是在管理时必须注意试验的唯一差异原则，力求各小区管理措施的质量一致，以降低试验误差。例如，施用追肥时，每个小区的肥料要质量一致，用量相等，分布均匀。其他管理措施如中耕、锄草、灌水、排水、病虫害防治等，也同样要做到一致。

6. 田间观测记载

田间观测记载项目除按试验计划中规定的试验指标进行外，还需要对以下内容进行记录。

(1)气候条件　包括冷、热、风、霜、雨、雪、雹等灾害性天气及由此引起的农作物生长发育的变化，以供分析试验结果时参考。

(2)农事操作　详细记录试验实施整个过程中的农事操作，如整地、施肥、播种、中耕、锄草、病虫害防治等，将每一项操作的日期、数量、方法等记录下来，有助于正确分析试验结果。

(3)作物生育动态　在整个生育过程中观察记录农作物的生育时期、形态特征、生长特性、经济性状等。

(4)室内考种　这主要是考查在田间无法进行而必须在作物收获后才能观测记载的一些项目，如千粒重、瘪谷率、蛋白质含量、淀粉含量等。

7. 收获脱粒

在收获前应准备好收获、脱粒的用具，如绳索、标签、布袋、纸袋、脱粒机械等。

收获时按小区进行收获，将收获物捆好或装袋后，挂上写有该小区重复号和处理号的标签，并核对是否有误。剩余的保护行混合收获即可。如果各小区的成熟期不同，则应按先熟先收、后熟后收的原则进行收获。

脱粒时也应按小区分别脱粒、晾晒后称重，并把样本部分的产量加到相应小区产量中，以求得小区的实际产量。如果是品种试验，则每一品种脱粒完后，必须仔细清扫脱粒机具，避免品种间的机械混杂。脱粒后在种子袋内放一标签，并在袋口也挂一标签，以备查对。

(三)试验总结

试验总结的过程，也是对研究事物再认识的过程。首先应对观测数据进行科学的归纳，运用统计手段从繁杂的现象中抽象出本质的规律，然后按照既唯物又辩证的多向思维去分析客观规律形成的原因，以便进行更深入地研究，达到真正意义上的再创新。对一些效果显著，规律性较好的试验可按科技论文形式撰写并发表。对某些无规律可循且效果不显著的试验，应及时修改试验方案，进行下一轮试验，以验证其可靠性。

思考题

1. 按试验性质划分，推广试验包括哪些类型？
2. 如何控制试验误差？
3. 试验计划包括哪些主要内容？

子项目二　成果示范

学习目标

1. 了解成果示范的作用和基本要求；
2. 掌握成果示范的方法，能对成果示范进行总结；
3. 提高成果示范技能。

成果示范又称效果示范或结果示范，是在农业技术推广人员指导下，把在当地经过试验证明可行的新成果，或综合配套技术交给农民，由农民在自己的承包地里应用，将取得的结果展示给其他农民，引起周围广大农民的兴趣，鼓励他们效仿采纳的过程。

一、成果示范作用

1. 展现示范项目的优越性，激发农民采用新技术的欲望

与农业技术推广的试验比较，成果示范时一般选择效益显著的项目，在适应性和实用性等方面已经过了验证性试验，对原技术成果进行了改进和再创新，技术规程已经基本形成，加之科学且严格的操作，如果不出现意外的自然灾害等，新技术成果在产量、质量及市场竞争等方面的优越性将按预期结果显现出来，且示范点一般选在具有代表性的生态、生产和经济社会区域中，效仿者通过直观认识和对比，容易产生心理冲动，进入兴趣阶段，从而激发采纳的欲望和迫切性。

2. 提供项目实施实际过程，增强农民采用新技术的信心

现阶段我国大部分农业生产者的受教育程度和科技素质偏低，特别是广大的中、西部欠发达地区的农民，主动接受和采用农业创新的自觉性较差，“耳听为虚，眼见为实”的传统思维根深蒂固，对于来自大众媒体和其他渠道的新技术信息难以捕捉、理解和消化。成果示范避免了单纯采用行政命令和说教推广方式的弊端，不但真实、成功地展示了新技术成果，而且是生产单位和农民直接参与，亲手操作完成，亲自体验了过程和最终结果的优越性，其他农民通过参观、访问、交流等沟通途径，同参与示范的农民之间进行能力、条件的比较分析和判断，增强了成功的把握性，信心更容易建立起来，从而可有效地说服持有疑虑态度、犹豫不决的人们仿效先进农民采纳新技术。

3.培养技术普及人才，完善技术规程

农业技术推广示范的根本目的在于“授人以渔”，农业技术推广试验以科技人员为主，而成果示范由生产单位和农民直接参与，与科技人员共同实施，而这些参与示范者一般是素质较好、在普通农民中威望较高的带头人，一旦他们掌握了创新技术的关键，就等于培养了一批义务推广员，起到“火车头”的作用。另外，成果示范与大规模推广应用的生产实际更为接近，科技人员和参与实施的示范户一起，随时解决规模生产中出现的各种技术问题，不断改进完善技术规范，从而为大规模推广应用培养了技术人才，提供了更可靠的技术支持和保证。

二、成果示范基本要求

1.必须经过适应性试验，技术成熟可靠

成果示范要使创新技术的优越性尽善尽美地体现出来，如无不可抗拒的自然灾害等特殊原因，要求其示范样板只能成功不能失败。所以，必须选用那些已经通过当地或同类型生态区适应性试验获得成功，形成了比较完善的技术规范，且综合效益显著的新技术成果。不能盲目示范存在诸多不确定因素、没有充分把握，或尚属试探性开发阶段的不成熟技术。

2.预测市场需求，保证农民增收

示范样板是做给农民看的，目的是让农民学习和效仿。推广什么样的技术，建设什么样的样板，首先服从农民增产增收的需求。推广人员要从农民社会生产的需求和市场前景等方面进行调查研究，对其示范成果的综合效益、实用性等方面进行科学判断，选择那些高产、优质、高效的技术进行示范，建设高质量的样板，才能真正受到农民欢迎，取得“建设一点、带动一片、致富一方”的效果。

3.既考虑当前利益，又坚持可持续发展

在过去的成果示范中，为了增加示范样板的感染力，一般都选择一些转化周期短、经济效益好的所谓“短、平、快”项目，力求使成果示范能够显示立竿见影的效果。但在现代农业技术推广活动中，仅以此作为成果示范的依据是不完全、甚至有时是不科学的。有些技术成果虽然短期内可给农民带来良好利益，但也可能对当地整体和长远利益产生不利影响，严重地浪费和破坏珍贵的自然资源。因此，示范的目标不但要符合农民当前高产、高效的愿望，还要与社会生产的高效和可持续发展的总目标相一致。

4.精干的技术人员指导，优秀的科技示范户参与

农业科技成果示范的内容多种多样，难易程度也各不相同，特别是现代设施农业栽培新技术、高效养殖新技术、资源高效综合利用生态技术的示范，综合性和集成性强，需要高素质的技术推广服务人员和示范户共同配合和努力，才能创建出高质量的示范样板。因此，在实施示范样板建设时，需要具有掌握新技术原理、操作技能熟练、沟通能力强的推广人员，经常到示范点进行及时全面的指导，对关键技术环节进行示范培训，以保证示范技术成果规程的正确贯彻和实施，并能及时解决实际生产过程中出现的新问题，补充和完善原技术规程。为了使成果示范形成一定的规模，增强对周围农民的感染力，每一个样板示范点，要有若干个优秀的示范户或其他形式的生产实体参与。示范户的基本条件如下：一是对新成果感兴趣，愿意示范后首先采用；二是有一定的科学文化水平和农业生产经验；三是在当地群众中有威信有很强的影响力；四是有一定经济实力和物质力量，能够保证示范的经济和物质投入；五是有宣传和乐于帮助别人的能力。

5. 示范点交通便利，布局要考虑辐射范围

为了方便更多的效仿者观摩和学习，扩大示范样板的影响效果及辐射范围，示范点一般都应设在交通比较便利、农业基础设施比较完善的地方。示范点的多少及布局应考虑示范样板的影响规模及辐射能力。在农民居住比较集中、道路比较畅通的地方，每个乡镇可以设一处示范点。乡镇之间距离较近，资源特征一致，农民交流比较多的地方，且示范项目规模较大，影响辐射半径较大的项目，在几个乡镇的中心点设一处示范点即可。对于一些偏远山区，因为道路交通不便利，农民间交流较少，且示范的技术多为适宜小规模经营的项目，可按农民居住分布的实际情况，酌情减小示范规模，多设示范点。对于现代化集成技术和设施农业技术的示范，现多采用集中示范的形式，即把多项不同的示范项目集中起来，在不同形式的科技示范园区内和示范基地建成示范样板，可以充分发挥科技人员和先进设施相对集中的优势，调动政府专业推广组织、民营企业、科技人员和企业家的作用，将示范、生产和经营有机结合起来，使参观者既学到提高产品产量和质量的农事操作技术，又学到产品保鲜、贮藏、加工技术以及市场营销的现代高效经营方法和技术。

三、成果示范方法步骤

1. 确定示范内容，制订示范计划

科学周密的计划是一项科技成果示范能够成功的前提。在示范实施之前要对其过程中所能预料到的诸多问题进行认真讨论研究，制订出全面细致、切实可行的实施计划。计划内容主要包括：示范项目内容、实施的起止时间、示范地点（具体到村、户）、示范样板的建设规模、技术辐射范围、预期的技术效益指标、项目所需生产资料、参观学习人员的范围、参观时期及组织形式、重点示范宣传的内容、技术人员与合作示范单位的职责和权利、观察项目及方法等。计划一旦制订，要组织各层次的责任人结合项目实施合同进行认真讨论和贯彻落实，以保证整个示范样板的建设、展示按计划进行。

2. 选择示范地点，确定示范户

示范项目的组织者应按照农业科技示范成果的基本要求进行实地考察，与当地基层组织、村社领导人、农民科技合作组织和农民科技示范户进行沟通，充分征求基层意见，争取各方面的支持，按照示范样板的辐射能力和组织管理的方便程度确定示范点的布局，选择那些优秀的示范户参与示范田（点、场）的建设。组织他们认真座谈，明确其示范项目的内容、意义及要求等。

3. 加强指导与服务，及时解决关键技术问题

示范点和示范户落实之后，推广人员应与示范户团结协作，严格按照工作计划和技术规范的要求，认真传授和落实各个环节的农艺操作技术。应通过巡回指导、现场会等方法，直接将各个生产环节所需的技术及相关知识及时地传授给每一个示范户或技术带头人，关键环节的技术操作应亲自参加和示范。除技术问题外，推广单位和推广人员还应经常与当地政府、物资、金融等部门沟通协调，帮助示范户解决生产资料的供给等方面遇到的问题和困难。

4. 保留原技术对照，树立示范区标志

为了使广大效仿者能直观感觉新技术成果的优越性，在建设示范样板的同时，必须保留一个一定规模的原技术对照区，作为参观的对比参照物，以评价示范成果的技术效益。成果示范虽不需像探索性研究试验那样设同等规模的对照，对照区规模可根据需要确定其大小，但对于

生育特征、投入、产出等指标的调查记载要与示范田一致。为了吸引参观者的注意力，一般可在示范点附近的道路旁建一个醒目的示范标志牌。牌上注有示范项目、技术内容、示范规模、技术指标、技术负责人(或技术依托单位)、示范单位(或示范户姓名)等内容。

5.做好观察记载，收集保留有价值的资料

为了给参观学习者提供有说服力和教育意义的资料和数据，对示范的农作物品种名称、肥料种类和施肥量、灌水时期和定额、用工情况、田间布置结构、各生育时期的调控指标、经济产量、产值效益等都应按计划要求及时、准确、客观地进行观测和记载，并进行简单整理，妥善保存，供参观学习者咨询和将来总结时使用。除传统的观测记载外，现代影像媒体可给参观者带来更多的方便，可使示范的过程较直观、系统地重现出来，有效弥补参观学习中时间和空间的限制，提高示范样板的影响效果。推广单位和推广人员，要积极创造条件，可将示范关键阶段的管理操作过程和长势特征、典型案例等完整拍摄下来，经过简单编辑，供参观者观看。

6.把握最好时机，组织参观交流

组织参观是对新技术效果的展示阶段，也是创新技术能否在广大采用者中引起强烈反响，被更多的人接受，在所希望的地区迅速传播、采用的关键阶段。示范参观的组织主要有以下2种形式。

第一种形式是由政府组织，基层干部、科技人员和农民共同参加的综合性参观学习。当示范项目成效明显、与对照反差强烈的季节，一般都会由政府出面，主管领导负责，有关部门的领导、专家、推广人员、基层干部、农民代表等多方人员参加大规模的参观、学习和交流。这种参观学习产生的影响大、范围广，对示范样板建设的评价及经验总结比较全面，将来的推广可得到政府强有力的支持和协调。

第二种形式是由推广单位和推广人员自行组织，邀请相关人员参加专项技术观摩。对于一些专业性较强、示范规模较小、采用者范围不是太大，或者一些阶段性的示范，可由推广单位组织相关人员参观交流。视示范项目的不同，参观可酌情安排在最关键的时期进行。

四、总结

成果示范进行到一定阶段后或结束时，应按一定的规范和要求及时做出总结。一方面是向上级汇报，申请检查验收；另一方面是总结经验，找出差距和不足，提出新的想法和体会，为以后的同类工作奠定基础。同时也要向创新技术成果的研制单位反馈信息。项目总结包括以下内容：

1.项目来源及示范意义

简要介绍示范成果研制单位、示范项目的下达或委托单位、承担主持单位及人员、参与示范的示范户等的基本情况。简要说明项目示范的主要针对性、要解决的主要问题、达到的技术经济目标及对当地农业产业结构调整、促进区域经济发展等方面的意义和成效。

2.项目完成情况和成效

对照原合同规定的示范样板建设的各项技术经济指标，从经济效益、社会效益、生态效益3个方面客观总结完成合同任务的实际情况，包括示范样板建设覆盖的县(区)、乡(镇)、村、示范户数目，每个示范点的示范规模，示范区达到的产量水平、产值、增产幅度、新增总产量、新增总产值、获得的经济效益、农民培训情况、示范户及辐射农户收入提高的幅度等。应尽量用定量和规范的计算方法表示，不能随意地形容和夸大。

3. 组织实施措施和经验

主要总结以下方面的做法、成效和典型经验：建立健全组织领导，政府、科研单位、院校、推广部门及有关人员与示范户间的协调与合作，组织协作攻关，搞好技术承包，围绕项目开展示范，抓好技术培训，培养示范户，开展技术服务，组织现场考察、交流，以点带面，扩大成果示范影响等。

4. 技术改进与创新

主要总结原创新成果的技术在建设示范样板的实施过程中，结合本地的自然条件、社会经济条件、农民素质等生产力实际水平做了哪些再创新、改进和发展，包括技术开发路线与技术本身的改进、深化和提高的技术措施以及所获成效。

5. 问题和建议

一是对示范项目的主要技术参数同国内外同类技术进行比较，从样板建设及产生的综合效益的实际情况出发，结合项目的科学性和可行性、当地农业的现状和产业发展的方向、农民的意愿等方面的因素进行综合分析评价，提出推广应用的前景和建议，包括技术的可行性与应用地区、范围的适应性以及应注意的问题等。二是在总结成功经验的基础上，认真反思在项目实施中出现的问题和不足，包括技术措施、组织实施方面的各种问题，提出改进和弥补的措施和想法。

思考题

1. 成果示范应满足哪些基本要求？
2. 成果示范方法步骤如何？

子项目三　方法示范

学习目标

1. 了解方法示范的作用和基本要求；
2. 掌握方法示范的步骤，能独立进行方法示范。

方法示范是指推广人员利用适宜规格的植物、动物、农机具或其他实物做直观教具，将某些仅通过语言、文字和图像来表达显得困难，传授效果极差的操作性技能或技巧，通过实际操作演示与语言传授相结合的方式传授给农民，并现场指导操作练习，直至掌握其技能要领的示范方法。

一、方法示范作用

方法示范是为了让一部分农民在示范现场学会和掌握一项或若干项具体的技术，之后带动周围农民效仿，及时地应用于农业生产，解决当前生产环节中的技术问题，具有实用性和实效性。方法示范属于技能类示范，例如，果树嫁接、修剪整形、环剥、人工授粉技术、蔬菜株型调整技术、水稻育苗技术、大豆品种提纯复壮技术、新机具功能更换调控技术、仔猪去势、人工授精、雌雄雏鸡鉴别技术、食用菌接种技术、秸秆青贮技术等，均适合于方法示范。

由于农民长期从事循环往复的农事操作活动，具有较强的形象思维能力，而抽象的逻辑思维能力较差。因而缺乏直观形象实物的教学方法往往收效甚微。方法示范可使农民通过视觉、听觉、触觉等全部感官进行体验学习，并将听、看、做和讨论交流相结合，能在较短时间内领会并掌握语言和文字较难描述的技能。所以，方法示范是一种被普遍采用且效果显著的农业技术推广学习方法。

方法示范也有很大的局限性，因为它必须具备适宜的直观实物作教具，并要有操作技能娴熟和演讲口才较好的技术人员，而且只适于在小范围、小规模和短时间内进行。因此，为了提高新技术或新技能的扩散速率，需要长时间、多场次的演示练习。

二、方法示范基本要求

1. 短时准确

方法示范的内容或项目必须是当地农民最需要解决的问题，且适合当众演示。由于方法示范多数是在田间、地头等生产场所，教学环境不同于教室，观众的注意力不易集中，所以要尽量在短时间内准确地完成示范操作。否则农民注意力不集中甚至反感，效果不佳。同时参加方法示范人数不宜太多，一般在 20 人左右为宜，保证在示范中要使每个人都能看得见，听得清，做得来。

2. 操作为主讲解为辅

示范者要事先进行反复的练习准备，把实际操作过程分解成几个部分进行演示操作，在示范过程中要将每个操作步骤展示清楚，不能用语言来代替操作。对一些关键性的技术操作，要进行简要讲解，讲清为什么只能这样做，而不能那样做，它的原理是什么等。但不能讲解过多，否则影响示范效果。

3. 农民亲自操作

对一项新技术听起来、看起来好像容易掌握，但真正做好是不容易的，因为有一个操作是否熟练、准确的问题。因此，要求农民对每一个步骤亲自去做。做对了推广人员要给予肯定，做错了要帮助他们改正。对农民来说，亲自操作不仅能使自己有亲身体验，而且可训练手脑并用的能力。对较难的技术还应该让他们重复操作，直到全部掌握为止。

三、方法示范方法步骤

(一)制订示范计划

无论农业技术推广人员有多么丰富的经验，每次进行方法示范前，都要根据示范的目的和内容写出示范计划。同样内容多次重复的示范，也应根据以往的体会对计划做修改和完善。计划包括通过方法示范要达到的目的、示范项目及主要内容，示范所需材料和直观动、植物教具，示范时间和场地，农民邀请的形式，解答的主要问题，示范过程的总结等。制订适宜的示范计划可以保证示范有条不紊地进行。

(二)准备示范内容

准备的内容包括实物教具、场地和操作演示技能及讲解要点 3 个部分。

1. 实物教具

适宜的实物教具对方法示范十分重要。如果树嫁接示范，必须在适宜嫁接的季节，有足够的砧木和鲜活的贮藏接穗，以及环剪、劈刀、塑料条等。水稻机械插秧示范，需要准备适龄的秧苗、插秧机和已经整好待插的稻田。人工授精示范，必须准备好事先采集的冷冻精液和适宜受精期的母体动物。一些受动、植物发育时期限制的示范技术，需要在计划时做出周密的安排，才能将示范与生产结合起来，使农民全部看到真实的效果，尽量减少不合时宜的假设性示范。

2. 场地和辅助设备

有些示范需要足够大的场地，如新的农机具功能调控，每更换一种功能需要一定的操作作业区，因而需要事先选择好作业场地。此外，一些必要的机械图解挂图，农作物根、茎、叶、花、果构造或生长发育机理示意图等，都是提高方法示范所必需的辅助教具。

3. 操作和演讲预试

推广人员要对示范操作和演讲做好充分的准备，示范前需反复演示，确保示范时准确、短时间内完成，讲解要简洁、准确、易懂、易记。

(三)组织示范

方法示范的对象往往是一些专业性较强的生产者，当示范的时间、地点、重点内容确定之后，可通过政府以通知的形式，或推广部门直接发邀请函的形式，或者通过电视、报刊等大众媒体的广告等形式组织农民参观学习。

(四)实施示范

1. 介绍示范内容

首先要介绍示范者自己的姓名和所从事的专业，并宣布示范项目，说明选择该项目的动机及其重要性。要使推广对象对新技术产生兴趣，感到所要示范的内容对他的生产或生活是很重要的，并且很实际，而且能够学会和掌握。

2. 技术演示

示范者要选择一个较好的操作位置，要使每位农民能看清楚示范动作。操作要慢，要一步一步地交代清楚，要做到说明(或解释)和操作同步进行，密切配合。所用语言要通俗、易懂，使每位农民都能听懂，都能看明白，为练习打下基础。

3. 小结

将示范中的重点提出来，重复一次并做出结论，以给农民留下深刻的印象。在进行小结时要注意：不要再加入新的内容；不要用操作来代替结论；要劝导学习者效仿采用。

(五)操作练习和回答问题

演示结束后，在推广人员的直接帮助下，每个农民要亲自操作，对不清楚、不理解或能理解但做不到的事情，推广人员要耐心地重新讲解、重新示范，纠正错误的理解和做法，鼓励他们再次操作练习，直到理解并正确操作，达到技术要求为止。同时在活动中要鼓励和允许农民提出问题，并对其提出的问题进行明确回答。示范者在回答问题时，要抓住重点，清晰扼要。如果不能回答问题，可直接说明，切不可胡编乱扯或对提问者有不礼貌的语言和动作。

在练习过程中，推广人员还要善于发现农民中的潜在带头人，发挥其技术掌握快、能指导其他农民的作用，共同完成示范练习。示范过程中还应创造一种轻松的气氛，让农民愉快地学习。

四、方法示范总结

为了使方法示范的影响效果不断提高，完成方法示范后，应做出总结。方法示范的总结比较简单，总结的内容主要包括：示范的目的、内容、时间、地点、组织形式、示范效果及示范的优、缺点等，对农民的采用提出具体要求和注意事项。同时将示范的体会，特别是需要注意的问题及需要改进的方面记载下来，作为下次方法示范学习借鉴的资料。同时，将研究成果上升为理论，也为推广示范教学的理论原理和实践不断补充新的内容。

思考题

1. 方法示范有什么作用？
2. 农业推广人员进行方法示范前应如何设计？

子项目四 技术培训

学习目标

1. 了解农业技术推广人员应该具备的培训能力；
2. 掌握技术培训的原则和方法；
3. 提高技术培训技能。

农业技术推广工作在很大程度上是对农民的教育工作，技术培训是完成教育工作的主要形式。农业技术推广人员必须了解农民的特点，选择适宜的培训内容，采取有针对性的培训方法，才能提高技术培训的效果，切实满足农民的学习要求。

一、技术培训原则

1. 理论联系实际原则

农业技术培训的对象是农民，农民学习新技术的目的是为了解决生产、生活中遇到的实际问题，因此，在技术培训过程中要坚持理论联系实际原则，根据当地农业生产现状、农业开发计划和农民的实际需要，有针对性地确定培训内容，把培训内容与农业生产、农民生活、技术推广项目紧密结合起来，注重实用性和实效性，使农民学以致用，激发农民学习农业科技知识的热情。在培训过程中，要把知识传授与实践指导结合起来，边学边干，边干边学，使农民能在短时间内掌握新技术。

2. 直观性原则

针对农民科学文化素质较低、学习时间少、注重技术实用性的学习特点和“耳听为虚，眼见为实”最相信事实的心理特点，在技术培训过程中，推广人员要用直观的方法，即把看、讲、做结合起来，把知识和技术传授给农民。例如，在技术培训时，给农民提供一些实物、标本、模型、图片、图表进行观察，组织农民观看幻灯片、电视录像片和参加成果示范、方法示范、实际操作、现场参观等，再加上推广人员在解说时对客观事物具体、生动的描述和比喻，可以形象、直观地把知识和技术展示在农民眼前，使农民看得见、摸得着，轻松地掌握知识和技能。

3. 启发性原则

在技术培训中，农民是学习的主体，培训效果的好坏与农民参与培训的积极性、主动性有直接关系，为了调动农民的学习兴趣，让农民能够自觉自愿地参加培训，推广人员在培训过程中要注意启发农民积极思考，鼓励农民发表自己的见解，通过讨论，交流彼此的看法，使农民能够全身心地投入到学习中去。另外，农民在长期的生产实践中积累了丰富的经验，推广人员要启发他们对自己的经验进行总结，把实践经验和亲身体会上升到概括和抽象为理论。

4. 因人施教原则

农民群体构成的复杂性要求推广人员在进行技术培训时，要根据农民科学文化基础、学习特点、心理状况、生产生活条件等的不同而采用不同的培训方式。对于创造热情不高、比较保守求稳的农民，采用典型引路、耐心示范的方法，用事实教育他们；对于学习困难较多、文化基础、经营条件较差的农民，要注意在力所能及的情况下帮助他们解决困难，坚定他们的学习信心，并给予个别辅导；对于实践经验丰富、有一定文化基础、经营能力较强的农民，可以引导他们加强农业科技知识的学习，并且利用他们已有的知识和经验，来验证科技理论知识，以促进他们加速知识更新，更进一步提高科学文化水平。

5. 培训方式多样性原则

农业生产的季节性很强，加上农民又很注重实际，因此农民的学习兴趣随着生产季节而变化。这就要求推广人员确定的培训内容要符合当时的农事季节，做到有的放矢。另外培训的规模、时间和地点安排也要根据季节来确定，在农闲季节，可在室内或庭院中进行，参加的人数可以多一些，时间可以长一些；在农忙季节，直接在田间地头进行，参加的人数要少一些，时间要短一些。

二、推广人员应具备的培训能力

1. 对农村社会进行调查研究的能力

推广人员应掌握当地农村自然和社会的基本资料，如气象资料、土地资料、农业人口、农业劳力、耕作制度、技术水平、社会风俗等；了解当地农民对农业技术培训的需求，即要求学习何种技术和技能，希望学习到什么程度；分析当前农业开发的主要问题和未来发展的趋势。

2. 提出改进当地技术培训项目的能力

推广人员应根据农民的实际需求，提出农民技术培训的主要目标，各类农民和各行业培训的设想；制定年度技术培训和长期技术培训的项目计划；同当地农业主管部门、教学、科研、推广机构协调培训计划；对培训计划进行评价，提出改进培训工作的意见和建议。

3. 使用辅助教学设备能力

使用辅助教学设备的能力主要包括安排培训场所和试验、示范场地；直观教学设备的使用和管理；保存使用各种图书和参考资料；对教学设备的登记、使用和管理；订购和使用新的教学仪器、设备；建立设备正常使用的规章制度；自制有关教材、标本、图表、模型教具等能力。

4. 组织教学能力

组织教学能力主要包括制定培训大纲；制订培训计划进度表；提出必要的教学条件，创造性地利用教学条件;计划和组织现场示范和参观;组织现场示范实践教学并进行示范表演;利用和选择实践场所;组织进行经营管理调查等能力。

5.记录和撰写报告能力

记录和撰写报告能力包括:记录培训过程;撰写现场示范教学报告、培训报告;填写需要的参考书和有关资料的报告;制订青年和成年农民培训计划;制定现场参观、示范教学以及其他教学活动的预算报告等能力。

三、农民学习心理

(一)农民学习的特点

1.学习目的明确

农民学习的动力来源于学习目的和学习动机。这两个方面都产生于实践的需要,并对学习效果有很大的影响。农民学习的目的是满足自身生产和生活需求,他们通常是把学习科学技术同发展生产、家庭致富、改善生活、提高社会经济地位、求得个人发展以及对子女的培养紧密联系在一起。这种明确的学习目的和动机,使其产生了强烈的学习愿望和学习积极性。

2.只有感兴趣才学习

农民对推广项目之所以感兴趣,是因为他们认为项目对改善生产经营是有好处的,也有些是出于好奇或对什么都感兴趣而学习的,先有兴趣或某种求知的欲望才有学习。对于同一培训内容,有些农民对其感兴趣,愿意学习;而另一些农民则不感兴趣,不愿意学习。推广人员要分析其原因,设法增强农民的学习兴趣,改进教学方法,通过示范或直观教学方法增强农民的学习兴趣。

3.有较强的认识能力和理解能力

感觉和知觉的一个重要特点,就是感知当前的事物要受过去形成的知识经验的影响。而农民的认识能力正是建立在已有的实践经验和感性知识基础之上的。他们在多年的生产、生活中形成的各种知识与丰富的经验,对理解当前的感知对象,有着在校学生不能比拟的优越性,从而产生了较强的认识能力和理解能力。农民在学习中借助这些丰富的实践经验和一定的基础知识,就能联系实际思考问题,并举一反三,触类旁通。

4.精力分散,记忆力较差

成年农民虽有较好的认识能力和理解能力,但记忆保持力较差。农民是生产劳动者,也是家务负担者,还有社会活动,精力容易分散。所以,他们接受知识较快,遗忘也较快。因此,在农业技术推广培训中,宜采用直观的具体指导、学用结合和通过重复学习等多种办法,来帮助他们增强记忆,提高学习效果。

5.学习时间有限

农民担负的生产、生活和工作任务繁重,学习时间少,困难大。另外,农民要自行安排生产劳动时间,没有统一的作息时间。同时,居住分散,学习时间不易集中。因此,在农业技术推广培训中要为农民业余学习创造条件,尽可能利用晚上、雨天、农闲等生产空闲时间或农民认为合适的时间,安排和组织他们学习。

6.农民之间可以相互学习

在实践中常常是向其他农民学习的东西多于农业技术推广人员所教的东西。农民之间的相互学习，是一种重要的方式，特别是革新技术的传播。这既有客观因素，也有心理和情感上的因素。因此，农业技术推广人员应当热心地、平等地、务实地关心自己的培训对象，并为他们相互学习创造条件。

（二）农民学习的心理期望

在农业技术推广培训过程中，农民对推广人员的期望并不是为了获得求知感或好奇心的满足，而是有着更殷切的心理期望。

1. 农民是生产经营者，期望获得好收益

当农民在生产上遇到了问题，或想改革又没有办法，想致富又没门路时，就抱着很大希望来找推广人员。这时，农民首先需要得到推广人员的热情接待，期望推广人员能关心他的问题、了解他的心情、耐心倾听他的想法。推广人员必须使培训的目标与农民增产增收的要求一致，为农民提供实用技术，从而激发农民的学习动机。

2. 农民是务实主义者，期望解决实际问题

农民向推广人员请教，是为了解决实际问题，期望推广人员能够针对他们的需要解决问题，而不是脱离实际，空发议论。另外，农民还期望推广人员所提的建议，是他们能够做到的，而不是增加更多的困难。

3. 农民是生产劳动者，期望帮助决策分析

农民有自己在生产实践中积累的成功经验，对农业生产有自己的看法和安排，他们不愿别人围着自己说教，特别是对一些年轻人和经验不足的推广人员。他们不愿意别人指手画脚，替他们做主，期望推广人员与他们平等相处，能提出几种具体可行的建议，帮助自己做决策分析。

4. 农民期望推广人员关心和鼓励自己学习

一些年纪较大的农民，对学习新技术缺乏信心，或感到年纪大了还当学生，心理有“屈就”的情绪，因为产生自卑感而不会主动表示对推广人员的期望。这些农民希望推广人员能主动关心他们，同他们亲切地、平等地讨论问题，并且鼓励他们学习新的知识技术。因此，在组织实施培训过程中，推广人员要为他们创造适宜的学习环境，激发、唤起和保护他们的学习兴趣，教学内容能激发他们的好奇心，教学方法能适应他们的需要，达到学以致用的要求。

四、技术培训方法

（一）对科技示范户的技术培训

1. 培训的目的和要求

对科技示范户培训的目的和要求是：使科技示范户掌握项目的技术要求，能熟练进行技术操作；提高科技示范户在农民中的影响力，培养其协助推广人员传播新技术的能力。

2. 科技示范户知识结构和心态分析

科技示范户一般有较高的文化水平，在农民中有较高的影响力。示范户一般都是当地的技术骨干，其思想解放，接受新事物、新观念、新技术较快，受人尊敬，影响力较强，属于革新型的农民，是农村中的能人，他们有主动参与的要求，有明确的学习目的，是新技术推广的示范力量。

3.培训的内容

主要讲授示范项目技术要点，培训操作技能；协助推广人员进行示范，鼓励其为当地农民服务；传授其如何影响农民、传播技术、消除保守思想的方法。

4.培训方法

(1)现场培训　利用现场直观环境，言传身教，使科技示范户容易理解、接受项目内容。在示范项目实施之前，组织科技示范户到试验田，边观察、边讲解、边实地操作，并鼓励科技示范户模仿，反复进行，直到其掌握技术为止。

(2)田间指导　在实施示范项目过程中，农业技术推广人员每周用 1～2 d 时间进行田间巡回指导，以解决示范中存在的问题。并根据反馈信息，发现普遍存在的问题，重新组织进行短期的再培训，甚至有必要组织进行现场的培训，解决共性问题。

(3)个别接触　贯穿于示范项目进行的全过程，为了使示范户不至于失去示范的兴趣，农业技术推广人员要经常到农民家中拜访，或邀请农民到推广单位，进行双向沟通，以便传递信息，讲授知识，培养感情，加强协作。

(二)对普通农民的技术培训

对普通农民的技术培训形式更需要灵活多变，并针对不同区域和不同类型的农民采用与之相适应的技术培训方法。

1.技校培训

技校培训就是各乡、镇建立农业技术学校，组织农民进行学习，以增长知识，增加技能，提高素质。目前普遍应用的科研、教学、推广三方联合组成巡回讲师团，进行宣传培训，深入到农村基层，根据农民参与、从众的心理，调动起广泛的积极性。也可由当地农业技术人员根据项目技术特点，对农民进行培训。这种形式有一定的权威性，容易赢得农民的信任。

2.成果示范和方法示范

在一些交通要道、公路两旁或集市所经路旁布置好示范点，做醒目的标记，只要农民从此经过就能参加讨论，或组织农民到科技示范户的示范田去参观，通过示范户的讲解、操作、传授，再加上技术推广人员的补充，达到培训的目的。

3.服务咨询

基层农业技术部门在一些繁华地带(集市、贸易中心)设置咨询网点，由专人负责，接受农民咨询。这种方式方便农民，解决问题的针对性较强。

4.现场会

组织农民到那些采用效果明显的地块，参观、讨论、介绍经验，进行表扬鼓励，激励农民接受新技术。一般将现场会和布置工作结合起来，提出采用新技术的要求。

(三)短期培训班工作步骤

1.制订培训计划

培训计划制订得越好，培训成功的可能性就越大。培训计划应包括下列内容：培训项目名称、培训目的、培训内容、讲授者姓名、培训时间、培训地点、听众数量和类型、听众已有的知识、参考资料、主要教学手段等。

2.培训组织工作

为了使培训取得良好效果，必须对培训时间和地点进行精心安排。在农村由于路途较远，交通不便以及农时限制，要把一定数量的农民组织在一起是比较困难的。因此，培训应安排在农闲时间进行。在生产过程中，根据技术需要可以在关键季节进行，如水稻育苗期、稻瘟病发病期、玉米大喇叭口期等。培训前应把有关事项通知到所有感兴趣的农户，以便他们及早做好安排。培训地点应安排在农民认为比较方便的地方，并需要一定的教学设备。在培训之前，最好检查一下周围环境是否有利于培训的进行，不能有较强的干扰。

3.培训实施

在培训过程中，技术人员要做好两个方面工作：一是了解农民的情况，明确农民的技术需求和学习特点，采取有针对性的方法进行教学；二是准备好培训的内容，多用互动式的教学方式，使农民真正参与到培训中去，主动学习，积极思考，达到培训的预期效果。

4.培训总结

培训结束后组织农民进行讨论，注意听取农民的反馈意见，还要通过个别指导的方法了解农民采用培训项目的实际情况，根据农民的学习和采用效果做出总结，为今后的培训提供参考。

阅读材料

让“创新之花”遍开神州大地

金秋，在云雾缭绕的梯田上，在挂满果实的果林中，在郁郁葱葱的大棚里，农民们都可以看到熟悉的科技特派员的身影。

1999 年以来，数以万计的科研工作者有了“科技特派员”这个光荣的称号，见证了一个个硕果累累的秋天。

春华秋实二十载，美丽田野绽芳华。

科技特派员制度，凝聚着习近平总书记的亲切关怀和指导，是由习近平总书记总结提升的农村工作重大机制创新。

2019 年 7 月 1 日，正在福建南平市延平区王台镇溪后村田间地头忙碌的福建省农业科学院教授级高级农艺师、驻溪后村科技特派员吴敬才，收到了一份特别的“礼物”：延平区委宣传部部长张嘉明转发的“七一祝福卡”，落款是“致奋斗在脱贫战场上的你”。

作为福建省首位科特派践行者，吴敬才与溪后村已结缘 20 年整。

20 世纪 90 年代中后期，作为闽北农业大市，南平的粗放型农业经济陷入困境。雪上加霜的是，1998 年 6 月，南平又遭遇了一场百年不遇的洪灾，农业农村受损严重。为破解闽北的“三农”发展难题，南平 3 000 多名干部下基层问计于民。村民们提意见说：“平时干部下乡，就像蜻蜓点水，沉不下来，也解决不了问题。”南平市决定选派农业科技人员下乡。

彼时，吴敬才刚从德国进修回国，被派驻到溪后村，帮农民解决科技问题，被乡亲们称为“一号特派员”。

1999 年 2 月，南平选派 225 名首批科技特派员到乡村开展科技服务，这成为我国科技特派员制度的发端。

2002 年，时任福建省省长的习近平在对南平市向农村选派干部，即选派村党支部书记、科技特派员、乡镇流通助理的工作进行了专题调研后，在《求是》杂志刊文《努力创新农村工作机制——福建省南平市向农村选派干部的调查与思考》,指出这一做法是对市场经济条件下创新农村工作机制的有益探索,值得认真总结。

2002年,科技部总结福建南平实践经验,在宁夏等西北五省(区)开展科技特派员试点工作。

福建、宁夏、陕西、甘肃、青海、新疆……科技特派员制度从无到有,从福建走向了西北五省(区)。

2004年,科技部、人事部梳理了福建南平的科技特派员经验和宁夏的农村科技创业模式,出台《关于开展科技特派员基层创业行动试点工作的若干意见》,扩大了试点。

"做给农民看,领着农民干,带着农民赚。"当年的吴敬才怎么也不会想到,20年后,我国有数十万名科技特派员奋战在农业农村一线。他成为了这数十万分之一。

"20年来,我一直在八闽农村开展科技服务,深切地感受到基层农民对于农业技术的渴求。我认识到,作为一名共产党员、一名农业科技工作者,就应该到群众最需要的地方去,践行科技惠农的初心和使命。"吴敬才说。

思考题

1. 如何理解农民的学习特点?
2. 农民学习的心理期望如何?
3. 如何组织短期培训班?

实训一 成果示范

一、目的要求

通过实训,了解成果示范的方法和步骤,掌握农业技术推广成果示范的技能,并能对成果示范进行总结。

二、方法步骤

1. 选择示范项目

加快农业科技进步、促进农村经济发展、增加农民收入是选择示范项目的主要依据,要围绕当地农业和农村经济结构调整、促进农民增收选择项目。优先选择符合当地农业布局和结构调整要求、适应区域经济发展特点、已经培育成熟、潜在经济效益高、具有较大的示范推广价值的优良品种或先进技术作为示范项目。

2. 制订示范计划

根据选定的示范项目,制订出切实可行的示范实施计划。计划内容应包括:示范项目的内容、实施的起止时间、示范地点及农户、示范样板的建设规模、技术辐射范围、预期技术经济效益、项目所需生产资料、观摩人员的范围、观摩时间及组织形式、示范宣传的内容、技术人员和合作示范单位的职责和权利、项目观测的程序与方法等。

3. 选择示范地点

与当地基层领导及农民科技示范户进行联系，争取各方面的支持，按照示范样板的辐射能力和组织管理的方便程度确定示范点的布局，选择优秀的示范户参与示范区建设。与示范区有关人员广泛交流，使他们明确示范项目的内容、意义及要求等。

4. 及时解决关键技术问题

示范点和示范户落实之后，推广人员应与示范户协作，严格按照工作计划和技术规范的要求，认真传授和落实各个环节的农艺操作技术。关键环节的技术操作应亲自参加和示范。

5. 设置对照

为了能直观感觉新技术成果的优越性，在建设示范样板的同时，必须保留一个一定规模的旧技术对照区，作为参观的对比参照物，以评价示范成果的技术效益。对照区规模可根据需要确定。为了吸引参观者的注意力，可在示范点附近的道路旁建一个醒目的示范标志牌。牌上注有示范项目、内容、规模、技术指标、技术负责人（或技术依托单位）、示范单位（或示范户姓名）等。

6. 做好观察记载

为了给参观者提供有价值的数据资料，对示范的农作物品种、肥料种类和施肥量、灌水时间和定额、用工情况、各生育期的调控指标、经济产量、产值效益等都应及时、准确、客观地进行记录和观测记载。还可以运用拍照、录像等手段，把示范关键阶段的管理操作过程和长势特征、典型案例等完整记录下来，经过简单编辑，供参观者观看。

对于生长发育特征、投入、产出等关键性指标，示范区与对照区要同时进行调查记载，不可缺少。

7. 及时组织观摩和交流

在示范与对照反差强烈的季节，组织有关人员参加观摩学习和交流。

三、实训作业

以小组为单位选择一项农业技术作为示范项目，确定示范户，制订示范计划，进行成果示范，组织参观学习并进行总结。可以选择当地科技特派员的成功典型案例进行调查和成果示范，如当地黑枸杞的种植技术、欧李种植技术、特色食用菌的栽培技术、玉米轻简栽培技术等成熟项目，可进行成果示范。

实训二　农民技术培训

一、目的要求

通过实训，能根据生产需要和农民的实际情况确定技术培训的内容，掌握备课的要求和方法，能对生产技术进行通俗讲解，有效地组织农民学习新技术。

二、方法步骤

技术培训是一种常用的农业技术推广方法，是基层农业技术人员必备的一项基本技能。

它是通过讲课的方法，向农民传授农业新技术，同时进行交流，了解农民的学习情况。

1. 选择培训项目

在选择培训项目、确定培训内容时，要根据当地技术推广实际和农民的需求情况，选择既符合推广工作需要，又适合农民特点的技术内容，确定恰当的培训目标。

2. 备课

在了解农民需要的基础上，编制实用的授课计划，确定备课的内容，做好材料准备工作。根据农民的特点将技术内容条理化，以实例进行说明，选择合适的方法，提高农民的接受程度。备课时每人准备 1 h 的讲课内容，在小组内进行试讲，同组同学提出意见和改进建议。

3. 讲课

先进行人员组织，然后每人进行 1 h 的培训讲课。讲课时最重要的要求是调动农民学习的积极性，要声音洪亮，如果声音过小或展示的材料看不清楚，就会影响授课效果。清晰的讲授还包括语言流畅，结构合理，重点突出，层次分明。讲课时应体现下列要点：

(1)导言　从农民最关心或最感兴趣的问题谈起，引入主题。

(2)提出问题　提出培训要解决的问题和应达到的目标，增强农民的学习兴趣。

(3)联系实际　将新技术与原技术进行对比，使农民认识新旧技术的优、缺点。

(4)实际应用　讲清技术如何落实和操作，特别是关键技术要分步讲解。

(5)归纳总结　总结技术要点，说明注意事项。

(6)引起兴趣　根据培训对象的具体情况，讲课时注意农民的变化，运用启发原则，让农民思考，及时调整课堂气氛。配合直观的手段，提高培训的效果。

注意农民在学习上的特点，采用适当的方法调动农民学习的积极性。农民学习兴趣的激发与教师表现的热情密切相关，它表现在手势、语调、眼神的交流及一些非语言信号。有经验的技术人员在讲课时启发农民提出问题或发表观点，能增强农民的学习兴趣。

4. 总结及讨论

培训内容讲解后，进行总结，指出技术的重点、难点及应用时的注意事项。同时组织农民进行讨论，对农民提出的问题给予认真回答。

为了增强培训效果，应控制人员规模，一般的培训班以 30 人左右为宜，如果人员过多，应分期或分班进行。在培训过程中利用好小组讨论这种有效的交流方式，加强反馈和沟通，提高讲课的针对性。

做好农业技术培训工作需要掌握全面的农业生产知识，尤其要掌握适合当地应用的新技术，还要了解农民的学习特点和对新技术的心理反应。学生应具备对农业技术的理解能力、语言表达能力和组织协调能力。

三、实训作业

以小组为单位，选择培训项目进行备课，写出讲稿；组织一次农民技术培训，讲解 1～2 项技术并对培训进行总结。如对农民进行莴笋、紫甘蓝、豆角、西兰花、结球生菜等冷凉蔬菜的种植技术、蔬菜微小害虫绿色防控技术、设施农业二氧化碳施肥、草莓灰霉病发生规律和防治等技术进行专业培训。

学习方法介绍

头脑风暴

头脑风暴(brainstorming)是现代创造学创始人美国学者阿历克斯·奥斯本于1938年首次提出的。头脑风暴的特点是让参与者敞开思想,使各种设想在相互碰撞中激起头脑的创造性风暴,是一种集体开发创造性思维的方法。头脑风暴可分为直接头脑风暴和质疑头脑风暴,前者是在专家群体决策基础上尽可能激发创造性,产生尽可能多的设想的方法;后者则是对前者提出的设想、方案逐一质疑,发现其现实可行性的方法。

一、头脑风暴的基本程序

1.确定议题

在会前确定一个目标,使与会者明确要解决什么问题,同时不要限制可能的解决方案的范围。一般而言,比较具体的议题能使与会者较快产生设想,主持人也较容易掌握;比较抽象和宏观的议题引发设想的时间较长,但设想的创造性也可能较强。

2.会前准备

为了使头脑风暴畅谈的效率较高、效果较好,可在会前做一些准备工作。如收集一些资料做参考,使与会者了解与议题有关的背景材料和外界动态。就参与者而言,在开会之前,对于要解决的问题一定要有所了解。会场可作适当布置,座位排成环形往往比教室式的环境更有利。此外,在头脑风暴会正式开始前还可以出一些创造力测验题供大家思考,以便活跃气氛,促进思维。

3.确定人选

一般以8~12人为宜,也可略有增减。与会者人数太少不利于交流信息、激发思维;而人数太多则不容易组织,并且每个人发言的机会相对减少,也会影响会场气氛。在特殊情况下,与会人数可不受上述限制。

4.明确分工

确定1名主持人、1~2名记录员。主持人的作用是在头脑风暴畅谈开始时重申讨论的议题和纪律,在会议进程中启发引导,掌握进程。如通报会议进展情况,归纳某些发言的核心内容,提出自己的设想,活跃会场气氛,或者让大家静下来认真思索,再组织下一个发言高潮等。记录员应将与会者的所有设想都及时编号,简要记录,最好写在黑板等醒目处,让与会者能够看清。记录员也应随时提出自己的设想,切忌持旁观态度。

5.规定纪律

根据头脑风暴法原则规定几条纪律,要求与会者遵守。如要求集中注意力积极投入,不消极旁观;不要私下议论,以免影响他人的思考;发言要针对目标,开门见山,不要客套,也不必做过多的解释;与会者之间相互尊重,平等相待,切忌相互褒贬等。

6.掌握时间

讨论时间由主持人掌握,一般以30~50 min为宜,时间太短与会者难以畅所欲言,太长则容易产生疲劳感,影响讨论效果。经验表明,创造性较强的设想一般是在会议开始10~15 min后逐渐产生的。美国创造学家帕内斯认为,会议时间最好安排30~45 min。倘若需要更长时间,就应把议题分解成几个小问题分别进行专题讨论。

二、头脑风暴成功的要点

一次成功的头脑风暴除了满足程序上的要求之外，更为关键的是探讨方式和心态上的转变。简而言之，即充分、非评价性、无偏见的交流。

1. 自由畅谈

参加者不应受任何条条框框限制，放松思想，让思维自由驰骋，从不同角度、不同层次、不同方位大胆地展开想象，尽可能标新立异、与众不同，提出独创性的想法。

2. 延迟评判

坚持当场不对任何设想作出评价的原则，既不能肯定某个设想，又不能否定某个设想，也不能对某个设想发表评论性的意见，一切评价和判断都要延迟到会后进行。这样做一方面是为了防止评判约束与会者的积极思维，破坏自由畅谈的气氛；另一方面是为了集中精力开发设想，避免把应该在后阶段做的工作提前进行，影响创造性设想的产生。

3. 禁止批评

绝对禁止批评是头脑风暴的重要原则。参加头脑风暴会议的每个人都不得对别人的设想提出批评意见，因为批评对创造性思维会产生抑制作用。同时，发言人的自我批评也在禁止之列，有些人习惯于用一些自谦之词，这些自我批评性质的说法同样会破坏会场气氛，影响自由畅想。

4. 追求数量

头脑风暴的目标是获得尽可能多的设想，追求数量是它的首要任务。参加会议的每个人都要抓紧时间多思考，多提设想。至于设想的质量问题，可留到会后的设想处理阶段去解决。在某种意义上设想的质量和数量密切相关，产生的设想越多，其中的创造性设想就可能越多。

三、设想处理

通过组织头脑风暴畅谈，往往能获得大量与议题有关的设想，至此任务只完成了一半，更重要的是对已获得的设想进行整理、分析，以便选出有价值的创造性设想来加以开发实施。

头脑风暴的设想处理通常安排在头脑风暴畅谈会的次日进行。在此之前，主持人或记录员应设法收集与会者在会后产生的新设想，以便统一进行评价处理。

设想处理的方式有两种：一种是专家评审，可聘请有关专家及与会者代表若干人(5 人左右为宜)承担这项工作；另一种是二次会议评审，即由头脑风暴畅谈会的参加者共同举行第二次会议，集体进行设想的评价处理工作。

头脑风暴是一种技能、一种艺术，如果要使头脑风暴保持高的绩效，每个月必须进行不止一次的头脑风暴。有活力的头脑风暴倾向于遵循一系列陡峭的“智能”曲线，开始时动量缓慢地积聚，然后非常快，接着又开始进入平缓的时期。主持人应懂得通过小心地提及并培育一个正在出现的话题，让创意在陡峭的“智能”曲线阶段自由形成。

头脑风暴提供了一种有效的就特定主题集中注意力与思想进行创造性沟通的方式，无论是对于学术主题探讨或日常事务的解决，都不失为一种可借鉴的途径。需要谨记的是使用者切不可拘泥于特定的形式，因为头脑风暴是一种生动灵活的技法，应用时完全可以并且应该根据与会者情况以及时间、地点、条件和主题的变化而有所变化、有所创新。

学生自测

一、名词解释

成果示范、方法示范、开发性试验、综合性试验。

二、填空题

1. 随机区组设计是根据________原则，将试验环境划分为与重复数目相等的________，一个区组内安排一个重复的全部________，同一区组内的各处理都独立地________排列。

2. 在两因素试验中，如果处理组合数不太多，而各个因素的效应同等重要时，采用________设计；如果处理组合数较多而又有一些特殊要求时，往往采用________设计。

3. 在农业技术推广试验中，除试验因素有意识地分成不同的水平以外，其他作为试验环境条件的因素都必须严格保持一致，以降低试验误差，提高试验的准确度和精确度。这称为试验的________原则。

4. 如果试验地肥力呈梯度状变化，划分区组时要让区组的长边与肥力变化最大的方向相________，小区的长边与肥力变化最大的方向相________。

三、判断题

1. 随机区组设计是一种只适合于单因素试验的试验设计。 (　　)

2. 裂区设计是一种只适合于两因素试验的试验设计。 (　　)

3. 在制定试验方案时，供试因素可以多一些。 (　　)

4. 在实施品种试验时，不同品种每小区播种的种子重量应当相同，而不必考虑种子的千粒重和发芽率。 (　　)

5. 在对试验进行田间管理时，必须注意试验的唯一差异原则，力求各小区管理措施的质量一致，以降低试验误差。 (　　)

6. 成果示范可以选用没有经过试验或尚在试验中的不成熟、不可靠的技术。 (　　)

7. 种植示范田时，没有必要设置对照。 (　　)

8. 在成果示范过程中，推广人员要经常到示范地检查督促技术措施落实情况。 (　　)

9. 在进行成果示范时，必须要进行观测记载，目的是为了增强观摩时的说服力和给示范总结提供依据。 (　　)

10. 在成果示范现场观摩时，没有必要让示范户发言。 (　　)

四、单项选择题

1. 对于试验材料固有的差异所引起的误差，可以(　　)加以控制。

A. 采用合理的小区技术　　B. 使操作管理标准化

C. 选择同质一致的试验材料　　D. 选择肥力均匀的土地作为试验地

2. 对于试验过程中操作和管理不一致所引起差异，可以(　　)加以控制。

A. 选择同质一致的试验材料　　B. 使操作管理标准化

C. 采用合理的小区技术　　D. 选择肥力均匀的土地作为试验地

3. 进行喷施植物生长调节剂试验，所喷施的生长调节剂只有一个浓度，以喷清水为对照，喷施后分别观察植物的生长状况。这种试验设计属于(　　)试验设计。

A. 两处理相比较的成组　　B. 两处理相比较的成对

C. 两处理相比较的随机区组　　D. 两处理相比较的裂区

4.选面积相同的玉米小区 10 个,将每个小区分成两半,其中的一半做去雄处理,另一半不做去雄处理,观测 2 种处理方法的产量结果,这种试验设计属于(　　)试验设计。

A.两处理相比较的随机区组　　B.两处理相比较的裂区

C.两处理相比较的成组　　D.两处理相比较的成对

5.下列关于两因素随机区组试验设计的叙述中,正确的叙述是(　　)。

A.将 2 个因素分为主处理与副处理　　B.两个因素无主处理与副处理之分

C.有主区与副区的划分　　D.主处理随机安排在主区上

6.下列关于裂区设计的叙述中,正确的叙述是(　　)。

A.同一区组内各处理组合随机地安排在各个小区上

B.在设计前把 A 因素的各水平分别与 B 因素的各水平配对形成处理组合

C.同一区组包含所有的处理组合

D.将 2 个因素分为主处理与副处理

7.下列不属于技术培训原则的是(　　)。

A.可靠性原则　　B.直观性原则

C.启发性原则　　D.理论联系实际原则

8.下列不属于农业技术推广人员应具备的培训能力的是(　　)。

A.使用辅助教学设备的能力　　B.安排和组织教学的能力

C.进行试验、示范的能力　　D.对农村社会进行调查研究的能力

9.(　　)的代表性是指试验时的自然条件及农业生产条件能够代表将来推广试验结果的那些地区的条件。

A.试验方法　　B.试验条件　　C.试验总结　　D.试验材料

10.随机排列的作用在于正确估计试验(　　)。

A.结果　　B.方差　　C.效应　　D.误差

五、多项选择题

1.按照试验的性质可以把农业技术推广试验划分为(　　)。

A.单因素试验　　B.开发性试验　　C.综合性试验　　D.适应性试验

2.农业技术推广试验的基本要求是(　　)。

A.试验目的要明确　　B.试验条件和材料要有代表性

C.试验结果准确可靠　　D.试验结果具有重演性

3.农业技术推广试验设计的基本原则包括(　　)。

A.随机原则　　B.重复原则　　C.局部控制原则　　D.唯一差异原则

4.试验误差有以下来源(　　)。

A.施肥不合理引起的差异　　B.管理和操作不一致引起的差异

C.外界环境条件的差异　　D.试验材料固有的差异

5.成果示范的作用是(　　)。

A.验证新成果的真实性　　B.探讨新成果的适应范围

C.验证新成果的稳定性　　D.宣传展示新成果的效果

6.方法示范的基本要求有(　　)。

A.在短时间内完成　　B.没有必要用语言解释

C. 农民亲自动手练习操作　　D. 以实际操作为主

7. 农业技术推广人员应具备的培训能力包括(　　)。

A. 安排和组织教学的能力　　B. 对农村社会进行调查研究的能力

C. 保存记录和撰写报告的能力　　D. 使用辅助教学设备的能力

E. 提出改进当地农业教育项目的能力

六、论述题

推广实践证明成果示范是深受农民欢迎的方法，分析其原因。

项目四　农业技术推广信息服务

“能交水电费、话费，能查询市场信息，还能订购种子化肥，销售农产品……”，在江苏省镇江市丹徒区宜城街道张巷村益农信息社里，信息员小倪正讲解信息平台的功能。

“帮我查查南瓜有哪些新品种，现在捂秧还来得及吗？”村民杨更生向小倪提问。小倪轻点鼠标，很快就查出有关南瓜种子的信息：从品种介绍，到育种护秧，到田间管理，再到采摘收获，都一一展现。老杨看后连声赞叹：“益农信息社真是方便了农民！”

“益农信息社是由农业农村部授权挂牌，并在农业农村部网站统一注册管理的信息进村入户试验点，旨在统筹城乡均衡发展、缩小数字鸿沟，将农业信息资源服务延伸到乡村、农户。”丹徒区农委综合科副科长张军介绍。丹徒区推进信息进村入户以来，88 个行政村完成信息社建设任务，实现了村级全覆盖。全区共建成标准站 78 个，示范站 10 个，区中心站 1 个，形成了立体式信息进村入户体系，“互联网＋”助力现代农业快速发展。

据了解，丹徒区中心站除具备服务功能外，还承担着辖区所有益农信息社的管理、资源共享、物流集散等工作，并对接开展农产品上行相关服务。标准站、示范站则全部实现“六有”，有场所、有人员、有设备、有宽带、有网页、有可持续运营能力，为村民提供公益服务、便民服务、电子商务、培训体验服务等。

“进一个门，能办百样事，让小农户顺畅连通市场。”辛丰镇新型职业农民韩树林说，有了电商平台，不仅能方便购买农资，还为基地生产的有机稻米打开销路。“解决从生产到销售全过程的问题，公司的稻鸭共作基地越来越大。”韩树林高兴地说。

下方村村民朱玉梅，通过终端一体机查看农资价格，发现这里的农资价格便宜。“平台上买农资能货比三家，今后生产成本能省下不少钱。”

“目前丹徒区益农信息社进入提档升级阶段，依靠‘互联网＋’推动绿色发展，为现代农业插上腾飞的翅膀，让农民得实惠、企业得发展、政府得民心。”丹徒区信息进村入户示范工作小组组长窦峰云说。

信息化带动，丹徒农业迈向品牌化、精致化发展。在上党镇敖毅村，建成集生产、销售、旅游为一体的黄桃基地。目前基地年产黄桃 1 500 多 t，亩均产值上万元。每年举办黄桃节，休闲旅游延伸了农业产业链，成为强村富民的示范。

子项目一　农业信息概述

学习目标

1. 了解信息的概念、形态及特征；
2. 理解农业信息的种类、内容、来源和特性；
3. 增强对农业信息作用的认识，能正确采集农业信息。

在信息化时代，信息已成为与物质、能源同等重要的资源。信息技术是当今世界上发展最快的高新技术，农业信息化已成为农业现代化的重要标志。深化信息化技术在农业领域中的应用，加快农业信息化建设步伐，对推进我国农业现代化进程具有重要意义。

一、信息的形态和特征

(一)信息的含义

信息一词在不同的学科有不同的定义。从广义上理解，信息就是对客观世界中各种物质运动的形态和特征的反映，是客观事物之间相互作用和联系的表征，是客观事物经过传递后的再现。简而言之，信息是事物运动状态及状态变化方式的反映。世界上的事物是不断发展、变化的，信息也就不断地产生和流动。从狭义上理解，信息是指具有新知识、新内容的消息、情报，这种消息对接收者来说是预先不知道的。

通常把信息理解为消息、情报、知识、数据、资料等的统称，但这些概念之间以及它们与信息之间有一定的差别。信息是知识的原料，知识是系统化的信息。对信息加工才能获得知识，没有信息，就形不成知识。知识是人类在实践中总结并表述出来的具有抽象和普遍品格的“事物运动状态及状态变化方式”，是一类特殊的信息。任何知识都必然是信息，因为任何知识都必然表述了某类事物的运动状态及其变化方式；但并非所有的信息都是知识，知识只是信息中具备普遍和抽象品格的那部分，因此是信息的一个子集。情报是指对特定主体具有机密性质的那些事物的运动状态及状态变化的方式，是一类特殊的信息，是“对特定主体具有机密性质”的那一类信息，是信息的一部分。所以，信息包括知识和情报，知识只是信息的一部分，情报一部分是知识，一部分是信息。

(二)信息的形态

信息是看不见、摸不着的，只有在通过一定的媒介载体进行传递时才表现出一定的形态。

1. 数据信息

在计算机科学中，数据是指所有能输入到计算机并被计算机程序处理的符号的介质的总称，是用于输入电子计算机进行处理，具有一定意义的数字、字母、符号和模拟量等的通称。从信息科学的角度来考察，数据是指电子计算机能够生成和处理的所有事实、数字、文字、符号等。当文本、声音、图像在计算机里被简化成“0”和“1”的原始单位时，它们便成了数据。尽管数据先于电子计算机存在，但是，导致信息经济出现的正是计算机处理数据的这种独特能力。

2. 文本信息

文本信息是指任何由书写所固定下来的任何话语。文本可以用手写，也可以用机器印刷出来。打印机、复印机、传真机、计算机、印刷机等是用来处理文本信息的主要工具。现在虽然计算机可以代替人们写字，但手写文字的魅力是任何书写方式无法代替的。

3. 声音信息

声音是指人们用耳朵听到的信息。声音信息包括 3 类：第一类是动物通过发音器官发出的，或动物活动所产生的声音；第二类是音乐；第三类是自然形成的声音。录音机、唱片、扩音器、电话、收音机、计算机等是用来处理声音信息的主要工具。

4. 图像信息

图像信息是指人们能用眼睛看见的信息。图像可以是黑白的，也可以是彩色的；可以是照片，也可以是图画；可以是艺术的，也可以是纪实的。人们用图像来表达与交流感情有着悠久的历史，在当今各个学科都离不开图像。图像信息比数据信息和文本信息表达事物更快、更直观。摄像机、录像机、数字视频录像机、网络视频录像机、打印机、复印机、传真机、扫描仪、转录机、计算机等是用来处理图像信息的主要工具。

5. 多媒体信息

多媒体技术中的媒体主要是指前者，就是利用计算机把文字、图形、影像、动画、声音及视频等媒体信息数字化，并将其整合在一定的交互式界面上，使计算机具有交互展示不同媒体形态的能力。多媒体信息改变了人们获取信息的传统方法，更符合人们在信息时代的阅读方式。

(三)信息的特征

1. 时效性

一定的信息是反映特定时期事物的变化和特征的。任何事物都是运动变化的，事物变化了，它所包含的信息也要随之发生变化。我们感知的只是某一时刻的信息，另一时刻事物变化了，前一时刻感知的信息对该事物而言也就失效了。过时的信息再怎样准确也会因无法反映最新信息而成为无效信息。客观事物变化越快，信息的时效性就越强。

2. 共享性

共享性是信息资源的一种本质特性。信息可同时被多个接收者所利用，不会因接收者增多而使每个接收者获得的信息减少。使用者越多，其价值也就越大。一盘录像可以转录上万盘，使众多的人共享其中的信息内容。一本书所载荷的信息可以通过印刷变成大量的复本或转换成电子文档供广大读者或网民共同享用。信息可以共享，是一个很重要的性质，也是与传统的资源(物质和能量)的主要区别之一。由于信息可以被共享，它对人类社会的进步就具有无可限量的贡献。信息可以共享的奥秘，就在于信息不是事物本身，它可以脱离开原事物而转换复制。不过信息的共享是以消耗物质资源和能量资源为代价的。

3. 可传递性

各种信息都可以通过一定的技术手段从一个地方传递到另一个地方，到达预定的信宿。信息是在传递的过程中发挥作用的。如信息借助文字载体表达出来，使古代的信息保留到了今天。语言、表情、动作、报刊、书籍、广播、电视、电话等是人类常用的信息载体和传递方式。信息载体的可传递性决定了信息的可传递性。信息的传递是与物质和能量的传递同时进行的。

4. 可识别性

信息是可以识别的。信息接收者从一定的目的出发,可以对信息的真伪性、有用性进行辨认和甄别。识别又可分为直接识别和间接识别,直接识别是指通过感官的识别,间接识别是指通过各种测试手段的识别。不同的信息可以采取不同的识别方法。

5. 可转换性

信息可以从一种形态转换为另一种形态。各种语言、文字、图像、图表等信息形式可以转换成广播、电视、电信的信号,也可以转换成计算机代码。在人际交往中,各种族之间的语言翻译以及人的语言转换为机器语言等都体现了信息的可转换性。

6. 可存储性

通过一定的技术手段,可以把信息记录下来,也可以用存储器把信息(声音、文字、图像、图形、数据等)准确地存储起来,随用随取,为单位信息的多功能利用创造条件,对日后信息的重新搜集大大节省了人力、物力和财力。人类发明的文字、胶卷、摄影、录音、录像以及计算机等都可以进行信息存储。大脑是一个天然的信息存储器。被存储的信息可以是信息的原型,也可以是经过加工、处理后的信息。信息存储的特点是可重现性。

7. 可处理性

信息可以根据人的愿望进行处理,如将信息进行放大、缩小、分类、编辑、分析、计算等,可以加工成某种要求的数据形式或绘制成图形等。人脑是最佳的信息处理器,人脑的思维功能可以进行决策、设计、研究、写作、改进、发明等多种信息处理活动。现在计算机也承担了部分信息的加工、处理工作。

8. 可预测性

随着科学技术的不断发展,信息也可以被预测,如几天之内的天气情况,作物病虫害、台风、海啸等自然灾害的发生时间及强度等均可以比较准确地预测出来,人们可以提前做好预防措施,把灾害的破坏程度降到最低。

9. 贬值和污染性

信息在传递、流通或转换过程中,产生变形和失真,这是信息贬值的原因。信息污染则是由信息量呈指数增加、信息质量低下或在信息传播过程中的各种干扰和破坏引起的。

二、农业信息的种类和内容

在信息技术广泛应用的今天,农业信息不仅泛指农业及农业相关领域的信息集合,更特指农业信息的整理、采集、传播等农业信息化进程。随着科学技术的发展,农业科技对农业系统的各个层面的影响越来越大,相应地农业信息的内容也越来越广泛。在农业系统中,凡是沟通农业科研、教学、推广、管理、产供销等活动与农民之间联系的信息流,统称为农业信息。

(一)农业信息的种类

1. 自然信息

(1)农业资源信息　包括各种农业自然资源(土地、湿地、山林、草地、水利、气候、生物资源以及积温、日照、降水量等)、农业经济资源(农业人口和农业劳动力的数量和质量、收入、购买力等)以及农业区划等方面的信息。

(2)农业自然灾害信息　包括气象灾害、海洋灾害、洪水灾害、地质灾害、森林灾害、农作物灾害和畜禽疫病等方面的信息，农业灾害预警系统的建设和减灾、防灾信息等。

2.社会信息

(1)农业政策信息　包括各种与农业生产和农民生活直接相关或间接相关的各种国家和地方性法律、法规、政策等。如农村经济体制、农村财税体制、农产品购销体制、农业发展扶持政策、新农村建设扶持政策、各种农业法律法规等。

(2)农业科技信息　包括农业科研进展、新成果、新技术、新工艺、新方法、新生产经验、试验示范效果等科学技术方面的信息。

(3)农业生产信息　包括作物生产计划，作物布局，生产条件，生产现状，作物长势，产前、产中、产后的各种情况等农情方面的相关信息。

(4)农业教育与研究信息　包括农业院校及科研单位的教育科研情况，农村教育及农民培训制度，农业技术培训和农民创业培训的时间、地点、方法、手段、内容、效果等。

(5)农业市场信息　包括农产品市场体系，农产品储运，加工、购销、生产资料和生活消费品供求和价格等方面的信息。

(6)农业经济管理信息　包括农业经营动态、农业收益、投入产出、农民生活水平状况、农村经济等方面的信息。

(7)农业人才信息　包括农业科技人员的技术专长、农村科技示范户、生产专业户、农民企业家的基本情况及工作情况、农村人才管理等信息。

(8)农业技术推广管理信息　包括农业技术推广队伍情况、组织建设、人员培训、经营服务、教育管理、项目经费、技术承包、推广工作的经验及成果等。

(二)农业信息的内容

农业技术推广要服务于农业和农民，只有及时、准确、充分地收集各类农业信息，才能更好地向广大农民传播农业信息。

1.农业科技及生产信息

(1)国内外农业科学技术发展动态；

(2)从国外引进的各种农林畜品种、农业设备和技术；

(3)农业科研机构、农业院校应用性科研成果；

(4)农民及农业企业的先进经验；

(5)邻近地区已推广的行之有效的农业技术措施；

(6)农情动态、作物生产动态、气候变化、自然灾害预测预报；

(7)推广人员在技术推广过程中的成功经验和做法；

(8)基层推广人员、农业企业及农民对推广项目的反映，对改进推广工作的建议；

(9)农民的愿望、需求及反馈的技术革新信息；

(10)有关农业科技和生产的其他信息。

2.农业经济和市场信息

(1)党和国家有关农业方针政策及法律法规的变化情况；

(2)各种形式的专业户、重点户、联合体发展商品生产的动向、经验和做法；

(3)农、畜、水产品的购销政策、价格政策；

(4)农用生产资料、生活资料的供求状况和市场行情；

(5)主要农、畜、水产品生产成本的变化情况，降低成本、提高经济效益的有效措施；
(6)农副产品加工、贮藏、运输、销售、转化及农副产品综合利用的做法和经验；
(7)农业企业及农民对当前农村政策的反映及要求，对发展农村商品经济的措施和建议；
(8)农副产品外贸行情的变化情况；
(9)消费者心理、农产品消费习惯的变化等。

三、农业信息的来源和特性

及时收集、传播农业信息是农业技术推广工作能否顺利、有效进行的关键环节之一，这就需要推广人员通过各种渠道广泛地收集各类农业信息。

(一)农业信息的来源

农业信息来源广泛、渠道众多。如来自文献资料、报刊杂志、广播电视、官方文件、互联网、各类机构、农业企业以及农民群众的信息等。其中文献资料、报纸杂志、官方文件和互联网的信息量是较大的。

1.农业科技图书和音像制品

农业科技图书包括农业科技专著、农业实用技术图书、农业教科书、农业工具书、农业年鉴、农业学术会论文集等。农业科技图书具有历史性、系统性、实用性、全面性等特点，从数量和品种众多的农业科技图书中，可以获取大量的、系统的、全面的关于各种农业信息方面的知识。音像制品是指音像出版社出版发行的种植、养殖、加工、农业百科等方面的光盘等。

2.农业科技期刊

农业科技期刊是指定期或不定期发行的连续出版物，它能及时报道最新的农业科技信息、农业科研成果和农业科技发展动态，是记录农业科技工作者科研成果的一种重要形式，也是农业科技文献的主要类型，具有一定的情报价值，有公开发行和内部发行 2 种形式。

3.内部资料

一般是由农业院校、科研单位、农业主管部门及农业情报部门编印的，含有很多宝贵的情报信息，一般在公开出版物上不易找到，所以要注重收集。内部资料主要包括：农业科研成果报告、农业科技成果汇编或选编、农业科技会议资料、国内外农业科技研究动态资料、出国参观考察报告材料、外籍学者来华讲座材料等。

4.农业技术标准资料

农业技术标准是对农产品、原材料、仪器设备的质量、规格、计量单位、操作规程、技术规范、检验方法、生产加工技术、包装、标志、储运等所制定的技术标准规定，具有一定的法律约束力。

5.农业技术档案资料

指在农业科学技术研究和生产活动中形成的科学技术文件材料。如科研计划、技术方案、任务书、技术指标、审批文件、试验示范田间档案、原始记录、作物保护记录、畜牧水产档案等。

6.农业产品和农用生产资料样品说明书

可到农业成果展览会、展销会、科技产品交易会等现场收集。一般配有说明(有的还配有小包装样品)、文字介绍简明扼要、技术可靠、直观性强，可以作为农业新技术、新成果的重要信息来源。如各种新农药、新肥料、新作物品种的说明书等。

7. 专利文献

专利文献种类繁多、图文并茂，具有权威性、快速性、详尽性、完整性、多样性等特点。主要包括专利申请书、说明书、文摘、索引、专利刊物等。

8. 农业广播、电视栏目

各种农业广播和中央、地方电视台的农业电视栏目，也是获得农业信息的重要途径。如CCTV-7的农广天地、科技苑、每日农经等栏目。农垦系统还设有专门的农垦频道，来报道农业新闻、发布农业信息等。

9. 互联网信息

互联网的信息量大、种类多、更新快，是信息发布和检索的重要媒介和工具。各种农业信息网站是获取农业信息的重要途径。

（二）农业信息的特性

1. 农业信息的时效性

农业信息的时效性包括内容的时效性与传递过程的时效性。内容的时效性是指农业信息对于特定的使用者来说，只在特定的时间内有效。例如，一项新的农业技术信息的运用可能会带来很高的利润，但随着时间的推移，更先进的农业技术出现，原有的技术或许就会变得毫无价值。传递过程的时效性是指信息在传递过程中具有时间成本，传递时间越长，时间成本越高。

2. 农业信息的易扩散性

农业信息的易扩散性是指个人一旦拥有了某些信息，他不可能无偿占有，往往在生产和生活中被无成本地传播和学习。如拥有良种的人可以通过出售种子来获得更多的收入，而农业技术信息的拥有者，他可能只有一次销售信息的机会，而一旦该信息卖给了别人，其他的人便可无偿得到，也就不会有第二次买卖了。

3. 农业信息的地域性

大多数农业信息与地理位置有关，包括地形、地质、土壤、气候等诸多方面。正是由于地域上的差异，在推广工作中需要按照试验、示范再推广的程序，因地制宜地向农业生产经营者提供农业地域信息，切忌照搬照抄外地的经验，以免造成严重后果和重大损失。

4. 农业信息的系统性

农业、农村和农民是“三位一体”的整体，农业生产是农业生物、环境、经济、技术和人的劳动等构成的一个系统。在搜集和应用农业信息时应十分重视农业信息的系统性，保证信息全面、准确，以免顾此失彼。

5. 农业信息的综合性

农业信息涉及面很广，如土、水、肥，山林、湿地、草原，气象、物候、病虫害、产供销等无所不包，是多种信息的综合体，涉及农业、水利、化工、气象、物流等多个学科，具有很强的综合性。

（三）农业信息的作用

1. 引导农民行为改变

通过农业信息的传播和利用，能促使农民学习行为、购买行为、营销行为等的改变，从而使思想不断解放，观念不断更新。

2.为农业生产决策提供依据

充分、准确的农业信息,有助于各决策部门和农民知识量的增加,开阔眼界,提高胆识,增强决策能力,同时也能减少决策的盲目性。

3.促进农村市场经济发展

通过信息交换、信息加工等,了解国内外市场的供求关系、生产资料供应情况,进行市场预测,根据市场情况来调整农业产业结构,促进农村市场经济顺利、有序发展。

4.提高农业生产效率

农业信息能够加强农业科研、农业教育、农业技术推广、农业产供销之间的联系,减少或者避免这些部门之间的脱节。同时农业信息载体多种多样、灵活快捷,能减少人力、物力和财力的浪费,大大提高农业生产效率和经营效益。

阅读材料

中国科技特派员:奋斗在一线的"田专家、土秀才"

他们,是农民眼中的"田专家、土秀才",教学课堂就在田间地头;他们被老乡们亲切地称为"科特派",是乡亲们心里的"致富能手",总能让"好技术"与"富群众"有机结合……他们就是直接服务6 500万农民、解决现实科技难题的科技特派员。

我国科技特派员制度从1999年探索实施至今,以服务"三农"为出发点和落脚点、以科技人才为主体、以科技成果为纽带,让技术长在泥土里、把论文写在大地上,成为农业科技的传播者、科技创新创业的领头羊、乡村脱贫致富的带头人。

菌草技术:不起眼的"小草创新"

不起眼的小草,却能代替木头养菇,创造了走向世界的非凡之力。

已经77岁高龄还活跃在一线的福建农林大学国家菌草工程技术研究中心首席科学家林占熺,是一位资深的"科特派"。

20世纪80年代,福建省农民大量消耗木材生产香菇、木耳等食用菌,"菌林矛盾"日益突出,从那时起,林占熺开始尝试用草来代替木头养菇。

在简陋的环境中,林占熺埋头苦干,成功地发明了菌草技术。此后,菌草技术被推广至全国500多个县(区),成千上万的农民增加了收入。

不仅如此,林占熺团队还将菌草技术推广至106个国家,菌草成了很多发展中国家的民生工程、扶贫工程、生态工程。菌草中心举办了202期国际培训班,帮助100多个国家的7 800多名学员掌握了这项中国技术。

在一般人眼里,草是平凡甚至渺小的,但林占熺发明的菌草技术,使草不仅可以养菇致富、治理风沙,还可以用来发电造纸。平凡的科技特派员,创造了不平凡的"田野创新"。

七叶一枝花:大山里的"致富之花"

专心扎根闽北山区,一心一意只为种好"一枝花"。来自福建省农业科学院的科技特派员苏海兰,对"三农"事业充满热爱,怀着"让农民群众过上好日子"的梦想,她和同事带领着乡亲们全力攻克产业技术难题。

七叶一枝花是云南白药等80多种中成药的主要原料,为了帮助当地发展七叶一枝花产业,带动农民致富,苏海兰几乎走遍了全省各地的深山老林。为了解七叶一枝花生长习性,她和同事多次到云南白药等基地取经，实施田间试验超过300个。

由于山里蚊虫多、蛇多，不管多热的天，苏海兰都得包好头部，穿上雨鞋，拿着木棍，白天和大家一起钻山林、进大棚，晚上整理总结。

在基地，苏海兰手把手指导农民、培训农民，做给农民看，带着农民做，与广大农民建立了深厚感情，每年组织培训15次以上，每天接到农户电话或微信至少5个，全省七叶一枝花基地90%跟她有联系。

2016年以来，苏海兰每年驻点近300 d。为了有更多时间研究项目，每逢暑假，她便把一个8岁、一个3岁的女儿接到基地参与劳动。

“只有这样才能让孩子们明白妈妈为什么总是出差、在做什么，她们也能更理解我、理解我的事业。”苏海兰说。

“长期下乡虽然又苦又累，但只要能帮到农民，我心里就是甜的。”苏海兰告诉记者，她跟对口的农户有一句口头禅：“有我们能做的尽管找我们。”

专家团队的“集团作战”，让七叶一枝花育苗从原来需要2年且只有5%出苗率，实现了现在6个月就可达到超60%的出苗率。基地扩建了400多 hm^2，还带动农户种植近667 hm^2，七叶一枝花这一稀缺名贵药材，成了大山里真正的“致富之花”。

心中的桃花源：“柴火树”能变“摇钱树”

从福建南平的“星星之火”到全国推广的“创新之花”，20年来，我国科技特派员制度取得丰硕成果，目前已领办创办1.15万家企业或合作社、平均每年转化示范2.62万项先进适用技术。这些活跃在一线的“科特派”们与农民建立“风险共担、利益共享”的共同体，推动农村创新创业深入开展。

在重庆市科技特派员王友国看来：“世上有两个桃花源，一个在你心中，一个在重庆酉阳。”

扎根山区7年，领办企业数家，王友国利用科研成果促进油茶产业发展。通过应用良种良法、生态经营等技术措施，将基地油茶林建成亩产茶油40 kg、年亩产值3 200元以上的高产高效示范基地，王友国和乡亲们让昔日“柴火树”变成了“摇钱树”。

王友国探索了以酉阳县天馆乡1万亩油茶为示范的“145”利润分红模式，即集体经济占10%、企业占40%、农民用土地入股占50%，2019年预计有368户1 100余名贫困人口通过利益联结模式人均实现务工和分红收入1万元。

“作为农民的儿子，我吃过苦、受过累，最能理解农民需要什么，自己能够退休后再创业，带领乡亲们富起来，让我觉得无比甜蜜，这也是作为一名‘科特派’的意义所在。”王友国说。

新时代，农村是充满希望的田野。科技部有关负责人表示：“我们要坚持把科技特派员制度抓实抓好，把创新的动能扩散到田间地头，在科技助力脱贫攻坚和乡村振兴中不断做出新的更大的贡献。”

思考题

1.农业信息有哪些来源？

2.农业信息有哪些特性？

3.农业信息有什么作用？

子项目二 农业信息化

学习目标

1. 掌握农业信息化的含义和内容；
2. 理解农业信息化的意义；
3. 了解信息农业的含义及技术构成。

随着市场经济的不断发展，农民对农业信息的需求越来越迫切。为他们提供全面、快捷、崭新的农业信息，让他们及时、准确地掌握市场，根据市场的变化来制订生产计划是非常重要的。农业信息化可以使广大农民更多地获取各类信息，为农业生产提供必要的决策支持。

一、农业信息化的含义及内容

（一）农业信息化的含义

农业信息化是一个内涵深刻、外延广泛的概念。关于农业信息化含义的认识还处在不断发展的过程中，还没有标准的定义。尽管人们对农业信息化的理解不尽相同，但其基本含义都是指信息及知识越来越成为农业生产活动的基本资源和发展动力，信息和技术咨询服务业越来越成为整个农业结构的基础产业之一，信息和智力活动对农业增长的贡献越来越大的过程。它不仅包括计算机技术，还包括微电子、通信、光电、遥感等多项技术在农业上普遍而系统的应用，其目标都是为了实现农业信息资源的高度共享和有效利用。

农业信息化可被理解为在农业生产、分配、交换、消费环节中，通过普遍采用信息技术和电子信息装备，更有效、更合理地开发利用各种农业资源，包括自然资源、人才资源和知识、信息资源等，提高农业产业的现代化水平，推动农村经济社会发展的动态演进过程。

农业信息化有广义和狭义两种含义。狭义的农业信息化主要是指农业信息资源的数字化和信息交流服务的网络化，即以计算机网络为基础，通过计算机网络把农业科研成果、农业生产技术、农产品供求信息、农业和农村发展政策、国内外农业发展动态以及经济政治形势等知识和信息传递给农业生产者、经营者和消费者，以指导农业生产经营、农产品流通和消费的过程。广义的农业信息化是指农业全过程的信息化，即以各种信息传播手段实现农业科技、生产、流通和消费信息在农业生产者、经营者和消费者之间有效传递的过程，是用信息技术装备现代农业，依靠信息网络化和数字化支持农业经营管理，监测管理农业资源和环境，支持农业经济和农村社会信息化。二者的主要区别在于信息传递手段的不同，狭义的农业信息化以计算机网络的传播为主，而广义的农业信息化则包括计算机网络、电视、广播、报刊、电话、现场宣传等手段。

（二）农业信息化的内容

1. 农业资源和环境信息化

通过用遥感、航测、地理信息系统、全球定位系统、各种监测农业资源的设施与仪器等，建立农业资源、环境信息网络，正确而及时地掌握农业资源、环境的变化。采用遥感和地面普查结合的方法定期采集土地资源、水资源、农业工程、农业机械等信息，为农业结构调整和区域化布局奠定基础；采集农业气象、环境污染、农业灾害等信息，为农业管理决策提供依据。

2. 农业生产与管理信息化

建立以计算机网络为基础的农业信息网络，对作物品种、种植面积、病虫害等情况进行管理与调控，解决管理效率低、调控不及时等问题，促进管理科学化、合理化和最优化。农作物品种的选择及栽培、病虫害的预测预报与防治、作物生长情况的自动监测、作物产量的预测与准确统计、自动排水灌溉、农田的合理规划等都要利用现代信息技术来控制。

3. 农业生产资料市场信息化

依靠农业生产资料市场的信息化，解决种子、化肥、农药、农业机械、农用薄膜等在供求方面存在的矛盾。

4. 农产品市场信息化

农产品市场信息化是信息化农业发展的基础和突破口，农产品营销的成效将在很大程度上取决于经营者的信息意识与信息运用的能力。通过农产品市场信息化，及时了解掌握农产品、畜禽产品、水产品、林产品的国内外市场价格与供求状况，以及农、林、牧、渔加工品的种类、生产规模及其市场行情等信息，及时调整农业结构和农村产业结构。

5. 农业科学技术信息化

建立农业科技信息网络，加强农业科研和生产活动诸如农业科研状况、农业科技最新动态、农业科技成果交流、农业科技专利等的信息服务，加快农业新技术成果的交流和扩散，避免形成农业科研与生产活动相互脱节、割裂的局面。

6. 农业教育及培训信息化

企业和农户是信息服务的最终用户和接受主体，必须增强他们获取信息、使用信息和利用信息的意识和能力。因此，必须利用信息技术和网络技术，通过多媒体远程教育系统和多种媒体窗口，加强各级农业管理部门从业人员的信息知识和应用技术培训，开展对农民获取信息和应用信息的教育和培训，从而加快农业知识传播和农业科学技术的普及，提高农民科技文化素质。农业远程教育网站、农业信息网站、农业电视、农业无线广播等是农业教育及培训信息化的重要手段，农业技术推广人员和农民都可以通过广播电视与网络获得农业知识，学习有关的农业课程，接受农业教育，不断更新知识。

7. 农业金融税收信息化

以电子货币工程为重点的“金卡工程”目前已取得长足发展，IC 卡和智能卡已在各行业普遍应用，促进了直接或间接为农业服务的金融行业信息化。此外，包括增值稽核系统、增值税专用发票防伪税控系统和税控收款机系统 3 个有机互联部分的“金税工程”，已逐渐使农业税收征管工作步入规范化、自动化、电子化轨道。

8. 农业政策法规信息化

通过加强农业信息化法制法规建设，对农业领域的国家机密、商业秘密、知识产权等依法保护，同时维护农业生产者、开发者、管理者等农业信息化主体在农业信息网络体系中平等竞争权益，促进农业信息化发挥正面效应，抑制负面效应，使广大农民及时获取农业法规政策信息。

9.农村社会经济信息化

农村人口的变化，教育、科技的普及程度，农民的收入水平，农村的道路、能源、卫生情况，农村居民的房屋建筑，小集镇的发展等都是农村社会经济信息化的内容。农村社会经济信息化就是使用先进的信息处理与传输技术，实现各级农业信息系统计算机联网，以便各级领导部门更快捷、更准确地掌握农村社会经济的变化，制定正确的政策。

10.农民生活消费信息化

信息技术的发展日新月异，人们的工作和生活方式正走向知识化和智能化，互联网的普及不仅为知识创新、交流和传播提供了最有效的手段，而且网上提供的各种生活消费服务，极大地改变了人们的生活消费习惯，农民的生活消费观念和手段也日趋现代化和信息化。

11.农业基础设施装备信息化

包括农田基本建设设施、农作物种子工程设施、农产品加工与贮藏设施、农作物病虫害防治设施、畜禽工厂化饲养设施、日光节能温室设施和无土栽培设施信息化，广泛使用卫星遥感通讯、全球定位系统。

二、农业信息化的意义

农业信息化可以降低农业生产投入，提高农产品的生产数量和质量，减轻自然灾害的影响，加速农产品的流通，引导农产品的生产和消费，推动农业产业结构的调整与升级，有利于政府宏观调控，有利于企业、农户微观经营的科学决策，有利于改善农业教育培训质量，有利于推动农村社会均衡发展，是建设现代农业、标准化农业和精准农业的基础。

1.农业信息化是提高农业生产效率的有效途径

利用计算机技术进行模拟试验和数据分析，可以降低农业科研成本，缩短农业科研时间，提高农业科研分析能力和准确程度；利用计算机技术进行农业生产过程的设计、农业投入产出结构的优化、农产品市场状况和应用前景的分析，可以提高农业生产的精度，以最少的投入实现最佳的产出；利用计算机技术进行遥感预测，可以增强农业抵御自然灾害的能力，减少灾害损失；利用计算机网络技术，可以简便快捷地把农业生产技术、农业新品种、农业新技术、农业人才、农产品供求和农业农村经济政策等信息传递给农业生产者、经营者和消费者，从而实现农业新技术的迅速普及推广，实现农产品的高效流转。农业信息网络体系，可为农业发展提供强大的技术支撑，促进农业增效和农民增收。

2.农业信息化是优化农业产业结构的重要手段

农业信息化使大农业内部农、林、牧、渔各业之间，农业、工业、服务业之间相互渗透，使农业更具开放性。信息技术在农村的普及将会带动农村第三产业的发展，在农村(特别是城乡接合部)将广泛出现与信息技术和信息服务相关的行业，从而带动农村小城镇建设的发展，促进农村劳动力就业结构发生变化，实现农村剩余劳动力的就地转化。农业信息化可以实现农村与城市、国内与国外的互联互通，从而农业发展可以充分利用国内和国外两种资源、国内和国际两个市场，优化资源配置，扩大农产品市场，加快农业产业升级，优化农业产业结构。因此，农业信息化是提高农村劳动力素质，改善农业就业结构，实现农村劳动力转移，优化资源配置，加快社会主义新农村建设的有效措施。

3.农业信息化促进农村经济与国际接轨

世界经济一体化和全球化要求各国农产品参与国际市场竞争，因此农业生产必须降低成本，不断提高农产品的产量和质量，提升农产品的国际竞争力。这就要求农业生产必须决策科学化、投入精准化、操作标准化、加工精细化、储运规范化。要实现这些过程就必须加快农业信息化进程，需要建立与国际贸易体制相适应的农业信息系统，及时准确地提供对外贸易运行规则、国际农产品市场行情等信息，为政府决策提供依据，引导农产品生产经营者及时采取措施，规避国际市场风险，避免损失。

4. 农业信息化促进农业可持续发展

我国地域辽阔，农业资源丰富，资源分布差异很大，要想合理利用就必须掌握其分布、性质、变化情况，运用常规技术是无法实现的。实践证明，只有运用包括卫星遥感技术、地理信息技术、全球定位技术、空间分析技术、模拟模型技术、网络技术、人工智能技术等综合的现代信息技术，建立农业资源信息系统，才有可能及时获得精准的环境资源资料，从而为资源的合理开发利用提供可靠的依据。近年来，我国农业在获得长足发展的同时，也付出了环境恶化、资源过度开发的代价。我国亟待建立和完善农业资源、环境信息系统，这不仅是当前农业发展的需要，也是保护环境和农业资源，实现农业可持续发展的百年大计，这是农业信息化最深刻、最长远的意义。

5. 农业信息化加快农业现代化进程

农业现代化本质上是农业科技的现代化。没有农业的信息化，就没有农业科技的现代化，信息化是农业现代化的制高点。大力发展农业农村信息化，是加快推进农业现代化、全面建成小康社会的迫切需要。《中华人民共和国国民经济和社会发展第十三个五年规划纲要》提出推进农业信息化建设，加强农业与信息技术融合，发展智慧农业；《国家信息化发展战略纲要》提出培育互联网农业，建立健全智能化、网络化农业生产经营体系，提高农业生产全过程信息管理服务能力；《全国农业现代化规划(2016—2020 年)》《“十三五”国家信息化规划》也对全面推进农业农村信息化做出总体部署。

三、信息农业

(一)信息农业的概念

信息农业是随着计算机技术、通信技术和农业技术的不断发展而形成的。它以农业信息技术、空间信息技术和计算机网络技术为基础，以“3S”(RS、GIS、GPS)技术为核心技术，可以对任何一个特定区域的耕地以及正在生长的农作物进行数据收集和分析，筛选出针对每个农业小区最佳的农业管理方案，在生产系统可持续发展的前提下，通过最佳的管理实现低投入、高产出，获得最大利润的现代化农业。它集中与农业生产有关的信息采集、传输、处理和应用为一体。至此，你可以通过上述对信息农业的描述，总结出信息农业的概念了。

信息农业常常被表述为精细农业、精确农业、精准农业、精致农业、精细农作、数字农业、电脑农业等。

精细农业是指将现代化信息高新技术与作物栽培管理辅助决策支持技术、农学、农业工程装备技术集成应用于农业，获取农田高产、优质、高效的现代化精耕细作农业。精细农业利用遥感技术(RS)、地理信息系统(GIS)、全球定位系统(GPS)等现代化信息技术手段，定量获取田间作物生长影响因素及最终生成的空间差异性信息，运用科技手段调控，实现对农田资源潜力的均衡利用，促进农业高产、高效和可持续发展。精细农业的核心是实时获取农田每个小区土壤、农作物的信息，诊断作物的长势和产量在空间上差异的原因，并按每个小区做出决策，准确地在每个小区上进行灌溉、施肥、喷药，以达到最大限度地提高水、肥和杀虫剂的利用效率，提高产量，减少环境污染的目的。

精确农业是指利用全球定位系统(GPS)、地理信息系统(GIS)、连续数据采集传感器(CDS)、遥感技术(RS)、决策支持系统(DSS)和变率处理设备(VRT)等现代高新技术，获取农田小区作物产量和影响作物生长的环境因素(如土壤结构、地形、植物营养、含水量、病虫草害等)实际存在的空间及时间差异性信息，分析影响小区产量差异的原因，并采取技术上可行、经济上有效的调控措施，区域对待，按需实施定位调控的“处方农业”。精确农业技术在现代农业生产中的应用十分广泛。如根据土壤的需要使肥力状况得到改善，根据病虫害的情况来调节农药喷施量，不再耕种那些已经板结的土地，自动调节耕播机的耕种深度等。

数字农业是指使用地理信息系统、全球定位系统、遥感技术、自动化技术、计算机技术、通信和网络技术等数字化技术，对农业所涉及的农学、地理学、生态学、土壤学和植物生理学等基础学科有机结合，进行数字化和可视化的表达、设计、控制、管理，在数字水平上对农业生产、管理、经营、流通、服务等领域进行数字化设计、可视化表达和智能化控制，达到合理利用农业资源、降低生产成本、改善生态环境等目的，使农业按照人类的需求目标发展。

2019 年 5 月，中共中央办公厅、国务院办公厅印发《数字乡村发展战略纲要》，明确将数字乡村作为乡村振兴的战略方向，加快信息化发展，整体带动和提升农业农村现代化发展。各地各部门坚决贯彻落实党中央、国务院部署要求，扎实推动数字乡村建设，取得了阶段性成效。农业农村部、中央网络安全和信息化委员会办公室联合印发了《数字农业农村发展规划(2019—2025 年)》

信息农业是建立在知识和信息生产、分配及使用基础上的新型农业经济，是知识经济时代各国农业进一步现代化的趋向和标志，其核心是以农业信息学的理论和方法为指导，以农业信息技术应用为手段，以农业信息集成和网络服务为目标，将信息技术渗透到农业生产、流通、消费以及农村社会、经济、技术等各个环节，从而实现大幅度地提高农业生产效率和农业生产力水平，促进农业持续、稳定、高效发展。随着农业信息技术的迅速发展，以及人们环保意识的增强和信息技术成本的下降，我国将迎来信息农业的新时代。

(二)信息农业的信息技术构成

随着空间信息技术和农业信息技术的不断发展，各种有关农业生产的信息采集、信息传输、信息处理和信息应用更为方便、迅速和准确。在信息农业中，信息技术的主要构成包括以下 4 个方面：

1. 信息采集技术

利用全球定位系统、遥感技术以及地面生物、环境信息监测技术，在农业生产过程中实时采集作物生长发育、土壤水分、养分和气象等有关信息，并输入计算机系统进行存储、处理，采用地理信息系统对实时资料进行分析和管理。

2. 信息传输更新技术

采用系统接口，在农业生产过程和信息采集过程中，将农作物生长发育信息、土壤信息和气象等环境信息实时传输至农业信息系统(各种模型、决策系统和管理系统等)和农业地理信息系统，实现农业信息系统资料的实时更新。

3. 信息处理技术

应用有关农业信息处理技术系统，包括作物生长动态模拟模型、决策支持系统、专家系统、基于模型的专家系统，结合“3S”系统，对实时采集的各种农作物、土壤和气象等有关信息进行处理分析，为农业生产管理和措施调控提供定量决策建议。

4. 信息应用技术

根据对实时作物、环境（土壤和大气）信息处理分析的结果，实时确定农业生产控制信息，由计算机控制具体的定位和实施。

阅读材料

农业物联网技术显神通

为提高种植效率，浙江省兰陵县在现代农业示范园引进了浙江托普农业物联网技术，在其所建设的蔬菜大棚中全部安装农业物联网监测设备，通过农业“物联网”技术实时监测大棚蔬菜温度、湿度、光照、二氧化碳浓度等生长环境，根据产生的智能监测信息对蔬菜进行精确管理，通过无线传感器对温室环境进行自动和手动调节，温度高了自动开启风机等设备进行降温，通过土壤湿度传感器对灌溉自动控制，达到该浇水的时候浇水，该施肥的时候施肥，完全实现自动化，促进有机高效农业发展。

“使用物联网以后，我们马上就能和大棚里的蔬菜‘对话’了。”走进大棚内，农技师说，“蔬菜它需要什么温度？什么时候要浇水？什么时候要施肥？浇多少水？施多少肥？你并不完全知道，或是只知道个大概。但是装上一个小小的传感器，它就会说话、有感觉、有思想了，大棚里的温度高了它会警告你，土壤里的湿度低了它会通知你，更准确地告诉你它的需求。这样就能使大棚内植物所需要的生长环境永远保持在最佳状态。”

农技师对于“物联网”多少知道一些。还指着棚里靠近中间位置架起的一副“天线”，上面挂着几个小盒子，说“这就是传感器，分别采集环境温度、湿度、土壤温度、水分、光照以及二氧化碳浓度，每隔 5 min 采集一次数据，通过智能传感器与嵌入 3G 模块的无线物联网网关，发送到上位机系统。”呵呵，农技师知道的还是蛮具体的。

农技师现在只要坐在办公室里，笔记本或者电脑的页面停留在几片蔬菜叶子上，用鼠标一点点拉近，可以很清晰地看到叶片上趴着几只小蚜虫。这样农技师通过物联网的远程监控系统发现了“敌情”，可以立即给棚里的农业工人提个醒，早点做防护措施。

虽然物联网对于农业发展所带来的好处显而易见，但在使用上还未形成刚性需求。作为一个新兴事物，农业物联网正处在边试验边示范的阶段，有着广阔的应用前景。对于传统农业来说，物联网的成本过高，在没有见到效益之前，让农民提前投资难度较大。所以对于这一新事物，很多农民，甚至一些农业干部、政府部门还需要一个接受的过程，迫切需要转变观念。在加大政府扶持、建立补贴制度的同时，应尽快建立适应农业发展需求的商业模式，由市场引导、向市场要钱，是推动物联网发展的有效方法。

思考题

1. 农业信息化的内容有哪些？
2. 农业信息化的意义如何？

子项目三 农业技术推广信息系统

学习目标

1. 了解农业技术推广信息系统的组成和类别；
2. 掌握农业技术推广信息系统的利用途径；
3. 了解农业数据库、农业专家系统、农业决策支持系统和农业信息网站的应用状况。

农业信息系统是指从事农业知识和信息的产生、转化、传递、存储、回收、综合、扩散和应用过程的一系列组织或人员，以及他们之间的联系和相互作用。农业信息系统是一个开放系统，它的活动要受与农业生产和发展有关的外部因素影响。这些因素包括政策环境、机构活动、经济结构状况等。

一、农业技术推广信息系统组成及类别

农业技术推广信息系统是指为了实现组织的整体目标，以农业知识、农业自然资源数据、科技成果、市场需求信息为内核，利用人工智能、计算机、数据库、多媒体、模拟模型等技术，对管理信息进行系统的、综合的处理，辅助各级管理决策的计算机硬件、软件、通信设备、规章制度及有关人员的统一体。

（一）农业技术推广信息系统组成

农业技术推广信息系统主要由信源、信道、信宿和信息管理者 4 部分组成。信息的产生或信息的发生源称为信源；信息传递的媒介称为信道；信息的接收或信息的受体称为信宿。多个信息过程交织相连就形成了系统的信息网，当信息在信息网中不断地被转换和传递时，就形成了系统的信息流。在农业技术推广信息的传播媒介中，传统传媒是指广播、电视、电话、传真、报纸、杂志等，而信息系统的传媒主要是指计算机与网络等新的传播媒介。信息管理者负责管理农业技术推广信息系统的开发与运行。

具体地讲，农业技术推广信息系统由计算机硬件系统、计算机软件系统、数据及其存储介质、通信系统、信息处理设备、非计算机系统的信息收集、规章制度和工作人员组成。

（二）农业技术推广信息系统类别

农业技术推广信息系统按所处理的具体业务不同，可以分为数据库系统、情报检索系统、业务信息系统、管理信息系统、专家系统和决策支持系统。

1. 农业数据库系统

数据库系统是实现有组织地、动态地存储大量有关的数据，方便多用户访问的由计算机软硬件资源组成的系统。利用数据库系统，用户可通过应用程序向数据库发出查询和检索等操作命令，以得到不同的各类信息，满足不同的需要。数据库管理系统是指由一组程序组成，这些程序执行数据库的实际操作，并提供数据库与用户或用户与应用程序之间的接口。

2. 农业情报检索系统

情报检索系统是对情报资料进行收集、整理、编辑、存储、检查和传输的系统。它大量用于图书馆、科技资料中心等信息存储量极大、检索要求快捷的地方。情报检索系统往往以较大型的计算机和远程网络为技术手段，以数据库系统为基础，能够有效地为用户提供科技信息、市场信息、教育信息以及政策法规等方面的服务，同时可提高科研管理及其他行政事务的工作效率。

3. 农业业务信息系统

业务信息系统又称电子数据处理系统，它是针对某些业务处理要求设计开发的，主要进行数据处理，代替业务人员的烦琐、重复劳动，提高信息处理和传输的效率及准确性。经这样的系统处理的信息具有详尽、具体、结构严谨、精确、数据量大的特点。

4. 农业管理信息系统

管理信息系统是收集和加工系统管理过程中的有关信息，为管理决策过程提供帮助的一种信息处理系统。其主要作用是帮助管理者了解日常的业务，以便既有效又高效地控制、组织、计划，最后达到组织的目标。它是一种人机系统，输入的是数据和信息要求，输出的是信息报告、事务处理和决策支持，反馈的是效率和报告。我国已研制出农业经营管理信息系统、乡镇企业管理信息系统、农村能源及环境监测管理信息系统、农作物产量气候统计模拟模型、作物产量气候分析预报系统、土壤普查和分类制图计算机处理系统等。

5. 农业专家系统

农业专家系统来自专家经验，它能代替为数极少的专家群体，走向田间地头，进入千家万户，在各地具体指导农民科学种田、培训农业技术人员、把先进适用的农业技术直接交给广大农民，可应用于农业的各个领域，是农业技术推广领域的一项重大突破。

例如，病虫草害防治专家系统是针对作物不同时期出现的各种症状和不同环境条件，诊断可能出现的病虫草灾害，提出有效的防治方法。栽培管理专家系统是在各个作物的不同生育期，根据不同的生态条件，进行科学的农事安排，其中包括栽培、施肥、灌水、植物保护等。栽培部分包括品种选择、种子准备、整地、播种、田间管理与收获，优化它们之间及其与产量之间的关系；施肥部分主要是优化肥料与产量的关系；水分管理部分主要是合理灌排，优化水分与产量的关系；植保部分主要是病虫草害的预测和控制。

由此，我们可以根据上述说明，总结出什么是农业专家系统。

6. 农业决策支持系统

农业决策支持系统是以计算机技术为基础，支持和辅助农业生产者解决各种决策问题的知识信息系统。它是在农业信息管理系统、农业模拟模型和农业专家系统基础上发展起来的，以多模型组合和多方案比较方式进行辅助决策的计算机系统。决策支持系统为农业技术推广各部门和广大农户服务，向各级领导和广大农户提供及时、准确的决策信息。其信息来自各业务信息系统的各种综合性、概括性处理结果，以及广大农户的反馈信息和大量与决策有关的外部信息。各有关业务信息系统可以看作是决策支持系统的各个子系统。它主要运用于若干农业经济管理模型，提供推广决策支持服务，如农业生产规划问题、产业结构优化问题、运输路程问题、最优经济订货批量、合理优化的生产调度、农业生产经济分析等。

二、农业技术推广信息系统利用途径

现代农业技术推广不仅要培训农业生产者提高其专业技能，普及推广最新的科学技术，提供咨询服务以帮助他们解决在生产和管理中出现的问题，而且要为农业生产者提供与农业生产有关的经济、市场和现代科学技术方面的信息。

1. 推广沟通

借助网络信息系统进行沟通，将成为现代农业技术推广沟通的主要形式。用户可在相关信息系统中了解农业技术推广信息，通过电子邮件、留言板等与农业技术推广组织进行沟通。其主要特点就是方便、快捷、及时、准确，可以进行多方面、多层次的轻松交流。

2. 推广教育

网络和信息系统所包含的丰富的科学知识，是一种生动形象的教材，远程教育网络已成为农业技术推广教育的主要教学形式。推广人员可以通过农业技术推广信息系统开展推广教育活动，减轻推广教育劳动强度，节省时间和财力；可以通过农业技术推广信息系统举办各类培训班，组织专家和学者讲课，迅速普及农业新技术。

3. 科技成果推广

与传统的科技成果推广相比，网络和信息系统使科技成果推广更加开放、快速、高效、广泛。农业技术推广组织通过网络和信息系统进行科技成果信息的传递更加有效，使信息服务分布更加公平、科学、合理，可以克服长期以来由于闭塞导致的信息分配不均，更好地为广大农户营造获得平等的信息机会、市场机会和致富机会的平台。

4. 联合推广攻关

联合推广攻关是现代农业的必然发展趋势，其核心是进行跨地区乃至全国性的联合技术推广协作，从而实现跨地区的农业技术推广。网络信息系统创造了农业专家互相学习、交流、沟通的技术平台，为农业生产网络会诊提供了条件。

5. 生产咨询与决策

专家在线支持系统保证了服务对象和提供服务者的方便交流。用户在系统上提出自己的问题，通过专家在线支持系统获得专家对问题的解答和帮助。基于网络的专家系统能根据用户提供的生产事实，给出当前事实条件下的生产决策。诊断型专家系统能帮助用户诊断植物营养、病虫草害等，并给出相应的解决方案，对较严重的病症，系统会自动做出预约安排，以便人机专家会诊。

6. 农业信息管理和传播

通过专家系统可帮助农业技术推广管理者和决策者找出正确的数据和信息，实现信息的有效管理。农业生产者用户可通过农业技术推广信息系统或搜索引擎，快速获取自己所需要的信息。互联网以其特有的强大的信息传递功能，为人们迅速获取各种信息创造了最优越的条件。

7. 专业化和地区性信息服务

定期或不定期地发布政策与法规信息、统计数据、市场动态等，如有关谷物、畜牧、水果、花卉等农产品商情信息、市场报价、交易水平和商情趋势，发布最近的天气预报，传播高新技术信息，发表文章，协助农户做好经营管理，提供市场行情分析、宏观经济形势分析服务。

8. 网络经济

使生产者与消费者通过网络直接联系，消除生产者与消费者之间的中间环节，从而大大降低产品的销售成本。使企业与用户实现良好沟通，随时了解用户的需求，及时调整产品结构，为用户提供全方位和个性化服务。消费者则可更全面地了解产品，有更大的选择余地。

9. 农业企业管理

为企业开发的管理信息系统，通常包括财务管理信息系统、生产管理信息系统、营销管理信息系统、人力资源管理信息系统等，通过企业内部网络，企业各个部门之间可以实现快速可靠的信息交流，从而提高工作效率。

10. 政策、法规、广告宣传

这不仅适合农业技术推广机构，也适合农业企业。通过网络和信息系统，推广机构可以对与农业有关的政策法规进行宣传；企业不仅可以对本企业的产品进行全面详尽地宣传，而且可以对企业本身进行全方位地宣传。这种宣传可以不受时间、空间、信息量和经费的限制，所产生的效应也是其他任何宣传方式所不能比拟的。

三、农业技术推广信息系统应用

农业信息网络和农业数据库、农业专家系统和农业决策支持系统、精准农业是应用和研究比较活跃的领域。农业信息网络和农业数据库已经比较成熟，并且发挥了重要的作用。农业专家系统和农业决策支持系统，能够为农民提供个性化较强的技术信息服务，处于发展完善阶段。

（一）农业数据库的应用

数据库系统是农业技术推广信息系统和信息服务的基础性系统。我国已经建成了大型涉农数据库 100 多个，约占世界农业信息数据库总数的 10%，农业信息数据库建设正朝着联合化和网络化的方向发展。较重要的农业数据库有中国农业科技基础数据信息系统（中国农业科学院科技文献信息中心）、中国农业有害生物信息系统（中国农业科学院植物保护研究所）、中国农业资源信息系统（中国农业资源数据库）、中国自然资源数据库（中国科学院地理科学与资源研究所）、东北黑土农业生态数据库（中国科学院东北地理与农业生态研究所）、科技期刊数据库、科技图书数据库等。

目前数据库的开发如火如荼，但数据库的使用现状并不乐观。虽然有多种数据库实现了网络检索的功能，但在网络上使用并不十分方便。原因之一是网络数据库开发成本高，开发单位为了收回数据库的开发费用大都不愿意提供无偿服务。这样一来，多数上网用户还是要到各个相关部门去查询资料。只有缴费才能使用的网络数据库，必然限制其推广应用。

（二）农业专家系统的应用

1. 农业专家系统的类别

（1）预测专家系统　预测专家系统是根据观察到的现状及过去得到的信息，预测未来的系统。系统处理的数据随时间变化，而且可能是不准确、不完全的，系统需要有适应时间变化的动态模型，能够从不完全和不准确的信息中得出预报，并达到快速响应的要求。

（2）诊断专家系统　诊断专家系统是根据症状的观察与分析，推断故障（症结）所在，并给出排除故障的方案的系统。它能够了解被诊断对象或客体各组成部分的特性以及它们之间的联系，能够区分一种现象及其所掩盖的另一种现象，能够向用户提出测量的数据，并从不确切信息中尽可能正确地诊断。诊断专家系统占据现存专家系统的很大比例，如植物病因诊断系统、温室黄瓜营养障碍诊断系统等。

(3)规划专家系统　规划专家系统的目标是寻找出某一个能够达到给定目标的动作序列或步骤。通常所要规划的目标可能是动态的,因而需要对未来动作做出预测。由于规划所涉及问题的复杂性,要求规划专家系统能抓住重点,处理好各子目标间的关系和不确定的数据信息,并通过试验性动作得出可行规划。如汽车火车运行调度专家系统、小麦水稻施肥专家系统等。

(4)监视专家系统　监视专家系统把实际系统的行为和期望的行为进行比较,如果发现异常情况则发出警报,如黏虫测报专家系统。监视专家系统必须有快速反应能力,在造成事故前及时发出警报,且发出的警报必须有很高的准确性,不能有假警报的发生。系统还应能随时间和条件的变化而动态地处理输入信息。

(5)咨询与决策专家系统　咨询与决策专家系统又称智能决策支持系统,是一般决策支持系统(DSS)的智能化产物。它能给各种决策人员或部门提供数据(或信息)、方法和方案选优等不同层次的决策支持。它包括各种领域的智能决策支持系统、各种咨询系统、辅助调度系统等。如节水灌溉管理决策专家系统、作物生产辅助决策专家系统、农业宏观决策专家系统、小麦管理智能决策支持系统等。

2. 农业专家系统简介

派得伟业信息技术有限公司开发的农业专家系统,是国家"863 计划"高科技产品,根据农业生产流程的需要,有针对性地研究开发出一系列适合不同地区生产条件的实用经济型农业专家系统,为农业科技工作者和农民提供方便、全面、实用的农业生产技术咨询和决策服务。产品包括蔬菜生产、果树管理、作物栽培、花卉栽培、畜禽饲养、水产养殖、牧草种植等 40 多种不同类型的实用经济型农业专家系统。

在我国常用的农业专家系统还有:中国农村致富网农业专家系统、贵州农业专家系统、农作物病虫害防治专家系统、中国绿园网农业专家系统、云南省测土配方施肥专家决策系统、宁波市农业专家系统等。

3. 我国农业专家系统应用历史和问题

我国的农业专家系统开发始于 20 世纪 80 年代,90 年代以后,农业专家系统得到了迅速发展。进入 21 世纪后,农业专家系统的开发速度日益加快,数量更多,涉及的领域更加全面。目前,专家系统几乎应用到了农业各个领域,涉及作物(包括果树、食用菌)生产管理、品种选育、节水灌溉、病虫害防治、杂草控制、温室管理、水土保持、森林环保、畜禽饲养、食品加工、农业气象、农业机械选择、农业市场管理等方面。

我国农业专家系统存在的问题:一是性能较差,多数专家系统内容单一、实用性不高、综合水平偏低;二是应用与开发脱节,一些农业专家系统只强调应用,缺乏进行二次开发所需的专家系统开发工具,使用者无法根据当地实际情况创建知识库和模型库;三是动态服务能力低,时效性差;四是网络化农业专家系统的开发数量不多;五是农村计算机应用水平限制了专家系统的应用和推广。

(三)农业决策支持系统的应用

20 世纪 90 年代以来,我国已出现多种农业生产决策支持系统。目前比较成功的农业生产决策系统可分为基于知识规则的决策支持系统(即专家系统)、基于知识模型的决策支持系统、基于生长模型的决策支持系统、基于生长模型和知识模型的决策支持系统等 4 种基本类型，以及基于这4种类型与其他关键技术结合的扩展型农业决策支持系统。精确农业就是典型的扩展型农业决策支持系统，精确农业将“3S”技术与优化决策技术等结合，首先根据农业信息制作种植状态的征候图，再运用GIS技术做出农作物诊断结果图，最后利用决策支持系统为农户制定决策方案图，农户依据方案图，运用GIS和GPS技术加以实施。

(四)农业信息网站的应用

1.农业信息网站资源

(1)农业行政部门信息网站　1994年农业部建立中国农业信息网，随后各级农业行政部门的网站相继建立。目前，全国县级以上农业行政部门都建有农业信息网站。

(2)农业专业信息网站　2002年全国农技推广中心开通中国农技推广网，随后各级各类农业专业网站相继开通，如农技推广网、植物保护网、种业信息网、土壤肥料网、农业机械网、畜牧养殖网、水产养殖网等。

(3)农业科研系统信息网站　1997年中国农业科技信息网正式开通，网络中心设在中国农业科学院。以后各省、市农业科技信息网站相继建立，不少县级农业科研单位也建立了网站。

(4)农业教育系统信息网站　1994年中国教育网(中国教育和科研计算机网)建立，随后涉农院校网站相继建立。目前，大专以上涉农院校一般都建有网站。农业远程教育网站也相继建立。

(5)气象系统的兴农网站　中国兴农网是依托气象业务网络建立的覆盖全国、连村入户、直接为农民服务的公益性信息服务网络平台，于2001年6月28日运行，由一个国家级中心网站，34个省(区、市)、计划单列市网站，270多个地市节点和1 300多个县级节点和数万个乡镇信息点组成。

(6)农业企业或公司网站　这类网站数量多、类型多，内容多为商品介绍，信息复杂。

(7)农业电子商务网站　专业的农业电子商务网站目前我国还较少，可以分为两大类：一类是公益性质的，一类是企业性质的。

2.农业信息网站的应用

农业信息网站应用最多的是信息搜索，信息搜索有以下几种方法：

(1)直接登录农业网站进行信息查寻　利用中国农业网址导航网站找到想登录的农业网站，例如中国农业网址大全(www.ny3721.com)、中国农业网址导航(site.agronet.com.cn)等。也可以利用农业网站搜索引擎或中文搜索引擎找到要登录的农业网站，例如中国农业信息网农业网站搜索引擎(www.sounong.net)、农搜中文农业搜索引擎(www.sdd.net.cn)、全球农业搜索引擎(www.agrisou.com)等。

(2)利用中文搜索引擎直接搜索信息　常用的中文搜索引擎有百度、谷歌、雅虎、搜狗等。

(3)进入网络型数据库、农业专家系统或决策支持系统进行信息查询。

3.农业电子商务网站的应用

电子商务在农业上的运用促进了农业信息化的发展，提高了农业和农产品的竞争力，也促进了农业结构的调整。对我国农产品的流通与销售有很大促进作用，是未来农产品的交易模式。近年来农业领域的电子商务已有了很大的发展，政府农业信息网络已初步建成，有不少网站涉足电子商务，专业的农业电子商务网站也迅速发展。

由于中小企业对B2B(Business to Business)电子商务服务认知的不断提升,我国电子商务市场的规模迅速扩大。综合B2B平台阿里巴巴、慧聪、环球资源电子商务在我国取得了巨大成功。我国农业电子商务网正在崛起,例如中华粮网(河南省www.cngrain.com)、中国农业电子商务网(陕西省农业厅www.3nong.cn)、江苏农业商务网(www.jsagri.cn)等。阿里巴巴(http://china.alibaba.com/)、聪慧网(www.hc360.com)等也提供农业电子商务服务。农博网(www.aweb.com.cn)以“服务农业,E化农业”为宗旨,为涉农人群提供农业资讯、农产品电子商务、农业论坛以及农业人才服务。

我国农业电子商务蕴藏巨大发展空间。随着农业结构调整和高效生态农业的发展,我国农民对信息服务方式和需求发生了新的变化,特别是种养大户、购销大户、农民专业合作社、农业龙头企业等农业生产经营主体,迫切需要通过电子商务手段及时获取市场行情,降低营销成本,提高生产经营效益。据统计,截至2020年年底,我国已有9万多家农业产业化龙头企业,近224万个农民专业合作社,近70万个家庭农场,300多万农民经纪人。广大农民作为商品生产者和市场经营主体,既需要政府的公益性信息服务,也迫切需要商业性信息服务,以便更好地解决小生产与大市场对接的矛盾,需要大力发展农业电子商务,提供农业商务信息服务。

阅读材料

“精耕细作”出现代农业

三伏时节,暴雨如注,而在北京市大兴区苗圃花卉生产基地的日光温室里,几千盆竹芋刚刚“吃饱喝足”,绿叶舒展。“要不是采用了精准农业技术,这个品种我们根本不敢大规模种植。”基地张经理指着墙上一个貌似空调遥控器的装置,“这是温室娃娃,它可以即时采集温度、湿度、二氧化碳、土壤和水分信息,还可以根据设定的作物品种及生长阶段信息来判断当前的环境条件是否合适。如果和手机绑定,什么时候该浇水施肥,浇多少水施什么肥,都可以通过手机接收提示,远程控制。”

和大兴区苗圃花卉生产基地一样,越来越多的农业生产者开始体会到现代农业的“精耕细作”,也改变着以往种养靠经验、销售碰运气的老套路。在农业农村信息化建设悄然从电子政务和涉农信息传播向农业生产经营领域的应用转变的过程中,“三电合一”的优势更加凸显。

通过“三电合一”这个平台,农业技术指导触键可及,产、销信息服务全程覆盖,市场预警解读专业权威,质量安全追溯无缝衔接。面对严重的旱情,湖北省襄阳市农业信息中心将《科技抗旱促春管十大关键技术措施》通过“12316”短信平台发布,并在襄阳电视台《垄上行》栏目开设专题,10万农户第一时间得到了有效的抗旱自救技术服务,从而避免了大田作物大面积减产减收。在“三夏”期间,农业部与福田雷沃重工股份有限公司联手设立跨区作业信息服务中心,共为全国13万跨区机收提供区域机收作业预计时间、区域机收作业进度、天气状况、区域机收作业平均价格、区域农机投入量及需求量等免费短信服务,日发送量50万条以上,有效避免了作业机械的无序流动和盲目竞争。

思考题

1. 农业技术推广信息系统利用途径有哪些?
2. 当地哪些农业领域应用了农业技术推广信息系统?

子项目四　农业技术推广信息服务

学习目标

1. 了解农业信息服务体系的含义；
2. 掌握农业技术推广信息服务的内容和方法；
3. 提高农业技术推广信息服务技能。

在市场经济条件下，信息服务成为农业技术推广服务的重要内容。农业技术推广组织和个人，要增强信息意识，提高信息服务能力，不断改善农业技术推广信息系统运行的环境，充分发挥农业技术推广信息系统的作用，全方位搞好现代化的农业技术推广信息服务。

一、农业信息服务体系

农业信息服务是指以信息技术服务形式向推广对象提供和传播信息的各种活动。农业部农业信息中心指出：农业信息服务是指信息服务机构以用户的涉农信息需求为中心，开展的信息搜集、生产、加工、传播等服务工作。随着农业生产、信息技术和网络技术的发展，农业信息服务的内容、方式和方法发生了很大的变化。农业用户要求提供专业化、系统化、网络化的农业信息服务。农业信息服务机构应为广大农民提供全方位的信息服务，以信息服务推进农业信息化，以信息化促进农业现代化。

农业信息服务体系是以发展农业信息化为目标，以农业信息服务主体提供各种农业信息服务为核心，按照一定的运行规则和制度所组成的有机体系。农业信息体系的核心问题是研究组成该体系的农业信息资源的类型和结构，研究“是什么”的问题；而农业信息服务体系则是研究如何有效整合农业信息资源从而为农业信息体系的建立和运行提供保障，研究“怎么做”的问题。它侧重于研究“主体的行为”，即农业信息服务体系的运行方式，也就是农业信息服务主体如何提供信息服务。

农业信息服务体系的主体包括公共服务组织、合作服务组织、企业性质的农业信息服务组织以及个人。每一主体都具有其特有的属性功能，同时在体系内部还应该形成主体间的功能互动，产生协同效应。

二、农业技术推广信息服务内容与方法

农业技术推广信息服务就是根据农业市场和产业化发展的需要，为农业龙头企业、农村合作经济组织和广大农民，及时提供准确的农业生产、科技、政策、供求、价格等信息，使信息在指导决策、引导生产、促进流通中发挥积极作用，以此加快农业结构和农村产业结构调整，推进农业发展、农民增收、农村繁荣。

（一）农业技术推广信息服务内容

农业技术推广信息服务主要包括传统信息服务和电子信息服务。

传统信息服务包括信息提供、信息检索、信息咨询和信息分析研究等服务。

电子信息服务包括软件服务、系统集成服务、专门服务、网络服务和数据库服务等。软件服务包括为特定用户进行软件开发和为非特定用户提供软件包和软件产品。系统集成服务主要包括信息系统的设计、技术开发、设备选购、系统安装调试、教育培训、咨询等，并为用户提供包括软件和硬件在内的大型信息服务系统。专门服务主要包括培训和展览。信息技术的发展使培训市场应运而生，既包括企业自身技术人员、销售人员的培训，也包括用户及潜在用户的培训，以及面向农村青年的信息技术培训。网络服务主要包括网络查询、网络检索、信息浏览、信息反馈、电子邮件和网上交流等。

(二)农业技术推广信息服务方法

1. 农业信息网

利用信息技术搜集、处理和分析国内外先进农业技术信息、农产品市场价格和供求信息，为农业信息化服务。

2. 信息农业示范基地

利用示范基地，在品种选育、模式化栽培、配方施肥、节水灌溉、畜禽养殖智能化、农业管理信息化等方面开展信息技术利用示范。

3. 农业信息资源数据库

利用现代信息处理技术、数据库技术、多媒体技术，建立农业信息资源保障体系，包括农业自然资源信息、农业科技资源信息、农业管理信息、农业科技文献资源信息等。

4. 农业信息监测与速报

利用遥感监测技术，对主要农作物的种植面积、长势与产量、土壤墒情、水旱灾害、病虫草害、海洋渔业、农业资源、生态环境等进行监测、速报与预报。

5. 农产品市场监测预警信息服务

利用农产品市场监测预警信息服务系统，选择部分关系国计民生的农产品，通过数据采集、分析与处理，完成数据集成和信息发布，实现对这些农产品市场需求、价格、进出口贸易等信息的动态监测预警，引导农产品生产经营者及时采取措施规避市场风险。

6. 农村市场与科技信息服务

利用农村市场与科技信息服务系统，实施农村供求信息全国联播，强化农产品批发市场价格信息服务、农业电视节目市场信息服务和农业科技推广信息服务。

7. 农业管理信息服务

利用网络农业信息管理系统，实施农业电子政务和网络办公，实现农业行政审批和市场监督管理等事项的网络化处理，增强农业行政管理的透明度，提高信息服务质量和办事效率。

三、农业技术推广信息咨询服务

咨询作为一项具有参谋性、服务性的社会活动，在经济、政治等领域中逐渐发展起来，已成为社会、经济、政治活动中辅助决策的重要手段，并逐渐形成一门应用性软科学。

(一)专业咨询机构咨询服务

农业咨询业正在逐步兴起，已有专业的农业咨询公司，如北京东方艾格农业咨询有限公司、北京 BC 农业咨询服务有限公司、北京吉利时间农业咨询公司、杭州汇农农业信息咨询服务有限公司等，以网站作为咨询服务的平台，开展咨询服务工作。

1.咨询服务内容

咨询服务的内容主要包括政策与法律咨询、决策咨询、经营管理咨询、工程咨询、技术咨询、市场咨询等。

2.咨询服务程序

各类咨询机构的咨询服务程序基本上是相同的。一般都要经过确定咨询课题与项目、调查与分析研究和提交咨询报告3个阶段。

(1)确定咨询课题与项目　该阶段的主要任务是寻找并发现客户，详细了解其信息需求，在此基础上聘请专家小组，向客户提交建议书。若建议书能被客户接受，咨询机构就应和客户就咨询任务的内容、要求、期限和费用等达成协议，签订咨询合同。

(2)调查与分析研究　咨询机构和组成的咨询专家小组，充分利用各种信息渠道，获得大量的信息和数据，并利用各种分析方法进行分析和研究。

(3)提交咨询报告　在此过程中，对历时较长的咨询项目，往往要在一定时间后提出阶段报告，以便与客户交换意见，及时克服咨询工作的不足。最后对咨询的课题与项目提交结论性咨询报告。

(二)农业专家热线咨询服务

开通农业专家热线是农业部门强化服务职能，创新工作方式，提升服务水平的具体体现。通过热线使农民与政府、农民与专家、农民与市场之间架起直通桥，有效地帮助农民解决最关心、最直接、最现实的问题，成为农民增收致富的好帮手、好顾问。最初农业专家热线咨询服务的方式是公布一个热线电话号码，农业专家轮流值班，直接解答农民提出的问题，以后逐步发展为智能电话语音系统服务和农业科技“110”咨询服务。

1.“12316”智能电话语音系统服务

为了整合农业系统信息服务资源，提高农业信息服务能力，为广大农民和企业提供统一、规范、方便、准确的信息服务，2006年7月10日农业部下发关于开通“12316”全国农业系统公益服务统一专用号码的通知，规范全国智能电话语音系统建设，使农业智能电话语音系统建设跨入一个新阶段。全国各地的“12316”智能电话语音系统的服务功能和方式主要有：

(1)直接拨号获取信息　系统对每条信息进行编号，用户通过拨打对应号码，即可得到电话语音应答。

(2)人工辅助咨询服务　系统值守人员根据用户要求，人工从数据库检索所需要的信息，然后通过系统以电话语音回答。

(3)专家咨询服务　若语音数据库没有所需要的信息，以值守人员经验或知识给予当场解答或将电话转接专家回答，对不能通过电话直接回答的问题，在事后会商解答回复。

(4)短信双向收发　系统可以对手机用户进行分类管理和短信群发，也可以接收用户发给系统的短信。

(5)用户信息发布　系统具有录音功能，用户可通过电话向语音服务中心上传语音信息，语音服务中心将其编入语音数据库，也可以把接收的短信文本进行编辑后转换成语音信息编入语音数据库。

2. 农业科技"110"咨询服务

农业科技"110"已发展为热线电话和农业网站相结合的服务方式。我国著名的农业科技"110"网站有中国科技"110"(www.kj110.cn)、中国农业科技"110"(www.nj110.com.cn)等。

四、提高农业技术推广信息服务质量

(一)加快农业信息网络建设

农业信息化的重点是农村信息硬件建设(通信网络、通信设备、计算机等)和软件建设(乡镇、村的信息化组织机构建设、人员培训等)。要搞好农业技术推广信息服务,必须大力发展农业信息技术,加快农业信息网络建设,整合农业信息网络资源,丰富网上信息,实施互联网进村入户工程。必须着力解决农业信息网络入户问题,确保"最后一公里"畅通,在充分利用广播、电视、报纸等传播方式的基础上,推动计算机网络成为信息服务的主导方式。

切实加强农业网站建设,强化网站信息特别是科技信息发布,增强网站的科技咨询服务能力,使农业网站成为科技服务的重要窗口和科技交流的园地。在市、县农业网站建设中,把加强科技信息上网和检索作为一项重要内容。

目前我国许多县(市)已经建立了农业技术推广信息服务网站,设立了农业信息咨询热线,并与网站信息服务相结合,开展了网上信息咨询服务。应鼓励社会各界投资建设服务性质的农民网吧,发展以各级涉农部门为主的纵向网络和以农业企业、农村市场为主的横向网络,全面建成市、县、乡、村4级网络服务体系,建成社会各界广泛参与、人机配套、纵横相通、覆盖广泛的农业信息服务社会化网络。

建立和完善农业信息服务各项管理制度。根据国家有关计算机网络管理的要求,建立计算机网络运行制度,保证计算机网络的安全;建立信息采集、报送和发布制度,统一和规范农业信息的发布方式、管理权限和范围;建立农业信息服务考核制度,促进农业信息服务工作的开展。提升农技推广服务信息化水平,增强网络安全防护能力,为农技推广事业发展提供有力保障。

(二)加强农业技术推广信息服务队伍建设

农业技术推广信息系统的顺利运行,离不开一支结构合理、素质较高、服务优良的专业队伍。在健全信息服务机构的同时,要着力提高农业技术推广人员的信息服务能力。信息服务能力是指搜集、加工、处理、传递、利用信息的本领和技能。目前,我国农业技术推广人员的信息服务能力普遍较低,需要通过培训和实践不断提高。农业技术推广机构要配备专职信息人员。根据农业部制定的农业信息员岗位规范和要求,建立农业信息员登记、培训考核和资格认证制度。通过省、市、县逐级培训、农业广播学校远程教育培训、农业信息网在线培训等形式,对信息员进行岗位培训,提高信息员在科技信息收集、加工、发布及应用服务等方面的能力,建立起一支能够基本满足多种需求的农业科技信息服务队伍。

(三)加大农业信息系统的投入

农业信息化工作是一项服务"三农"的公益性事业,资金投入是信息系统建设的基本保证,各级政府应加大对农业信息系统的资金投入。各级政府建立的农业信息化发展引导资金要向农业信息系统建设倾斜，要重点加强基础设施建设，尽快完善农业信息系统的基础设施。各地要把农业信息系统重点工程列入地方国民经济和社会发展规划，给予重点支持。应积极争取国家、地方的政策性拨款，鼓励社会各界投资农业信息服务业。有关部门要研究制定优惠政策，对发展、租用农业信息服务网络通道和农民上网费用给以政策性优惠，以迅速提高农村信息化能力和农业信息化水平。

4. 有效开展农业技术推广信息服务

按不同服务范围、对象和内容开展农业信息服务，更好地体现服务的层次性、针对性、时效性和有效性，为服务对象获取有价值的信息提供一条快捷的路径。

省级农业技术推广机构的信息服务一是为政府部门提供农业政务信息；二是为农业部门、农业龙头企业、农产品批发市场、中介服务组织提供农业科技信息、经济信息、市场信息、政策信息等。

市级农业技术推广机构的信息服务应以区域为主，根据区域特点和生产情况，传递农产品生产、流通、加工、出口等信息，主要为农业经营主体服务。

县和乡镇农业技术推广机构主要为广大农户服务，发布农产品产销信息，指导当地农业结构调整；调查预测生产情况，发布农情动态信息；开展农业技术咨询服务，解答农民疑难问题；推广农业技术，提高生产经营效益。

5. 提高农业技术推广信息服务质量

县级农业部门要认真实施农业部"三电合一"信息服务工程，切实加强同当地电视台、广播电台的合作，开设固定的农业栏目。加快"三电合一"和"三网合一"农业信息服务平台建设，破除体制壁垒，有效解决农技推广"最后一公里"和科技成果转化"最后一道坎"的实际问题。实施"金农"工程和信息入户工程，引导和鼓励社会力量积极参与农业信息服务，快速推进农业信息化。

因地制宜采取多种形式，充分利用网络、广播、电视、报纸、刊物、简报、传真和电话等多种传媒，建立多层次、多渠道的信息服务窗口。通过技术培训、科技下乡、专家咨询、农产品推介会、信息发布会等多种形式，积极开展信息服务工作。加强农业信息服务人员的自身建设，不断提高信息服务能力，逐步提高信息服务质量。

思考题

1. 农业技术推广信息服务方法有哪些？
2. 如何做好农业技术推广信息服务工作？

实训　农业技术推广信息采集与应用

一、目的要求

通过农业技术推广信息采集与应用训练，提高学生对农业技术推广信息的收集、选择、识别、传递、管理和利用能力，为开展农业技术推广信息服务打下基础。

二、方法步骤

(一)农业技术推广信息采集方法

(1)阅读查阅法　阅读有关资料、报刊、杂志、通信、年鉴、文献,或到图书馆查询资料。

(2)观察采集法　选派专职人员实地考察、研究、采集第一手资料。

(3)投书询问法　向有关科研部门或信息存储部门投书检索,或向有关专家请求询问以得到信息。

(4)购买索取法　向信息服务中心、专利机构有偿购买有关信息。

(5)预测法　根据自己的经验和掌握的有关科技知识提前预测将要发生的情况。

(6)视听法　通过广播、电视、录音、录像、电影等获取信息。

(7)交换法　与有关单位互通有无或通过网络信息共享。

(二)农业技术推广信息处理方法

农业技术推广信息处理包括筛选鉴别、信息分类、信息加工和信息存储等过程。

1. 筛选鉴别

剔除不必要的或重复的信息,将需要的或观点新的信息资料保留下来,并对筛选后的信息资料进行分析与评估。鉴别是指对信息的真伪、内容的可靠程度、适用性等做出判断,鉴别的一般程序是先辨真假,再分析价值。

2. 信息分类

农业技术推广信息分类应先确定采用哪种方法,然后按一定的要求分类。分类的方法有地区分类法、时间分类法、内容分类法、主题分类法和综合分类法等。

3. 信息加工

信息加工是根据不同目的和要求对原始信息进行浓缩、改写和分析计算的活动。浓缩就是降低原始信息中多余的成分,提高密集度和有效性。改写就是将原始信息变成有利于利用和传递的形式。计算分析是对一些零乱的数字信息进行统计分析,以得到规律性、特征性的信息,用于分析总结。

4. 信息存储

信息存储形态可分为初始信息载体存储形态、中间信息载体存储形态和终止信息载体存储形态。如大脑、语言等可视为初始信息载体存储形态,文字、书籍、报刊等可视为中间信息载体存储形态,计算机的内外存储器可视为终止信息载体存储形态。

(三)农业技术推广信息应用与传播

信息只有得到有效应用,才能成为一种有用的资源。农业技术推广工作就是传播、传递农业信息,促进农民行为改变的过程。农业技术推广信息应用和传播要充分利用各种媒介,建立配套的信息服务机构,采用农民愿意接受、快速便捷的传播形式。

农业技术人员要自觉树立信息意识,充分利用各种渠道收集信息,正确整理、分析和利用信息,改善信息传播和应用的环境条件。

三、实训作业

收集当地主栽作物新技术信息，进行分类、鉴别、加工、存储，提交一份整理后的信息资料，采用广播、印发资料或网上发布等形式，为农民提供信息服务。

学生自测

一、名词解释

农业信息、农业信息化、农业专家系统、信息农业。

二、填空题

1. 信息有________、________、________、________和________ 5 种形态。
2. 农业资源信息包括各种________、________以及________等方面的信息。
3. 农业信息化的重点是农村信息________和________。
4. 专业咨询服务的程序分为________、________和________ 3 个阶段。
5. 农业技术推广信息服务的内容主要有________和________。
6. 农业技术推广信息系统主要由________、________、________和________ 4 部分组成。

三、单项选择题

1. “相对此时刻而言，前一时刻感知的信息对此时刻来说就无效了”，这句话是说明信息的(　　)。

A. 共享性　　B. 时效性　　C. 可传递性　　D. 可存储性

2. 将文字、图像、图表等信息形式变成计算机代码，说明信息具有(　　)。

A. 共享性　　B. 时效性　　C. 可转换性　　D. 可识别性

3. 在农业技术推广过程中，使用的标本、照片等属于(　　)。

A. 数据信息　　B. 文本信息　　C. 声音信息　　D. 图像信息

4. 通过计算机网络对作物品种、种植面积、田间管理、病虫害等情况进行管理与调控，促进管理科学化、合理化和最优化，这种农业信息化属于(　　)。

A. 农业资源和环境信息化　　B. 农业生产与管理信息化
C. 农业生产资料市场信息化　　D. 农产品市场信息化

5. 根据作物病虫害情况自动调节农药喷施量属于(　　)的内容。

A. 精确农业　　B. 精细农业　　C. 数字农业　　D. 生态农业

6. 全国农业系统公益服务统一专用电话号码是(　　)。

A. 12315　　B. 12316　　C. 12148　　D. 12319

7. (　　)是实现有组织地、动态地存储大量有关数据，方便多用户访问的由计算机软硬件资源组成的系统。

A. 数据库系统　　B. 情报检索系统
C. 业务信息系统　　D. 管理信息系统

8. (　　)是以农业信息技术、空间信息技术和计算机网络技术为基础，集中与农业生产有关的信息采集、传输、处理和应用为一体的开放型、高效化、智能化的新型农业。

A. 信息农业　　B. 生态农业　　C. 有机农业　　D. 可持续农业

四、多项选择题

1. 在农业信息的来源中，属于内部资料范畴的有(　　)。

A. 农业科技成果汇编　　B. 农业科技会议资料

C. 出国参观考察报告材料　　D. 专利文献

2. "3S"技术是指(　　)的总称。

A. 遥感技术　　B. 地理信息系统

C. 全球定位系统　　D. 决策支持系统

3. 信息农业的信息技术构成包括(　　)。

A. 信息采集技术　　B. 信息传输更新技术

C. 信息处理技术　　D. 信息应用技术

4. "三电合一"信息服务工程是指(　　)3种信息载体的有机结合。

A. 电话　　B. 电报　　C. 电视　　D. 电脑

5. 农业信息的作用是(　　)。

A. 引导农民行为的改变　　B. 为农业生产决策提供依据

C. 促进农村市场经济发展　　D. 提高农业生产效率

五、简答题

1. 如何在农业网站上发布本单位的农产品供求信息?

2. 农业信息化的内容有哪些?

3. 如何提高农业技术推广信息服务质量?

项目五　农业技术推广调查

做好农业技术推广调查工作是指导农业生产、发展农村经济、实施技术推广、研究解决农业、农民和农业推广问题的基础，是推广机构和推广人员的重要任务之一。推广人员必须掌握农业技术推广调查的方法和步骤，必须善于开展调查研究，及时发现并解决农业技术推广和生产中的实际问题。

农业技术推广调查的内容极其广泛，凡是直接或间接影响农业生产和农村发展的各种情况都需要进行调查研究。一般应根据上级安排和实际需要来确定调查的内容。调查的内容主要包括农业资源调查、农业生产调查、农业市场调查、农业科技推广调查等。会根据调查内容确定采取适宜的调查类型，一般分为普遍调查、典型调查、抽样调查、重点调查等类型。农业技术推广调查的方法主要有文献调查法、实地观察法、访问调查法、问卷调查法、电信调查法等。农业技术推广调查首先要做好选择调查课题、设计调查指标、拟定调查方案等准备工作。农业技术推广调查必须按照一定的科学程序，有目的、有计划地分阶段进行，以保证调查的准确性。农业技术推广调查一般按调查准备、调查资料的收集与整理、撰写调查报告 3 个阶段进行。

子项目一　农业技术推广调查内容

学习目标

1. 了解农业自然资源、农业社会经济资源、农业生产结构、农业产业化等基本概念；
2. 理解农业技术推广调查的主要内容；
3. 能根据农业技术推广调查工作需要因地制宜确定调查内容。

农业技术推广调查内容非常广泛，与农业直接或间接相关的各种情况都要进行调查研究，一般应根据调查者的目的来确定调查内容。在推广实践中常进行农业资源调查、农业生产调查、农业市场调查和农业科技推广调查。

一、农业资源调查

农业资源调查是指对一个国家、一个地区各种农业资源条件的种类、特征、数量、质量、分布和潜力及其开发利用现状、存在问题，进行的全面的综合性的考察。现代农业生产的生产规模和开发利用资源的广度、深度不断扩大，要合理有效地利用资源就要对资源进行调查，弄清资源状况及其利用价值，为开发利用资源和发展农业生产提供科学依据。搞好农业资源调查，能够合理开发利用有限的农业资源，以最少的资源消耗获得最佳的经济效益。这也是提高农业推广效率的重要基础。同时，农业资源调查也是全面查实查清农业各类资源的重要手段。

农业资源是指参与农业生产过程的物质要素，包括农业自然资源和农业社会经济资源。

（一）农业自然资源

农业自然资源是指自然界存在的能被人类利用或在一定技术经济和社会条件下能被利用来作为农业生产原材料的物质和能量来源。一般来说，农业自然资源主要包括气候资源、土地资源、水资源和生物资源，不包括人类加工制造的产物，如化肥、有机肥等，也不包括与农业生产有关的自然物质和能源，如煤、铁、石油等矿产资源以及风力、水力等资源。

查明不同地区农业自然资源的状况、特点和开发潜力，加以合理利用，不但对发展农业具有重要战略意义，而且有利于保护人类生存环境和发展国民经济。

1. 农业气候资源

气候是农业自然资源最基本的要素之一，制订农业计划，改革种植制度，采用农业生产措施，均需以当地气候资料为主要依据。农业气候资源，是指一个地区的气候条件对农业生产发展的潜在能力，包括能为农业生产所利用的气候要素中的物质和能量。它是农业自然资源的组成部分，也是农业生产的基本条件。

农业气候资源调查的内容主要有太阳辐射、气温、降水和气候灾害等。

(1)太阳辐射　太阳辐射是地球表层能量的主要来源，虽然到达地球上的太阳辐射能量只是其中很小的一部分，但它的作用却是相当大的。太阳辐射是指太阳向宇宙空间发射的电磁波和粒子流。太阳辐射和气候生态环境的形成与植物生长发育有直接关系。根据植物对日照时间的长短和强度的需求不同，在跨地区、跨季节引种时要特别注意品种的这一特性。太阳高度角、纬度、海拔高度、坡向等因素都能影响太阳辐射的强度。

(2)气温　大气的温度简称气温，是表征空气冷热程度的物理量。气温的状况取决于大气的热量平衡(收入和支出的差额)，反映在气温的高低和变化趋势上。由于太阳辐射是大气热量收入的最终来源，因而气温的高低和变化受太阳辐射的纬度分布、季节变化和日变化的影响是明显的。

我国地处温带、亚热带和热带，热量资源差异大。充分利用热量资源，通过推广应用新的栽培模式、扩大作物间套作、提高复种指数、大力发展多熟种植等途径能有效地提高作物产量。

(3)降水　地面从大气中获得的水汽凝结物总称为降水。它包括两部分：一部分是水平降水，即大气中水汽直接在地面或地物表面及低空的凝结物，如霜、露、雾和雾凇等；另一部分垂直降水，是指由空中降落到地面上的水汽凝结物，如雨、雪、霰、雹和雨凇等。我们一般所说的降水量指的是垂直降水，水平降水不作为降水量处理。降水量的多少及时间分配，常常决定一个地区的干湿程度、河流水量的大小和农作物需水的供应程度。而干湿程度变化与温度结合，则会对农业生产形成有利或不利的影响。

2. 农业土地资源

原国土资源部 2007 年 7 月发布的《第二次全国土地调查技术规程》，把全国土地划分为农用地、建设用地、未利用地 3 大类 12 个一级类型，即耕地、园林、林地、草地、商服用地、工矿仓储用地、住宅用地、公共管理与公共服务用地、特殊用地、交通运输用地、水域及水利设施用地、其他土地。

农业技术推广土地资源调查，主要对农用地中的耕地、园林、林地、草地的种类（土壤质地）、数量和分布进行调查。土地资源的数量，常用绝对量和相对量来表示。土地资源的绝对量是指经过大量计算的实际土地面积的绝对数，是考核评价一个地区农业生产占有与利用土地资源的一项经济指标，土地资源的相对量是指农业人口占有土地面积的数量。查明农用土地资源的数量和质量，对于调整土地利用结构，挖掘土地利用潜力，实现农业可持续发展，具有十分重要的意义。

3. 农业水资源

农业水资源是指自然界的水资源可用于农业生产中的农林牧副渔各业及农村生活的部分。主要包括降水的有效利用量、通过水利工程设施而得以为农业所利用的地表水量和地下水量。生活污水和工业废水经过处理，也可作为农业水资源加以利用。

农业水资源只限于液态水，气态水和固态水只有转化成液态水时，才能形成农业水资源。叶面截留的雨露水和土壤水都可为作物所利用，但其量甚微，在农业水资源分析中一般不予考虑。江河湖泊的地表径流，可为国民经济各种用水部门提供水源，但不是全部水量都可构成可利用的水资源，如为了维护河道生态平衡，必须有一部分河道径流输入海洋；水源开发工程虽可进行年内及年际调蓄，但在丰水周期内亦常产生无法调蓄的弃水。因此，可利用的水资源只为其总水量的一部分，而农业可用水资源又只为可利用水资源中的一部分。

查明地表水和地下水的时空分布特点、数量和质量，对于合理安排作物生产、确定农村发展项目具有重要的指导意义，也是合理利用农业水资源，提高农业用水效率和效益的基础工作。评价地表水的主要指标有以下几个：地表径流、河川流量及其时间分布、地表水资源数和地表水质量等。评价地下水的主要指标有：地下水的补给和排泄、地下水资源总量、地下水可开采量、地下水类型及其富水性、地下水埋藏深度、地下水位和地下水质量等。

4. 农业生物资源

地球上由人类和动物、植物、微生物组成了一个具有生命的世界，其中除人类外，目前可以被人类利用或确知具有潜在利用价值的部分，统称生物资源。可分为陆地生物资源和海洋生物资源两大类。陆地生物资源包括野生动植物、驯化动物、栽培植物、微生物等；海洋生物资源又称海洋水产资源，包括海洋动植物、海洋养殖生物和海洋微生物等。生物资源是农业重要的资源，是农业生态系统的重要组成部分。

（二）农业社会经济资源

农业社会经济资源是指直接或间接对农业生产发生作用的社会经济因素和社会生产成果，包括人口、劳动力、物质技术装备、交通运输、信息、管理等资源。

1. 人口资源

人口资源是指一个国家或地区的人口总体。人口同自然资源一样，是进行物质资料生产不可缺少的基本条件。人口密度及其分布状况,决定着一个地区农业生产的特点。从一个地区的人口来看,调查分析的主要内容有:户数、人口数量、人口结构(包括性别、年龄、职业、文化程度等)、人口增长变化(主要是人口自然增长率)、人口密度及其分布等。

2.劳动力资源

劳动力资源是指总人口中在劳动年龄范围内有劳动能力的人的总和,包括劳动力的数量和质量。劳动力数量就是能够参加劳动的实际人数,包括已达到劳动年龄或超过劳动年龄的人数;劳动力质量是指劳动力的体能和智能,体能指劳动者的体力强弱和健康状况,智能包括劳动者的文化程度、科学技术水平、劳动技巧、经验和思想觉悟等。

随着科学技术水平的提高和农业科技成果的推广应用,对劳动力质量的要求越来越高。做好劳动力资源调查,对于制定推广计划、选择推广项目和确定推广方法具有重要意义。

3.物质技术装备

物质技术装备是人们在农业生产中对农业自然资源进行开发利用和改造的重要手段。物质技术装备的好坏,反映着一个地区农业现代化水平的高低,是农业技术推广的物质基础和重要手段。物质技术装备调查的主要内容有以下几个方面:农机具技术设施的数量、水平和农田水利基本建设情况,灌溉设施和有效灌溉面积,旱涝保收高产稳产农田的比重,施用化肥的种类、数量及其结构,化肥、农药的施用水平等。

4.交通运输条件

交通运输条件可以影响到商品生产的发展以及农工商、产供销的关系和发展。因此,要对交通运输条件的现状、存在问题以及今后发展情况进行调查,以便在引进农业生产技术、确定推广项目时,充分考虑到与交通运输有关的各种因素。

5.信息资源

信息作为反映客观世界各种事物的特征和变化的新知识已成为一种重要的资源。在人类自身的划时代改造中产生了重要的作用,其信息流将在生产管理中成为决定生产发展规模、速度和方向的重要力量。在信息理论、信息处理、信息传递、信息存储、信息检索、信息整理、信息管理等许多领域中将建立起新的信息科学。

6.管理资源

管理资源是指对农村经济增长与社会发展起推动作用的所有管理系统。包括农村资源管理系统、农村经营管理系统(农村经济管理系统)、农村市场管理系统、农村村级财务管理系统、新型农村合作医疗管理系统、农村行政管理系统等。农村资源管理系统包括农村土地资源管理系统、农村林木资源管理系统、农村水资源管理系统、农村能源管理系统、农村人力资源管理(农村劳动力资源管理)系统、农村环境资源管理系统、农村信息资源管理系统、农村远程教育资源管理系统等。管理出秩序,管理出效益,管理系统实际上也是一种资源。当管理与人力、物力、财力等资源相结合时,将显示其重要作用。因此,管理资源是与人力资源、财力资源、物力资源并列的一种资源。农村管理资源是一种推广的环境资源,要想搞好农业技术推广,必须重视农村管理资源的应用。

二、农业生产调查

农业生产调查主要包括农业生产情况调查、农业灾害调查、农业生产结构调查、农业产业化调查等内容。

(一)农业生产情况调查

1.农作物播种面积调查

农作物播种面积是指实际播种或栽植农作物的土地面积。

(1)农作物种类调查 播种面积和农作物产量调查都应按每种作物来进行。在调查统计时,常常按农作物的收获季节、主要用途等分成若干类,每一类又分为若干组。例如,按农作物主要用途分为粮食作物、经济作物和其他作物;粮食作物按收获季节或播种季节分为夏收粮食作物和秋收粮食作物。

(2)农作物播种面积调查 农作物的播种面积按种植季节、按作物分别统计,在每个种植季节结束后进行调查;每种作物的播种面积按调查时的实际面积计算。对一些特殊情况和具体问题,如补种、改种、间作、套种等作物面积的计算,要按照全国农业统计报表制度的统一规定来进行。农作物播种面积调查,通常包括全年总播种面积、播种面积构成和收获面积3个方面的内容。

2.农作物产量调查

农作物产量调查包括总产量调查和单位面积产量调查两部分。

(1)总产量调查 农作物总产量是指全部播种面积所收获产品产量的总和。总产量分为实际总产量和预计总产量。实际总产量是指作物收获后入库产量。有时为了提前知道农作物产量,常常在作物收获前进行产量预测调查,对未来的总产量进行估算,这就是预计总产量。

农作物产量的计算标准和方法,要以国家农业统计报表制度的统一规定来进行。例如,粮食作物(除薯类外)一律按脱粒后的原粮计算,棉花按皮棉计算。

(2)单位面积产量调查 农作物单位面积产量是指在一定单位面积上收获的农产品数量。单产分别以每种作物来计算,等于某种作物总产量除以该作物的面积。作物面积可以分别用播种面积、收获面积和耕地面积来计算。

3.农作物栽培管理调查

(1)农作物种植(播种、定植)基础调查 主要农作物一般都要进行种植基础调查,以便按种植基础提出有针对性的田间管理技术意见或了解种植投入情况。如小麦播种基础调查、棉花播种(定植)基础调查等。

(2)农作物田间管理情况调查 主要农作物一般都要进行田间管理情况调查,以便及时提出有针对性的田间管理技术意见或了解田间管理投入情况。如小麦冬季或春季田间管理情况调查、棉花田间管理情况调查等。

(3)农作物苗情调查 主要农作物一般都要进行苗情调查,以便及时提出有针对性的田间管理技术意见。如小麦冬前(越冬)苗情调查、返青期苗情调查、起身期苗情调查、拔节期苗情调查等。

(二)农业灾害调查

1.农业气象灾害调查

经常发生的农业气象灾害有干旱、洪涝、寒潮、寒害、霜冻、冻害、低温冷害、低温连阴雨(寡照)、冰雹、暴雨、干热风、大风、台风、龙卷风等。农业气象灾害调查主要调查灾害发生范围(地点)、发生时间、持续时间和强度、危害情况等,以便及时提出救灾措施,并研究分析农业气象灾害的发生规律，以便提出农业气象灾害的防御措施。

2.农作物病虫害调查

农作物病虫害调查包括病害调查、虫害调查、草害调查、鼠害调查。主要调查病虫草鼠害发生及为害情况、病虫草鼠害发生规律、天敌发生规律、病虫越冬情况、病虫草鼠防治效果等。病虫草鼠灾害发生发展的情况包括发生面积、严重程度(危害程度)、分布区域等。一般分季节、分作物进行调查。通过调查，掌握病虫草鼠灾害发生发展的情况，及时提出防治意见，分析总结病虫草鼠灾害发生发展的规律，以便提出预防意见。

(三)农业生产结构调查

农业生产结构亦称农业部门结构，是指一个国家、一个地区或一个农业企业的农业生产各部门和各部门内部的组成及其相互之间的比例关系。农业生产结构是由多部门和多种类组成的一个多层次复合体。从部门来说，一般可分为农、林、牧、副、渔各业，称为一级生产结构。在一级生产结构各业的内部，根据产品和生产过程不同，又可划分为若干小的生产部门，成为二级生产结构。如种植业中的粮食作物、经济作物、饲料作物和其他作物的组成情况及比重称为种植业结构。在二级生产结构内部，如粮食作物可分为禾谷类作物、豆类作物和薯类作物等，粮食作物的类型组成及比重称为粮食作物结构，是三级生产结构。

农业生产结构通常以农业总产值构成、农业用地构成、播种面积构成、劳动力及资金占用构成等经济指标来反映，一般以农业总产值构成的相对数来表示。农业生产结构的形成和发展，受多种因素的制约和影响，与一个国家和地区的自然环境条件、农业自然资源条件和生产力发展水平、人口和消费构成、经济制度和经济政策等有密切关系，具有一定的地域性和相对稳定性，但随着农村产业的发展，其内涵不断加深，外延不断扩展。

农业生产结构是否合理，主要看能否满足一定阶段国民经济发展的需要；能否充分利用自然条件和各种农业自然资源，发挥当地优势，各生产部门相互促进，协调发展；能否取得最佳的经济效益和社会效益；能否促进农业生态平衡的良性发展。

(四)农业产业化调查

农业产业化是农业按照利益共享、风险共担的有效机制原则，把农业产前、产中、产后各个环节结成一个统一的利益共同体，科学、合理地配置生产要素，因地制宜，多元化、多层次、多形式地发展具有竞争力的农业生产体系，构建专业化生产、区域化布局、系列化经营、社会化服务、企业化管理的产业组织模式，实现产供销一条龙，贸工农一体化。农业产业化是社会主义市场经济的必然产物，农业产业化的发展能够有效地促进农业增效、实现农民增收、培育农业品牌、拓展就业途径、创新农业科技、提升农村经济整体效益。

农业产业化调查主要有 4 个方面的内容：一是农业产业化龙头企业的发展情况调查，如生产规模、产品结构、经营状况及劳动用工、职工培训、信息需求等方面的情况；二是农产品市场调查；三是生产基地规模及其带动效应调查；四是农业产业化体系内部的利益分配机制调查。

三、农业市场调查

农业市场调查主要包括农民购买力水平调查、农业市场运转情况调查、农业市场需求影响因素调查等，调查的重点是农产品市场。

(一)农民购买力水平调查

购买力能够反映市场的能量和容量,反映内需的大小与潜能,事关整个国民经济的发展。在商品经济社会里,购买力主要表现为一定的货币支付能力。农村社会购买力调查的主要内容有以下3个方面:

1.农村居民家庭收支构成调查

农村居民的家庭收入是形成购买力的基本因素,它决定农村居民购买力的大小。可以调查农民人均纯收入,即农业部制定的农村经济收益分配统计报表中的“农民人均所得”。

2.农民家庭购买力投向调查

调查农民的衣、食、住、行以及文化生活等方面的需求比例变化。通过对农村居民家庭收支调查,便于掌握购买力的投向,进而调查农民家庭对各类商品的品种、数量、质量等的需求。

3.农业生产资料需求调查

主要是调查农业生产资料需求的种类、数量、规格、质量、价格以及变化趋势和各种影响因素等。

(二)农业市场运转情况调查

1.农业市场体系调查

适应现代农业要求的完善的市场体系是一个开放统一、竞争有序的市场体系,其内涵包括4个方面:一是适应现代农业要求的发达的物流产业;二是农村市场流通的基础设施建设;三是现代流通方式和新型流通业态;四是多元化、多层次的市场流通主体。现代农业的市场体系应该产业、设施、业态、人员4大要素齐全。农业市场体系调查的内容主要包括:

(1)农产品批发市场标准化建设情况调查　包括批发市场信息系统、电子结算系统、质量检测系统及仓储、运输等基础设施建设。农业市场信息系统是农产品市场建设中最关键的一个环节,发达的农产品市场信息是农业增长和发展的基本前提,市场信息系统是调查的重点。

(2)流通方式和流通业态调查　包括农业市场业态结构,连锁经营、物流配送等新型流通方式的发展情况,批发市场、零售市场、专业市场的发育程度,市场流通现代化水平等。

(3)流通主体调查　包括从事农产品购销经营活动的农村合作经济组织、农村经纪人活跃程度,农产品流通、科技、信息等一系列中介服务产业的发育程度,农产品经纪人、批发大户和运输大户的数量与能力,农产品销售的组织化程度,流通主体的组织化程度和流通能力,农产品物流企业发展情况,“公司＋农户”“基地＋农户”等产销组织形式对农产品销售的带动作用。

2.农业市场商品供应情况调查

农业市场商品供应情况调查主要调查一定时间内供应农村市场的商品品种、数量、质量、规格以及潜在的供应能力。重点是进行农业生产资料供应市场调查,通过调查及时了解当地农业生产资料的供应情况,以便更好地向农民提供产前信息服务和产中技术指导服务。

3.农业市场运行秩序调查

农业市场运行秩序调查包括农产品市场准入制度建立与落实情况调查、农产品流通秩序的规范化程度调查、农产品商标和地理标志的侵权执法情况调查等。

(三)农业市场需求影响因素调查

1. 形势政策调查

调查国家政策和经济形势的变化对农产品和农业生产资料销售的影响。

2. 消费习惯调查

我国农村地域辽阔,农村居民的消费习惯因各地的地理条件、气候条件以及风俗习惯等因素而有所不同,消费者对商品的需求也因地、因人而异。

3. 消费心理调查

消费心理是购买商品的内在动力,通过消费心理调查可以掌握农村消费者的购买意向、潜在购买力水平。

4. 流通渠道调查

如运输价格是否合理、运输工具能否满足需要、流通渠道是否畅通、流通信息是否灵便、产供销之间是否存在脱节现象等。

四、农业科技推广调查

农业科技推广是农业科研成果转化为直接生产力的最重要环节。农业科技推广调查的主要内容有农业科技推广体系调查、农业科技推广运行机制调查和农业科技推广情况调查。

(一)农业科技推广体系调查

1. 农业技术推广机构现状调查

农业技术推广机构现状调查包括基层农业技术推广机构调查、基层农业技术推广改革情况调查、农业科技推广队伍建设情况调查、农业科技推广网点设置情况调查等内容。

2. 农业技术推广保障措施调查

农业技术推广保障措施调查调查内容包括组织保障、经费保障、政策保障、生活保障以及工作条件、推广手段等。

3. 农业技术推广组织多元化发展状况调查

农业技术推广组织多元化发展状况调查包括农村专业技术协会发展状况调查、农村专业合作社发展状况调查、农业科技企业发展状况调查等。

(二)农业科技推广运行机制调查

新型农业技术推广体系由政府农业技术推广机构、农业科研单位、农业院校、农业企业、农村专业技术协会、农村专业合作社等众多组织组成。在市场经济体制下,如何使这些组织在推广实践中相互促进、相互融和、取长补短,从而使各个组织的结构和功能得到完善优化,其运行机制就成为急需探讨的问题。

1. 农业技术推广运行机制调查

包括管理机制、约束机制、协作机制、网络机制、调控机制、动力机制、激励机制、投入机制调查等。

2. 农业技术市场运行状况调查

常设农业技术市场应具备 4 个条件:固定的交易场所、具有依托的科研单位、综合市场和专业市场相结合、全方位的技术服务。农业技术市场具有3个功能:一是农业科技产品和科技成果的展示交易功能;二是农业科技信息的聚集发布功能;三是技术开发、技术转让、技术培训和技术咨询的服务功能。农业技术推广部门作为连接农业技术开发机构和农户的桥梁,应该及时掌握农业技术的发展动向,了解农户的技术需求,充分发挥纽带功能。对农业技术市场的运行状况应该有所了解,主要调查农业技术市场发展情况,农业技术贸易、咨询、中介机构发展情况,农业技术市场功能发挥情况等。

3.科研、教育、推广结合模式运行机制调查

农业科研、农业教育和农业技术推广三方面的互相协作,进一步密切结合,构成合作推广的模式,主要调查其运行机制。

4.农业科技推广模式调查

包括科技型企业模式、农业科技示范基地模式、农业产业化经营技术支撑模式、农业科技信息服务网络模式等,主要调查各种推广模式的运行机制。

(三)农业科技推广情况调查

进行农业技术推广工作总结,开展农业技术推广工作评价,都需要对农业科技推广情况进行调查。农业科技推广情况调查主要包括以下几方面:

1.农业科技推广情况调查

农业科技推广情况调查包括农业新品种、新技术、新设备、新工艺等的试验、示范情况调查,农业新品种、新技术、新设备、新工艺等的推广应用情况调查等。

2.农业科技推广效果调查

农业科技推广效果调查包括农业新品种、新技术、新设备、新工艺等推广应用的经济效益、社会效益、生态效益等调查。

3.农业科技成果转化情况调查

农业科技成果转化情况调查包括农业科技成果转化率、推广度、推广率、推广指数、平均推广速度、农业科技进步贡献率等指标的调查以及农业科技成果转化效率的调查。

4.农业科技推广人员创新创业情况调查

农业科技推广人员创新创业情况调查包括在岗在编科技人员创新创业情况、科技人员创新创业各类形式数量,3年来承担部、省、市各类科技项目情况、农业品种创新情况、农业技术创新情况、创业带动效应、在各类刊物上发表学术论文情况(限第一作者)等。

5.农户应用农业新技术状况调查

农户应用农业新技术状况调查主要调查农户基本情况、使用最多的农业新技术、农户获取农业新技术的途径、农户认可的技术推广渠道、农户采用农业新技术的影响因素(包括科技意识,采用新技术的困难、阻力、动力等)、农户的科技需求、农户需要哪些农业实用技术等。

思考题

1. 农业技术推广调查的内容有哪些?
2. 确定一项农业技术推广调查内容,写出调查提纲。

子项目二　农业技术推广调查类型与方法

学习目标

1. 了解农业技术推广调查的类型；
2. 理解各调查类型的调查程序和优缺点等相关知识；
3. 掌握农业技术推广调查的具体调查方法，能够根据实际情况灵活应用。

一、农业技术推广调查类型

按照调查对象的范围不同，农业技术推广调查可分为普遍调查、典型调查、抽样调查和重点调查等类型。

（一）普遍调查

普遍调查简称为普查。我们最熟知的普遍调查就是我国的全国人口普查，国家在统一规定的时间内，按照统一的方法、统一的项目、统一的调查表和统一的标准时点，对全国人口普遍地、逐户逐人地进行的一次性调查登记，普查工作包括对人口普查资料的搜集、数据汇总、资料评价、分析研究、编辑出版等全部过程，它是当今世界各国广泛采用的搜集人口资料的一种最基本的科学方法，是提供全国基本人口数据的主要来源。

普遍调查是指为了了解调查对象的整体情况，对调查对象逐个进行调查。有些与农业生产有关的问题，不可能也不需要组织经常性的全面调查，如人口劳动力资源的数量及构成变化、耕地面积、土壤肥力等情况，但为了更好地组织生产，又必须了解和掌握比较全面详细的资料，就需要进行普查。

1. 普遍调查方式

（1）填报表　由上级制定普查表，由下级根据掌握的资料进行填报。

（2）直接登记　建立专门的普查机构，配备一定数量的普查人员，对调查对象进行直接登记。我国已进行的 7 次人口普查、3 次农业普查都是采用这种方式。

（3）普遍检测调查　组织专门的普查机构，配备一定数量的普查人员和专门的化验检测仪器，按照一定的技术规程，采集样本，进行化验，取得数据。我国 1958 年和 1979 已进行的 2 次土壤普查就是采用这种方式。

2. 普遍调查的优点

（1）资料全面　普遍调查是对全部调查对象逐个进行的调查，收集的资料全面，便于调查者从宏观上和整体上掌握情况，普遍调查的资料也是各级领导机关制定政策的基本依据。

（2）资料准确性高　普遍调查资料的收集是利用统一的统计报表或调查表格，每一调查对象都按统一要求填写，因此资料的准确性、精确性和标准化程度较高，可以统计汇总和进行分类比较。

（3）结论具有普遍性　普遍调查是对所有调查对象进行全面、无一遗漏地调查，因此通过汇总和归纳可以得出具有较高概括性和普遍意义的结论，可以准确地反映社会总体的一般特征。

3.普遍调查的局限性

(1)工作量大、耗时较长　调查对象多、分布广、工作量大,无法在短时间内完成,对大量数据与资料进行处理也需要较长时间。

(2)人、财、物消耗大　由于工作量大,耗时较长,这就使得投入普查的人力、物力和财力要比其他调查方式多得多。

(3)资料缺乏深度　普遍调查的项目不可能很细,不可能对每一个调查对象进行深入细致地调查。普遍调查往往限于对社会现象最基本、最一般的描述,无法反映社会现象深层的变化、细微的差别、本质的原因。

4.普遍调查应注意的问题

(1)规定统一的标准时点　普查时间必须统一,普查一般是要取得某一时点上的数量和情况,所以调查资料必须反映统一规定的某一时间的状况。如第三次全国农业普查的标准时点是 2016 年 12 月 31 日。

(2)规定统一的普查期限　各地调查应同时进行,并在普查期限内完成。尽可能在短期内完成调查工作,以保证资料的准确性。

(3)规定统一的普查项目和指标　各地不得改变和增减普查的项目和指标。同一项普查历次调查的基本项目的指标也应力求一致,以便对历次普查资料进行对比分析。

(4)严格按照法律和普查要求进行　按照《中华人民共和国统计法》的有关规定和普查的具体要求,如实填报普查数据,确保基础数据真实可靠。任何地方、部门、单位和个人都不得虚报、瞒报、拒报、迟报,不得伪造、篡改普查资料。

(5)严格限定普查资料的使用　普查取得的资料,严格限定用于普查目的。不得作为任何部门和单位对普查对象实施考核、奖惩的依据;各级普查机构及其工作人员,对普查对象的个人和商业秘密,必须履行严格的保密义务。

(6)加强组织领导　依靠各级领导,依靠群众搞好普查。普查涉及面广、要求高、时间紧,必须依靠各级领导,把有关部门、各基层单位的力量组织动员起来,把普查的任务要求和有关政策交给群众,取得各部门、各单位和群众的理解和支持。

(二)典型调查

典型调查就是从调查对象的总体中选择具有代表性的一个或若干个单位进行全面深入调查,其目的是通过直接地、深入地调查研究个别典型,来认识同类事物的一般属性和规律。在农业技术推广中,需要及时了解典型地区、典型农户采纳农业新技术的情况,这就需要进行典型调查。

1.典型调查的特点

(1)调查单位具有一定的代表性　典型调查是对调查对象中个别或少数样本进行的调查,是调查者对有意识选择的样本进行的调查,要求调查对象有一定的代表性。这种代表性不是通过随机抽样取得的,而是借助于分析判断取得的,因而又区别于抽样调查。

(2)典型调查存在局限性　典型调查的调查单位一般只有一个或几个,而不像普遍调查是研究对象的全部单位。也不像抽样调查那样是研究对象的相当一部分单位。典型调查对象少,其代表性总是不完全的。典型的选择易受调查者主观意志左右,很难完全避免主观随意性。

(3)调查深入细致　典型调查不只了解调查对象的某一方面,而往往是了解它的各方面,进行全部的解剖,因而典型调查是系统、深入的调查,是面对面的直接调查。

(4)侧重于定性研究　典型调查主要是通过对事物内部结构的解剖来揭示事物的性质、特点及其发展变化的趋势和规律,主要考察事物质的规定性的一面,因而主要是定性调查。

(5)用典型说明一般　典型调查虽然只是考察一个或少数几个对象,但其目的在于通过一个或少数几个对象的考察去说明和发现事物的一般特征和发展变化的规律。但是,在用少数说明多数、用典型说明一般时,典型调查不如抽样调查那样严格和准确,往往只是一种粗略的推论。因而,利用典型做推论时应特别谨慎,不能过于武断,防止以偏概全。

2.典型调查应注意的问题

(1)选择好典型　首先,必须对所研究的问题进行全面分析,以保证选择的典型真正具有代表性。其次,要根据调查目的和任务确定典型,通常的做法是:若是为了说明事物的一般情况,就要选择能够代表事物一般水平的样本作为典型;为了总结先进经验,要选择先进单位和先进人物作为典型;若是为了研究新生事物,就选择最初出现或处于萌芽状态的事物作为典型。最后,应根据被研究对象的特点选择典型单位。

(2)要把调查与研究结合起来　典型调查主要是定性调查,除了要求全面了解典型各方面的情况外,还要求进一步认识调查对象的本质及其发展规律。因此,典型调查不能满足于一般的收集材料,而必须把调查和研究紧密结合起来,把认识问题和探索解决问题的方法结合起来。

(3)慎重对待调查结论　典型尽管是同类事物中具有代表性的单位,但它毕竟是普遍中的特殊。因此,对于典型调查的结论,必须持慎重态度,必须严格区分哪些是代表同类事物的具有普遍意义的东西,哪些是由典型本身的特殊条件、特殊环境所决定的只具有特殊意义的东西,必须对这两部分结论的适用范围做出科学说明,切不可把典型调查的全部结论到处乱搬乱套,更不可不顾时间、地点、条件,拿着典型调查的结论到处去"将军"。

(三)抽样调查

抽样调查就是从调查对象的总体中按照随机原则抽取一部分单位作为样本,对样本进行调查,并根据调查的数据来推算有关总体的数字特征,从而实现对总体的认识。与典型调查相比较,抽样调查一般是标准化、结构式的社会调查,它具有综合定性研究和定量研究的功能,因此,抽样调查已成为现代社会调查的主要方式。

1.抽样调查的特点

(1)经济性好　抽样调查的调查对象是作为样本的一部分单位,而不是全部单位,所以抽样调查具有节约人力、物力、财力、省时、高效的特点。

(2)机会均等　调查样本是按随机的原则抽取的,在总体中每一个单位被抽取的机会是均等的,因此,能够保证被抽中的单位在总体中的均匀分布,不致出现倾向性误差,代表性强。所抽取的调查样本数量,是根据调查误差的要求,经过科学计算确定的,在调查样本的数量上有可靠的保证。

(3)存在误差　通过调查取得部分单位(样本)的实际资料,根据样本的数据推断总体的数据。对总体的规模水平、结构指标做出估计,与实际情况的误差是不可避免的。通常抽样调查的误差有两种:一种是工作误差(也称登记误差或调查误差),一种是代表性误差(也称抽样误差)。如根据样本的农作物实际产量,来推算全县的农作物产量,只能是一个比较接近实际情况的产量数字。

(4)误差可控 抽样调查可以通过抽样设计,通过计算并采用一系列科学的方法,把代表性误差控制在允许的范围之内,能保证抽样推断的结果达到一定的可靠程度。另外,由于调查单位少、代表性强、所需调查人员少,工作误差比全面调查要小。特别是在总体包括的调查单位较多的情况下,抽样调查结果的准确性一般高于全面调查。因此,抽样调查的结果是非常可靠的。

2.抽样调查法的适用范围

许多地方和单位,无论是经济调查,还是舆论调查,无论是生产调查,还是经营调查,都广泛应用抽样调查方法。但是,抽样调查的采用也是有条件的,一般在下列情况下适合采用抽样调查:

一是调查对象不能进行全面调查时,必须应用抽样调查方法。例如,种子发芽率检验、粮食含水量测定、棉花纤维长度检验等,不能为了鉴定质量而毁去所有的产品,在这种情况下,就只能采用抽样的方法,依样本资料对总体的状况做出推断。有些调查对象群体过大,单位又很分散,无法进行全面调查,例如检验水库的鱼苗数、农作物产量预测等,也需要采用抽样调查。

二是在需要取得全面统计资料,但时间来不及进行全面调查或全面调查工作量太大时,可以采用抽样调查方法。如农作物收获前的产量实测、预测大区域的粮食实际产量等。

三是需要了解全面情况,但又没有必要进行全面调查,抽样调查就可以得到较好的效果时,应该采用抽样调查。如市场物价调查、大面积林木数量调查等。

四是运用抽样调查对全面调查资料进行补充、修正和验证。例如,为了验证人口普查资料的质量,在普查后要进行抽样调查。

3.抽样调查的形式

抽样调查按其研究对象的性质、研究目的和工作条件不同,可以分为多种形式。在调查中常用的形式有以下几种:

(1)纯随机抽样 就是按照随机原则,直接在总体中抽取所要研究的调查单位。为了保证每个单位都有相等的中选机会,通常采用抽签或用"随机数表"的办法抽取调查单位。一般先将总体各单位编号写签,然后抽取。在实际工作中,总体的单位往往很大,编号抽签的工作非常繁重。

(2)机械随机抽样 又称等距随机抽样或系统随机抽样。先将总体各单位按一定标志顺序排列,编上序号;然后用总体单位数除以样本单位数求得抽样间隔,并在第一个抽样间隔内随机抽取一个单位作为第一个样本单位;最后按间隔做等距抽样,直到抽取最后一个样本单位为止。机械随机抽样的排队标志有两种:一种是无关标志,即和研究目的无直接关系的标志,如农产品产量调查不按产量标志排队,而是按各地区、各单位的地理位置或地名笔画多少排队;另一种是有关标志,即与调查目的直接有关的标志,例如,农产品产量调查按各单位或者各地块的预计单位产量或近几年平均单位产量排列。机械随机抽样一般是按有关标志排队抽取样本。

(3)分类随机抽样 又称分层随机抽样或类型随机抽样。这种方法是先把复杂的总体按主要标志划分成若干类型,然后在各种类型中再按纯随机抽样或机械随机抽样的方式抽取调查单位。通过分类,可以把总体中标志值比较接近的单位归为一组,这就缩小了同一组内各单位之间的差异程度,所以在总体各单位标志值大小悬殊的情况下,运用分类随机抽样,比其他抽样法能得到更准确的结果。在实际工作中分类随机抽样应用较多,例如农产品产量调查可以按地区的地形分组,经济调查可以按经济水平分组等。由于分类是按有关的主要标志值分组的,各组(各类型)的单位数不同,所以分类抽样通常是按各组单位数占总体单位数的比例来抽取样本,单位数多的组多抽样,单位数少的组少抽样。

(4)集体随机抽样　又称整群随机抽样,是先将总体各单位按一定标准分成若干个群或集体;然后,按随机原则从这若干个群或集体中抽出样本群或集体实施逐个调查。整群随机抽样样本单位比较集中,调查工作比较方便,可节省人力、财力、物力和时间,但整群调查样本分布不均匀,样本的代表性较差。

(四)重点调查

重点调查是通过对重点样本的调查来大致地掌握总体的基本数量情况的调查方式。所谓"重点",是指总体中那些在某一或某些数量指标上占有较大比重的单位或个体。它是一种非全面调查,最适宜在调查对象比较集中的情况下采用。农业生产有很强的地域性,有些经济作物和名特产品的生产往往集中在少数几个地区,只要调查这几个地区就可以基本上掌握其生产情况。由于根据重点调查的材料,可以基本上掌握全部情况,满足一般研究任务的需要,所以对分散的、比较小的地区或单位就没必要再花费人力和时间采用其他调查方法去调查。

重点调查既可用于经常性调查,也可用于一次性调查。组织重点调查的首要问题是确定重点单位。一般来说,选出的单位应尽可能少些,而其标志值在总体标志总量所占比重应尽可能多些。选中的单位,管理应比较健全,调查力量应比较强,统计基础应比较好,这样才能准确及时地取得资料。

重点调查的优点是耗费的人力、物力和财力较少,而取得效益较大,便于及时掌握基本情况,指导工作,在农业调查工作中经常被采用。

重点调查与典型调查一样,它们都不是采取随机抽样的方法确定具体的调查对象,因此,选点都易受主观因素的影响。但它们调查对象的数量都较少,因此都比较省时、省力、方便易行。两者的差异在于:重点调查的具体对象是重点,而重点不一定要有代表性或典型性,而要求在总体中具有重要地位或在总体的数量总值中占有较大比重,而典型调查的对象则要求其代表性或典型性;另外,重点调查主要是数量认识,而典型调查主要是性质认识。

二、农业技术推广调查方法

农业技术推广调查的方法主要有文献调查法、实地观察法、访谈调查法、问卷调查法和电信调查法等。

(一)文献调查法

文献调查法简称为文献法,是利用文献间接收集资料的方法。调查者从各种文献、档案、报纸、书刊、报表以及历史资料等社会信息中去采集自己研究所需的资料。文献调查是否成功,主要取决于文献的齐全程度、内容的可信程度和调查人员的素质。

1. 调查人员的选配和文献收集

(1)选配合适的调查人员　从事文献调查的人员，应具有坚定的政治立场、全面的专业知识和丰富的社会经验。

(2)收集文献资料要齐全　按照调查的主题，调查人员应有目的地去收集文献。通过政府、团体、专门机构、研究单位或个人等多种渠道，尽可能地把已有的文献收集起来，由专人负责登记、立卷、排列、编目、分类和保管，以满足分析研究时需要。

(3)检验、分析和评价文献的真伪　收集来的文献往往鱼目混珠，如不加分析检验，随便乱用，就有可能得出错误的结论。因此，调查人员使用文献时，不管文献多么可靠和真实，都要以批判的、分析的态度去对待，认真检查文献有无遗漏、差错或可疑之处。

2. 收集文献的方法和途径

(1)收集文献的方法　一是检索工具法，即利用已有的检索工具查找文献资料方法，目前有手工检索工具、机读检索工具 2 种；二是参考文献查找法，也称追溯查找法，即利用作者本人在文章、专著的末尾所开列的参考文献目录或者文章、专著中所提到的文献名目，追踪查找有关文献资料的方法；三是循环查找法，也称为查找法，即将检索工具查找法和参考文献查找法结合起来，交替使用的一种方法。

(2)收集文献的途径　主要有 3 种方法：一是到文献管理单位收集，可以到档案馆、图书馆、档案室、资料室收集；二是网上搜集，可通过搜索引擎直接搜索，进入相关网站查找，也可进入文献数据库查找(如中国知网、超星阅览器等)；三是社会寻访，向可能存有有价值文献资料的单位或个人访求。

(二)实地观察法

实地观察法是观察者有目的、有计划地运用自己的感觉器官或借助科学仪器，能动地了解处于自然状态下的社会现象的方法。

1. 实地观察的工具

实地观察的工具可分为两类：一类是人的感觉器官，其中最主要的是视觉器官眼睛。人的观察过程是一个能动的反映过程，不仅是人的感觉器官直接感知的过程，而且是人的大脑积极思维的过程。另一类是科学观察仪器，如录像机、摄影机、望远镜、显微镜、录音机、探测器、人造卫星等。它的观察对象应该是处于自然状态下的现象，如果观察对象不是处于自然状态的现象，而是人为的、故意制造的现象，就会失去实地观察的意义，甚至有可能得出错误的观察结论。

2. 实地观察应注意的问题

为了保证观察结果的正确性，减少观察误差，实地观察中应注意以下问题：

(1)做好观察准备　调查人员在观察前应做好充分的知识和物质准备。知识准备是指一个合格的调查人员应该具备较为广博的知识，主要包括 3 个方面的知识：一是要有与调查课题有关的专门学科的理论知识；二是要有关于所观察对象的历史和现状的知识；三是要有关于观察方法和观察工具使用的知识、经验和技能。物质准备主要是指调查人员要事先准备好观察仪器设备、现场察看和选择、布置好观察场所。

(2)灵活安排实地观察的程序　实地观察的程序一般有 3 种安排方法：一是主次程序法，即先观察主要对象、主要部分、主要现象，后观察次要对象、次要部分、次要现象；二是方位程序法，即按照观察对象所处的位置，采取由近到远或由远到近、由左到右或由右到左、由上到下或由下到上等方法逐次进行观察；三是分析综合法，即先观察事物的局部现象，后观察事物的整体，或者先观察事物的整体，后观察事物的局部，然后再进行综合或分析，得出观察结论。

（3）充分利用观察仪器　调查人员在实地观察中，应根据需要和具体情况，尽可能使用显微镜、望远镜、测量仪、照相机、摄影机、录音机等科学仪器，充分发挥其放大、延伸、计量和记录功能，提高观察的客观性和准确性，防止和减少误差。

（4）进行多点对比观察或反复对比观察　调查人员在实地观察中，对于比较复杂的或难以做出准确判断的情况，应选不同的观察点或在不同时间对同一观察对象进行对比观察，加以验证比较。一般而言，通过多点对比观察和重复对比观察所得出的结论，产生误差的可能性会大大减少。

（5）把观察与思考紧密地结合起来　任何观察活动都包含两类因素：一类是感性直觉因素；另一类是理性思维因素。只有目的明确、理论正确、知识广博、经验丰富且又积极思维的人，才能获得良好的观察效果。

（6）及时做好观察记录　观察前设计出记录表，详细记录观察现象和观察数据，观察结束后要及时整理观察记录。

（三）访谈调查法

访谈调查法是调查人员通过直接与调查对象口头交谈，以了解情况、获取资料的一种方法。根据不同的分类方法，可以分为标准化访谈和非标准化访谈、集体访谈和个别访谈、一般访谈和特殊访谈等。访谈调查能够了解广泛的社会现象，能深入广泛地探讨各类社会问题，能灵活地进行调查工作，可直接了解调查对象对调查的态度并进行心理沟通，能提高调查的成功率和可靠性，适用于多种调查对象。

但也存在一些局限性，如耗费时间多，无法大范围调查；访谈调查的结果和质量很大程度上取决于被访谈者的合作态度和回答问题的能力。要想取得访谈的成功，应抓好以下关键环节：

第一，细致地准备。根据调查内容，准备好访谈的问题。做标准化访谈，必须弄懂弄通统一设计的问卷；做非标准化访谈，则应准备较详细的访谈提纲和各种访谈问题。安排提问的顺序；根据调查目的阅读有关资料，通过各种途径了解调查对象的基本情况，以便于沟通交流。

第二，巧妙地接近。一般有以下几种接近方式：自然接近、求同接近、友好接近、正面接近和隐蔽接近等。访问者应根据被访问者的特点，采取正确的接近方式。

第三，科学地提问。提问是访问调查的主要手段和环节，科学地提问应注意提问的类型、方式和时间。尽量避免难以回答的提问、有心理刺激的提问、涉及个人隐私的提问。

第四，认真地听取。听取回答是提出问题的直接目的，在访问过程中，访问者要排除各种听取障碍，认真听取回答，要善于对回答做出恰当的反应，及时根据回答提出新的问题。不要以主观愿望影响调查对象的态度，不要暗示回答，不要催促回答。

第五，正确地引导。当访谈遇到障碍不能顺利进行下去或偏离原定计划时，就应及时引导。例如，被访问者有顾虑，就应该摸清顾虑所在，然后对症下药，解除其思想顾虑。

第六，适当地追询。被访问者的回答没有按照调查要求完整说明问题时，要进行适当的追询。有正面追询、侧面追询、补充追询、重复追询等。追询可环环相扣，但不能步步紧逼。

第七，虚心地求教。要虚心求教，以礼待人，平等交谈，谦逊诚恳；不要装腔作势，故作高雅，居高临下，气势逼人。使用通俗易懂的语言，尽量少用专业术语。

第八，灵活地记录。访谈调查的记录方式一般有两种：当场记录和事后追记。应根据实际情况灵活应用。要注意：记要点、记特点、记疑点、记易忘点、记感受。这样能使记录更有效。

(四)问卷调查法

问卷调查法是调查者运用统一设计的问卷向被调查者了解情况或征询意见，是一种标准化的调查。问卷调查一般都是间接调查(除访问问卷外)，一般采用书面形式提出问题，被调查者也用书面形式回答问题。还可以通过互联网进行网上问卷调查。

问卷法的主要优点在于标准化和成本低。因为问卷法是以设计好的问卷工具进行调查，问卷的设计要求规范化并可计量。

问卷调查的一般程序包括设计调查问卷、选择调查对象、分发问卷、回收问卷和审查问卷。

1. 设计调查问卷

问卷的一般结构包括前言、主体和结语 3 个组成部分。设计问卷应注意问题的种类、选择、结构、表述以及回答的方式及其说明。问卷的设计要遵循通俗性原则、完备性原则、中立性原则、互斥性原则。

2. 选择调查对象

问卷调查的对象可用抽样方法选择。由于问卷调查的回复率和有效率一般都不可能达到 100%，因此选择的调查对象应多于研究对象，可用以下公式计算：

$$\text{调查对象}=\frac{\text{研究对象}}{\text{回复率}\times\text{有效率}}$$

3. 分发调查问卷

分发调查问卷有多种方式，可以通过邮寄、报刊、直接派人送给有关机构代发、携带问卷登门访问，也可以直接印在报纸上。

4. 回收调查问卷

回收调查问卷是问卷调查中的一个重要环节，如何提高问卷回收率是一个关键问题，问卷回收率的高低直接影响调查的成败和调查结果的准确性。提高问卷回收率的一般做法是：①争取知名度高、权威性的机构的支持；②选择恰当的调查对象；③选择具有吸引力的调查课题，调动起被调查者的参与意识；④提高问卷设计质量，创造被调查者回答问题的动机；⑤使用不记名的问卷；⑥采取适当激励手段；⑦采取回复率较高的问卷调查方式。

5. 审查整理问卷

审查整理问卷主要包括 3 项工作：一是对回收问卷进行审查，检查每份问卷是否有漏答、回答错误或回答不合格等现象，淘汰无效问卷；二是对回收问卷进行统计，计算出问卷回复率和有效率；三是对回收问卷进行一定形式的加工，如字迹不清就应填写清楚，错字漏字就应适当补齐，破损问卷能够修复的适当修复。这样才能使后面的资料整理与分析建立在有效问卷的基础上，确保问卷调查结果的可靠性和科学性。

(五)电信调查法

电信调查法是借助电信设施按照统一的调查提问或调查问卷向被调查者提出问题，并请被调查者回答而获得社会信息的调查资料收集方法。电信调查法是在访谈调查法、问卷调查法和文献调查法等基础上的延伸，是信息技术和电信业务应用于社会调查领域的结果。

1. 电信调查法的类型

(1)电话调查法　电话调查法实际上是一种借助电话实施的访谈调查法，与一般面对面的访谈调查法比较，电话调查法收集信息速度快、调查费用比较低、有较好的匿名性，但调查活动难于控制，受电话普及率和调查对象的制约。

(2)电子邮件调查法　电子邮件调查法实际上就是调查者借助电子邮件的通信方式，向被调查者发出提问，并请被调查者回答以收集社会信息的方法。

(3)网上问卷调查法　也称为网站问卷调查，是问卷调查法的延伸。

2. 电信调查法实施要点

(1)电话调查法的实施　一是确定抽样方法，电话调查法的抽样方法有电话号簿法、随机拨号法和综合法；二是访谈时间的限制，电话是一种适用于短时间交谈的通信工具，时间长了话费较多，容易使人厌烦。因此，每次电话访谈一般应控制在20 min之内，最好控制在15 min之内。此外，电话调查的实施时间最好在傍晚下班之后晚餐之前，或在晚上电视新闻联播之后。无论怎样，电话调查的实施时间应充分考虑和尊重调查对象的作息时间与生活习惯，否则，调查者的调查电话是不会受欢迎的。

(2)电子邮件调查法的实施　一是要明确电子邮件调查的类型，如果是网上访谈，则必须安排专人进行访谈；如果是问卷调查，则必须先设计好电子邮件问卷，按问卷调查法一般程序来操作；二是要建立容量较大的电子邮箱；三是要制定适于电子邮件调查的调查策略；四是要注意保存问卷的备份文件，以应付电子邮件出错的情况；五是要时常关注被退回的调查问卷；六是要重视电子邮件调查中的安全问题。

(3)网上问卷调查法的实施　就是把调查问卷放到相关网站上，请网友网上填写调查问卷。比电子邮件调查法更具有优越性。调查对象是随机的，接受调查是自愿的。只要对调查的问题感兴趣，都可以参加。一般把调查问卷放到某一网站的论坛上进行网上调查。

思考题

1. 农业技术推广调查的类型有哪些？
2. 简述农业技术推广调查的方法

子项目三　农业技术推广调查实施

学习目标

1. 掌握农业技术推广调查的实施步骤；
2. 能正确进行调查资料的收集和整理；
3. 提高农业技术推广调查技能，撰写出符合要求的调查报告。

农业技术推广调查必须按照一定的科学程序，有目的、有计划地分阶段进行，以保证调查的准确性。农业技术推广调查一般按调查准备、调查资料的收集与整理、得出调查结论(撰写调查报告)3 个阶段进行。

一、调查准备

(一)选择调查课题

正确选择课题是搞好农业技术推广调查的前提。正确选择农业技术推广调查课题应坚持需要性原则、科学性原则、创造性原则和可行性原则。需要性原则指明了农业技术推广调查的根本方向,科学性原则体现了农业技术推广调查的内在要求,创造性原则反映了农业技术推广调查的本质,可行性原则说明了农业技术推广调查的现实条件。只有全面、综合地运用这些原则,才能正确地选择调查课题。

(二)设计调查指标

调查课题选定后,在初步分析的基础上,就可以拟定调查方案。在拟定调查方案之前,应先设计调查指标。调查指标就是调查过程中用来反映调查对象的特征、属性或状态的指标,如农业劳动力人数、农业总产值、农业人均纯收入等。

调查指标的设计过程一般都是以一定的研究假设为指导,设计出一套社会指标体系,并将这个体系中的每一个社会指标具体化为若干调查指标,形成一个具有层次性、系统性和完整性的调查指标体系。这就是说,调查指标的设计过程,实际上是研究假设→社会指标体系→调查指标体系的分解过程。

为了使设计出来的调查指标能准确地说明客观实际,在设计调查指标时,应坚持科学性、完整性、通用性、准确性、简明性和可行性等原则。

(三)拟定调查方案

调查方案一般应包括以下内容。

(1)调查目的　即调查所要达到的具体目的。如研究成果、成果的形式、对社会的作用等。

(2)调查内容和工具　调查内容是通过调查指标反映出来的,因此设计调查指标的过程就是设计调查内容的过程。调查工具是指调查指标的物质载体,如调查提纲、表格、问卷、各种量表和卡片等。

(3)调查区域　即调查在什么地区进行,在多大的范围内进行。

(4)调查时间　即调查在什么时间进行,需多长时间完成。

(5)调查对象　是指实施工作的基本单位及其数量。

(6)调查方法　包括收集材料的方法和研究资料的方法。

(7)调查人员的组织　包括组织领导、参加人员和协作人员等。

(8)调查经费的计划　包括经费预算、经费来源、重点支出和审计要求等。

(9)调查工作的安排　包括制订调查计划、收集资料、访问座谈、分析研究、确定调查结论等工作环节的安排。

二、调查资料的收集与整理

(一)收集调查资料

农业技术推广调查应收集利用两种资料：一种是第一手资料，即调查人员直接在实地观察、记录和收集的资料；另一种是第二手资料，即由他人收集并经过整理发表的资料，如国民经济统计资料、气象资料、土壤普查资料等。

资料收集过程是调查人员按照调查方案和调查提纲与调查对象接触，相互交往、相互影响的过程。应特别注意资料收集的质量，收集到的资料的系统性和全面性是非常重要的。资料收集过程中，要把研究对象当作系统总体对待，以便达到收集资料的系统性要求。调查人员要对研究样本的每个问题、每个问题的各个细节及其同周围事物之间的关系加以研究，按照细节要求进行资料收集，从而保证收集到系统的资料。要做到资料收集的全面性，就应该按照取样要求，围绕与样本有关的调查项目，逐项地、不厌其烦地收集资料，在掌握大量、全面资料的基础上，才能统观事物的全貌。间接资料，应该注意收取旁证。收集资料要随时记录，避免遗漏和资料散失。不仅要收集文本资料，也要收集其他载体的资料。有时还要收集实物的标本，或者对实物进行拍照、录像等。

(二)审核调查资料

审核调查资料就是指对原始资料进行仔细探究和详尽考察，看其是否真实可靠和符合要求。其目的主要是消除原始资料中的虚假、差错、短缺、冗余等现象，以保证资料真实、可信、有效、完整、合格，从而为进一步整理分析打下基础。审核时特别要注意资料的真实性、可靠性、科学性和完整性。

1. 完整性

完整性是指调查资料齐全完整。在审核资料的完整性时，应对照调查计划或审查、调查表格，逐项检查审核，看是否有缺项或遗漏。如有缺项或遗漏，应设法补齐。

2. 真实性

资料的真实性审核也称信度审核，是指通过对资料进行逻辑检验以判明调查所得的资料是否符合实际情况，资料中有无相互矛盾的地方。对资料本身的真实性审核，一般选用以下几种方法：

(1)根据已有的经验和常识进行判断　审核中一旦发现与经验、常识相违，就要再次根据事实进行核实。

(2)根据资料的内在逻辑进行核查　如果发现资料前后矛盾的地方或违背事物发展的逻辑，就要找出问题所在，剔除不符合事实的材料。

(3)利用资料间的比较进行审核　如果资料是用多种方法获得的，既有访谈资料，又有文献资料及观察资料，就可以将这些资料进行比较，看有无出入，以判断真伪。

(4)根据资料的来源进行判断　当事人反映的情况比传说的情况更可靠，引用率高的文献比引用率低的文献更可靠。

3. 可靠性

可靠性也称为准确性。资料内容的可靠性审查也称效度审核，是指在一个不太长的时间间隔内,对同一个调查对象前后调查所得资料的一致性程度进行审核。如果在不太长的时间内,两次或多次调查同一调查对象,得到的结果大致相同,就可以说它的可信度高。反之,两次调查或几次调查中有比较大的差异,则可信度就可能较低。对调查资料可靠性的审核,一方面是要审核收集到的资料符合原设计要求及对于分析所研究的问题有效用的程度。对于那些离题太远、效用不大或不符合要求的资料要予以剔除。另一方面是要审核调查资料对于事实的描述是否准确,特别是有关的事件、人物、时间、地点、数据等要准确无误,切忌事实资料含糊不清、模棱两可,数据资料笼统模糊。可靠性审核一般有以下3种方法。

(1)核对法 依据可靠的、权威性的相关资料或以往的实践经验,与调查资料的内容进行对照、比较,以发现或纠正调查资料中的某些差错。如果发现调查资料中有明显违反可靠资料、违背科学原则或实践经验的地方,那么就应重新进行调查或核实。

(2)分析法 是根据调查资料所反映的情况与问题进行内在的逻辑分析,审核其是否合乎情理,是否夸大其词,是否自相矛盾,是否含糊笼统,以发现资料中的疑点和破绽。如果发现调查资料的内容前后矛盾,或者违背事物发展的客观规律,那么就应剔除那些不符合事实的资料,必要时还要进行补充调查。

(3)复查法 是对调查资料所反映的情况再以小范围验证的方式进行直接的实际调查,以检查资料的真实性与准确性。这种方法一般只用于审核关键性的调查资料。

4.科学性

科学性是指收集的资料是否违背科学原则。审核研究资料是否有可比的基础,计算方法是否有误,资料收集是否按设计要求进行等。

(三)整理调查资料

通过调查所获得的资料是分散的、零星的,只能反应研究总体的个别样本情况,而不能系统地、集中地、全面地、真实地反映研究对象的总体情况。一般把围绕研究总体收集到的素材,叫作原始资料。对原始资料进行加工,使之条理化、系统化,从而获得能够反映总体特征和内在规律的综合性资料。通常把原始资料加工成综合资料的过程,叫作资料整理。

调查资料主要分为数字资料和文字资料两种。数字资料整理与文字资料整理有所不同,加工时需要按统计分析的要求进行。因此,在制订研究计划时,就应考虑资料整理的要求。

1.文字资料整理

文字资料包括开放性问卷的文字资料、调查中的各种原始谈话记录、座谈会纪要、观察记录资料以及有关的文献资料等。文字资料整理的程序如下:

(1)审查补充 审查调查资料是否系统完整、准确可靠,发现问题及时进行补充调查,将资料补全。

(2)分析归纳 主要是将各种类型资料归纳在一起,整理出比较完整系统的资料。

(3)摘录提要 对于各种文字资料,要区别主次,精选内容,进行摘录整理。

(4)加注说明 对文字资料的整理要特别注意加注说明。要注明调查时间、地点、范围、方法以及调查者姓名等。

2.数字资料整理

整理数字资料的程序如下:

(1)校正 按照调查计划或表格,检查所得的资料是否有遗漏之处、是否有错填之处,检查收集到的资料是否具有科学性和可靠性，如发现问题，应及时予以校正。

(2)分组　数据资料的分组整理，就是按照一定标志，把调查所得的数据资料划分为不同的组。分组的目的在于了解各组事物或现象的数量特征，考察总体中各组事物或现象的构成情况及依存关系等。对数据资料进行分组的一般步骤是：选择分组标志，确定分组界限，编制变量数列。

(3)汇总　数据资料的汇总就是根据研究目的，把分组后的各种数据（标志值）汇集到有关的表格中，并进行计算和加总，以集中、系统地反映社会调查对象总体的数量情况。数据资料汇总的目的，一是初步了解数据的分布情况；二是为深入统计分析做准备。汇总形式分逐级汇总和集中汇总 2 种。汇总方法一般有手工汇总、机械汇总和计算机汇总等。

(四)制表和图示

数字资料汇总后，为了更加集中、系统、鲜明地反映事物的本质，一般需要进行制表和图示。

1. 制表

经分组、汇总、整理好的统计资料，按一定的规则，清晰、明确、系统地用表格表达出来，这种表格称为统计表。统计表具有完整、简明、系统、集中的特点，而且便于计算、查找和对比。统计表的结构从形式上看，由标题、标目（包括横标目和纵标目）、数字、表格注释等要素组成。统计表按照主词分组不同，可分为简单表、分组表和复合表 3 种。简单表是一种常用统计表，未按任何标志对总体加以分组，一般无法反映事物的内在联系；分组表是一种按某一标志对总体加以分组的统计表，分组表可以揭示不同类型现象的数量特征，研究调查对象总体的内部结构，分析现象之间的相互关系；复合表是一种按照两个或两个以上标志对总体加以分组的统计表，复合表可以把多种标志综合起来，从不同角度反映社会现象的不同数量特征。

2. 图示

在统计学中把利用统计图形表现统计资料的方法叫作统计图示法。统计图具有直观、形象、生动的特点，易显出社会现象的规模、水平、发展趋势、相互依存的数量关系、同类指标之间的对比关系，因此统计图也是表现数字资料的一种主要形式。统计图按其表现形式的不同，可分为几何图、象形图和统计地图 3 种类型。几何图就是利用点、线、面来表示统计资料的图形。象形图就是按照调查对象本身的事物形象来表示统计资料的图形。统计地图就是以地图为底景，用线纹或象形来表现统计资料在地域上分布状况的图形。统计图一般采用直角坐标系，横坐标用来表示事物的组别或自变量 x，纵坐标常用来表示事物出现的次数或因变量 y；或采用角度坐标（如圆形图）、地理坐标（如地形图）等。按图尺的数字性质分类，有实数图、累积数图、百分数图、对数图、指数图等，其结构包括图名、图目（图中的标题）、图尺（坐标单位）、各种图线（基线、轮廓线、指导线等）、图注（图例说明、资料来源等）等。

(五)统计分析

统计分析就是运用统计学原理对调查总体进行定量研究、判断和推断，以揭示事物内部数量关系及其变化规律的一种逻辑思维方法。

对于数字资料，可以应用数理统计方法对样本进行数量分析（主要有统计分析法、系统分析法、定性定量分析法、因果分析法、比较分析法、典型分析法和趋势分析法等），揭示其数量特征，再用文字加以简要地概括和解释。

对于文字资料，可以应用归纳、比较、推理的逻辑学原理，对收集的样本资料加以分析，找出各样本间共性、个性以及彼此之间的内在联系和因果关系，确切地反映出研究对象的全貌和本质。

三、撰写调查报告

调查报告是反映调查研究情况和成果的一种报告性文件，系统地介绍调查研究的目的、方法、过程和结论，是调查研究成果的集中体现，因而调查报告的写作是整个调查研究工作中十分重要的一部分。随着农业调查研究工作的广泛和深入开展，调查报告在农业科研、管理和推广工作中的作用将越来越重要。调查报告的质量将直接关系到调查成果质量的高低和社会作用的大小。要撰写好调查报告，就必须了解调查报告的类型，掌握调查报告的结构、写作方法及写作过程中应注意的问题。

(一)调查报告的类型

由于内容、性质和作用不同，调查报告的类型也不相同。在农业技术推广工作中采用较多的有以下 3 种类型。

1. 基本情况调查报告

这类调查报告的作用主要是认识社会现象、了解社会问题、把握社会命脉，通过对调查资料的归纳，认识事物的特点和规律。在研究某个问题、做出重要决策、处理重大事件之前，一般先要调查基本情况。这类调查报告注重全面情况的调查，着重对基本情况和主要事实进行具体说明，分析和议论很少，重视原始材料的统计分析和引用材料的翔实。

2. 典型经验调查报告

如某一地区、某一单位、某一企业，在贯彻落实党和国家的各项方针政策过程中，或在日常的思想政治、经济建设、科学教育等方面，或是在某项工作中取得了突出的成绩，为了把他们的具体做法和成功奥秘反映出来，可以对他们进行专题的调查。这类调查报告应着重说明其产生的历史条件、技术及经济发展阶段和过程，特别是要详细介绍曾经遇到的问题、解决问题的做法以及取得的成绩和推广的意义等。

3. 理论研究调查报告

理论研究调查报告一般分为专题研究调查报告和综合研究调查报告两种。无论专题研究还是综合研究，都是从客观实际出发，通过对有关问题进行系统周密的调查研究，得出科学结论。一方面为制定正确的方针、政策和措施提供可靠的实际材料和理论依据；另一方面又为贯彻中央的方针、政策做理论上的说明，达到宣传方针、落实政策的目的。

(二)调查报告的结构与写作方法

农业技术推广调查报告除标题外，一般由 3 部分构成，即前言、正文和结语。

1. 前言的写法

前言是调查报告的开头部分，一般用来介绍调查的对象、范围、经过、目的等，是概括全文的内容和主旨，或是对基本情况的说明，给人以概括性的了解。前言写得好坏，对于激发读者的兴趣具有重要作用。一般来说，前言有以下几种写法。

(1)宗旨直述法　即在前言中着重说明调查工作的具体情况。这种写法有利于读者了解进行调查工作的主要宗旨和基本精神，因此是一种常见的前言写作方法。

(2)情况交代法　即在前言中着重说明调查工作的具体情况。这种写法有利于读者了解进行调查工作的历史条件和调查研究过程中的具体情况，多用于比较大型的调查报告。

(3)提问设悬法　即在报告的开头首先提出问题，给人设下悬念。这种故设悬念的写法，增强了调查报告的吸引力，常用于总结经验和揭露问题的调查报告。

(4)结论前置法　即在前言中先将调查结论写出来，然后在调查报告的主体部分中去论证。这种写法开门见山，使读者对调查报告的基本观点一目了然，也是一种较为常见的前言写作方法。

2. 正文的写法

正文是调查报告的主体部分，不同类型调查报告的正文写法各异。

基本情况调查报告，一般是根据所分类别将问题逐一说明。常见的基本情况的分类方法，除按时间、地点、单位、部门的特征分类外，还常常按事物的性质、特点、意义、作用、原因、发展趋势、存在的问题等分类，这是一种逻辑分类法。有时一篇调查报告只涉及其中一个问题，或仅介绍特点，或仅介绍意义，这时则需要对特点或意义从几个方面进行说明。

典型经验调查报告，如果是总结正面的经验，一般是先谈基本情况和取得的成绩，然后总结经验，分析原因；如果是揭露问题的调查报告，正文一般可分为存在的问题和产生问题的原因两个部分。

理论研究调查报告，正文很灵活，应根据主体的需要，同写论文一样，按照理论的逻辑结构安排文章各个部分的顺序。正文各部分有时用小标题，有时用序号；还有不用小标题，也不用序号，首尾相连，一气贯通。

3. 结语的写法

结语一般用来总结全文。调查报告的结语常常用来指出存在的问题和不足，提出建议和设想，说明影响和群众反映，指明前进的方向等。结语也有略写、详写或独立为正文的一个部分等 3 种写法，也有的不用结语，文章随正文结束而结束。

(三)撰写调查报告应注意的问题

1. 进行深入细致的调查研究

调查报告是调查者站在正确的立场，运用正确的方法，对调查所得的大量事实的综述和评价。所以，搞好调查研究是写好报告的基础。要做好调查研究需做以下工作：一是列好提纲，做好准备；二是选好典型，具体剖析；三是周密调查，深入研究；四是坚持“去粗取精、去伪存真、由此及彼、由表及里”，把感性材料上升到理性高度。

2. 提炼明确的富有指导意义的主题

主题的提炼要努力做到正确、集中、深刻、新颖和对称。正确是指主题要如实反映客观事物的本质和规律；集中是指主题要突出，要小而实；深刻是指要深入揭示事物的本质；新颖是指主题要有新意，要在前人研究的基础上有所发展；对称是指主题要与材料、观点相平衡。

3. 科学恰当地选用素材

调查报告最基本的要求是用事实说明问题。对调查所得的大量材料，一是选取具有普遍意义、反映事物本质特征的典型材料；二是运用好写作技巧，科学恰当地安排和运用材料，发挥材料的巨大说服力。

在选用材料的写作技巧上常用以下5种方法：①用一个完整的典型实例说明一个观点；②用一种排比材料从不同角度说明一个观点；③用新旧、正反、成败等方面的对比材料说明观点；④用反映总体情况的综合材料与某些具体的典型材料结合阐明观点；⑤在报告的关键部分，采用少量经过加工提炼的生动、形象、准确、简练的群众语言印证观点。

4.做好材料的结构安排

提炼好主题、确定了说明主题的材料后，还要注意所用材料的结构安排。一般有纵式结构、横式结构、因果式结构3种。纵式结构就是按照事物发展的历史顺序和内在逻辑来叙述事实，阐明观点。横式结构就是把调查的事实和形成的观点，按其性质或类别分成几个部分，并列排放，分别叙述，从不同的方面综合说明调查报告的主题。因果式结构是以材料的因果关系为次序安排材料。

阅读材料

苍南县现代农业发展调研报告

发展现代农业是社会主义新农村建设的首要任务，是以科学发展观统领农村工作的必然要求，是促进农业增效、农民增收的基本途径。为进一步了解农业农村经济发展情况，分析我县建设现代农业所面临的问题，7月中旬，县政协经济委调研组成员先后到灵溪、龙港、桥墩、马站等镇，走访了日月潭农庄、油茶基地、四季柚基地、钱通现代农业休闲园等10多个现代农业项目基地，听取了县农办、县农业局、县林业局的工作汇报，并召集部分乡镇分管农业副镇长座谈。

一、苍南县现代农业发展现状

(1)现代农业区域化布局基本形成　自2010年起，我县历经5年时间现已建成2个省级现代农业综合区。一是马站现代农业综合区，于2013年年底通过省级验收，总面积约4.6万亩，涵盖农业和海洋渔业；二是沿江现代农业综合区，于2015年年底通过省级验收，总面积9.04万亩，涉及桥墩、灵溪、龙港等乡镇，涵盖农业和林业。

(2)现代农业产业基地初见规模　我县目前已形成9大特色产业基地：一是番茄产业基地，主要分布在灵溪、龙港、马站、藻溪等乡镇，2017年种植面积3.94万亩，总产量24万t、总产值8.4亿元；二是四季柚基地，主要分布在马站平原，种植面积1.1万亩，2016年总产量6 948 t，总产值7 000多万元；三是杨梅产业基地，主要分布在桥墩、藻溪、马站等乡镇，种植面积1.78万亩，2016年杨梅总产量1 331 t，总产值2 298万元；四是葡萄产业基地，主要分布在马站、灵溪、钱库、龙港等乡镇，种植面积2 700亩，2016年实现产量1 995 t，产值2 980万元；五是茶业生产基地，主要分布在桥墩及鹤顶山茶区，面积2.52万亩，2016年实现茶业总产量870 t，总产值6 650万元；六是中药材产业基地，主要分布在桥墩、马站等地，种植有黄栀子、太子参等，面积1.57万亩，2016年实现总产量2 316 t，总产值6 485万元；七是特色畜牧业基地，主要分布在矾山、马站山区、半山区乡镇，主要以发展羊、牛、兔等节粮型草食动物为主，2016年年底肉牛存栏0.41万头、羊存栏3.3万头、兔存栏7.6万只；八是油茶基地，主要分布在桥墩、矾山、马站等地，面积3.5万亩；九是毛竹基地，主要分布在莒溪、桥墩等地，面积2.9万亩。九大基地一年为农民创收十几亿元。

(3)现代农业休闲观光园建设初显成效　我县目前共建成和投入营业的休闲观光农业园13个，直接从业人员521人，累计投资1.35亿元，2016年共接待游客172万人次，年产值1.85亿元，其中门票收入2010万元。目前主要以农业采摘型，如钱库喜丰葡萄庄园、马站中魁四季柚休闲观光园、岱岭富源早熟柑精品园；农业旅游型，如日月潭农庄、龙港梦江南休闲观光园；农家乐型，如灵溪鲜城有机农场。

(4)现代农业发展机制创新初见成效　一是创新经营机制，在耕地面积50亩以上的734个行政村组建了土地合作社，促进土地相对集中；出台土地流转实施意见及奖励办法等相关政策文件，县财政每年拨出专项资金用于土地流转补助和奖励；不断完善形成县、镇、村三级全覆盖的土地流转服务体系。截至目前，全县农村土地流转面积达22.08万亩，占耕地总面积的55.16%，其中规模经营面积(20亩以上)达16.5万亩，占流转总面积的86.1%。二是创新生产机制。自2008年开始实施农业科技示范推广项目计划，共实施农技推广项目267项，建立示范基地413个，推广新品种、新技术、新装备691项。三是创新服务机制。完善"三位一体"基层农业公共服务体系建设，全县已有19个乡镇的农业综合服务中心通过省市级验收。

二、存在的困难和问题

虽然我县的现代农业发展有了长足的发展，但是，现代农业的发展存在的困难和问题是显而易见的，现代农业靠天吃饭的状况，产业的低、小、散状况，粗放的经营方式状况，无序发展的状况还没有根本改变。

(1)农业资金投入不足　近年来，中央在增加农业投入方面做出了一系列重大部署，加上市县逐年增加的投资，农业投入不足的矛盾得到很大缓解。但从发展现代农业的需要看，农业投入仍然严重不足。首先，投资者的投资信心不足，投资农业既要承担气候、环境等自然风险，又要承担市场销售风险，市场竞争力不强。其次，农村经济缺乏金融支持，农民除在信用社获得小额贷款外，在其他机构很难获得金融支持。一些涉农企业由于无资产抵押，也很难获得银行贷款。最后，扶持政策多变，从2018年开始，中央和省资金不再支持油茶发展，油茶产业面临资金问题，近年来，一直未安排资金用于毛竹、马蹄笋造林，影响林业产业提升。

(2)土地问题制约现代农业发展　由于受国家农保政策限制和我县耕地农保率高等原因，农业配套设施用地很难落实，部分种粮大户及合作社无法落实配套用地，建设农机仓库及烘干场所等功能设施，番茄大户不能建设初加工整理场地等。如马站镇昌蒲葡萄合作社，种植面积达1 000亩，但是一直没有配套设施用地；日月潭农庄食宿等配套设施用地，也迟迟未能解决。土地流转服务体系还存在着诸多的困难和问题，部分农民担心土地流转会改变土地承包政策，难以实现集中连片流转，如日月潭农庄内，至今还有部分土地没有流转，农民在土地上种植农作物，影响农庄的整体发展。

(3)农业产业化进程比较缓慢　从产业结构上看，农业规模化以从事种、养殖业等初级原料生产为主，全县农业产业化整体规模不大、层次不高。在产业化带动农民增收方面，各农民专业合作社经营整体效益不高。全县从事农产品加工的企业数量虽多，但布局不合理，发展不平衡，整体水平较低。同时在加工中存在着加工初级产品、传统产品、低档次产品多，精深加工产品、高科技产品、名牌产品少等问题，产品缺乏市场竞争力。农村主导产业不突出，产业化程度较低。

(4)龙头企业带动作用不强，品牌建设滞后　组织程度高、生产规模大、产品质量好的骨干企业还为数不多。目前全县农民专业合作社有3 396家，总数占全省第一，但市级以上规范化农民专业合作社只有39家,国家级农业龙头企业1家,省级农业龙头企业6家。绝大部分农业企业和农民专业合作社还停留在本村本组的小打小闹阶段,知名度不高,辐射力不够,带动力不强。如我县马站四季柚在我市享有较高的知名度,但在全省的影响力不高。我县的茶业品牌较多,但在全省知名度与周边县市区有很大的差距。

(5)科技支撑力不足 一是农业科技人员严重缺乏,部分乡镇农技部门名存实亡,仅有的农技人员往往身兼数职,无法全身心投入农村技术推广工作,工作效能受到很大制约。二是政府扶持的力度和精准度不够。三是科研方面存在无人员、无资金、无机构的现状。新科技推广力度不够,科技推广方式单一。

三、推进现代农业发展的几点建议

(1)多措并举,健全现代农业投入机制 为现代农业发展提供政策保障,在农业基础设施建设、农业设施配套用地、融资、政策扶持等方面,要突破一些政策约束,使投资者有信心、干部有信心,农民有信心。一是增加县级财政投入。要保证对农业投入的增长幅度高于财政经常性收入增长幅度,加大对农田、水利等农业基础设施建设的投入力度,增强农业发展后劲。2018年中央和省级不再安排油茶提升项目专项补助资金没后续项目实施补助资金要由地方财政予以安排。二是要抓住国家加大农业、农村基础设施投资的机遇,千方百计多渠道争取资金。要探索整合财政支农资金方式。统筹安排使用支农资金,围绕发展主导产业进行整合,通过资金整合,既有利于集中财力办大事,也有利于发挥财政资金"四两拨千斤"的作用。三是拓宽农业投入来源渠道。进一步优化农村投资环境,吸引民间资本更多地投向农业。加快农村金融组织、产品和服务创新,扶持农业信贷担保组织发展,扩大农村担保品范围。加快发展农业保险,政策性保险与商业保险相结合,健全农业再保险体系。

(2)多轮驱动,夯实现代农业发展基础 创新开发机制,探索现代农业发展新路子。一是结合我县实际,按照"依法、自愿、有偿、有序"的原则,制定相应的政策,在依法自愿有偿的基础上鼓励农户将土地承包经营权通过入股、出租、互换等方式,实现土地规模流转和集中经营。二是加强现代农业基础设施配套建设。在政策许可的条件下,土地指标适度向农业大镇如马站、灵溪等地倾斜,完善现代农业配套设施建设。三是提高农业生产的专业化、组织化程度。鼓励和支持龙头企业、合作社、家庭农场开展多种模式的产业融合,支持龙头企业与农户、家庭农场、农民合作社形成稳定的购销关系。引进有经济实力和市场经营能力的企业,与我县有条件的农村合作社进行合作,让农民从产业链增值中获取更多利益。

(3)加快农业品牌建设,促进我县现代农业产业提质增效 以推进现代农业产业化经营为重点,把全县主导产业做强,把区域性优势产业做大,把地方性特色产业做优。一是选择一批发展潜力较大、附加值高、科技含量高的农业龙头企业,实行重点扶持,制定优惠政策,充分发挥龙头企业反哺农业、带动农户的作用。二是围绕我县番茄、四季柚、茶业、杨梅、葡萄、油茶等产业,进行品牌资源整合,打造核心品牌,实现共创共享的品牌效应。三是加大品牌宣传力度,通过举办各种"采摘节"、参加各地展销会和博览会,结合电视、广播、微博、微信等多种方式,宣传推介品牌,县财政要加大投入,单独组团在省级或周边省市召开展销会,打响苍南农产品品牌,提高品牌农产品的知名度和市场占有率。四是提高农副产品加工能力,特别是精深加工能力,在加工中延伸产业链,提高农副产品附加值,如山东招远的龙口粉丝产业模式,栖霞的苹果产业模式都很值得我们学习。

(4)建设公共服务平台,推进现代农业生产经营方式创新 有计划、有步骤地建立农业公共服务体系,为农业、农民提供必要的公共产品。一是以科技兴农为中心,加强科技创新和服务体系建设。建立科研开发、技术推广、教育培训三大服务组织网络,建立与高等院校合作机制,着重培育技术人才,培训从业人员。二是组建完善农民各类专业合作组织。根据我县确定的主导优势产业,安排扶持资金,组建各类专业合作经济组织,避免千家万户闯市场带来的高风险。对已有的产业要做精做好,在生产技术、管理、营销等方面要给予指导、帮助,使产业更大、更精、更好、更长。对新的业态,要精心培育,有序发展。三要加大农产品生产经营对外开放度,鼓励和支持外来企业与区域内的农业专业合作社联合经营,扩大规模,逐步实现分散到集中,形成整体优势。四要培育壮大农业营销队伍,创新营销方式,出台扶持政策,鼓励发展各产业专业营销公司和民间中介组织,培养农产品销售经济人和营销大户,形成全方位的营销网络,不断拓宽农产品销售渠道和空间。

(5)合理规划布局,充分打造旅游观光农业　一要因地制宜,合理规划布局。紧紧围绕马站、沿江省级现代农业园区的总体规划,结合县情实际,做好我县现代农业总体功能定位,并按照高起点、高标准、高质量的要求,重在质量和特色上下功夫,杜绝“遍地开花”。二要做好与旅游结合的文章,努力打造好一批新的生态旅游景点、休闲农业观光园、名贵花卉观赏园等旅游观光点,开发旅游项目,实现与旅游部门的无缝对接。三要统筹结合,结合今年中央1号文件精神,积极打造田园综合体建设,发展各种形式的休闲、体验、观光农业,使农业功能从单纯以生产功能为主向生产、生活、生态、文化多功能融合转变。

思考题

1. 如何进行调查资料整理?
2. 调查方案包括哪些内容?
3. 农业技术推广调查报告有哪些类型?

实训　农业技术推广现状调查

一、目的要求

了解各种调查方法;掌握从网络搜集整理信息的方法;掌握对信息的筛选、甄别、分类等处理;通过信息搜集和整理,使学生掌握并灵活选用农业技术推广调查方法,能在以后的工作中对农业推广情况进行熟练调查;正确使用农业推广调查方法和信息处理的技能;能够根据调查结果写出准确完整的调查报告,提高农业技术推广效率和质量。

二、调查内容

可采用任何一种或几种调查方法,利用强大的网络对农业科技信息进行调查,调查内容可自拟或可以选择以下调查内容中的一种进行调查:农业高新技术或新品种在农业上的应用情况及前景分析;一种生产资料在农业生产上的应用方法、效果及存在的问题。

三、方法与步骤

1. 确定调查内容

调查可以小组或个人为单位，在教师指导下进行。调查范围可以是一个县（市），也可以是一个乡（镇）。学生可以调查学校所在地或家乡的某方面农业科技信息推广情况。

2. 查找资料

可采用任何调查方法，并通过网络或各种期刊数据库等广泛收集当地农业科技信息推广的有关资料，然后进行筛选、甄别、分类、处理等工作。

3. 资料整理与分析

及时对所收集到的资料进行整理，以便拾遗补阙，充实完善调查资料。资料收集全部完成后，要抓紧时间进行资料的整理分析，通过对调查资料的细致分析、深入研究，得出有价值的调查结论，从而写出高质量的调查报告。

四、实训作业

农业科技信息调查结束后，经过研究分析，写出调查报告。调查报告可采用图表、统计分析与文字相结合的表达形式，字数不少于 2 000 字。

学生自测

一、名词解释

农业自然资源、农业水资源、农业社会经济资源、农作物播种面积、普遍调查、抽样调查、访谈调查法。

二、填空题

1. 农业资源是指＿＿＿＿＿＿＿＿，包括＿＿＿＿和＿＿＿＿。

2. 农业气候资源调查的内容主要有＿＿＿＿、＿＿＿＿、＿＿＿＿和＿＿＿＿。

3. 劳动力资源是指总人口中在劳动年龄范围内＿＿＿＿的总和，包括劳动力的＿＿＿＿和＿＿＿＿。

4. 农业生产调查主要包括农业＿＿＿＿、＿＿＿＿、＿＿＿＿和＿＿＿＿等内容。

5. 农业技术推广调查内容包括＿＿＿＿、＿＿＿＿、＿＿＿＿和＿＿＿＿。

6. 农业技术推广调查的类型主要有＿＿＿＿、＿＿＿＿、＿＿＿＿和＿＿＿＿。

7. 在农业技术推广中，需要及时了解典型地区、典型农户采纳农业新技术的情况，可以进行＿＿＿＿调查。

8. 农业技术推广调查的方法主要有＿＿＿＿、＿＿＿＿、＿＿＿＿、＿＿＿＿、和＿＿＿＿。

9. 农业技术推广调查一般按＿＿＿＿、＿＿＿＿、＿＿＿＿ 3 个阶段进行。

10. 审核调查资料时特别要注意资料的＿＿＿＿、＿＿＿＿、＿＿＿＿和＿＿＿＿。

三、判断题

1. 气候是农业自然资源最基本的要素之一，制订农业计划，改革种植制度，采用农业生产

措施，均需以当地气候资料为主要依据。（ ）

2.农业市场需求影响因素调查内容包括农业技术推广运行机制调查、农业技术市场运行状况调查、科研教育推广结合模式运行机制调查、农业科技推广模式调查。（ ）

3.新型农业技术推广体系由政府农业技术推广机构、农业科研单位、农业院校、农业企业、农村专业技术协会、农村专业合作社等众多组织组成。（ ）

4.有些与农业生产有关的问题，不可能也不需要组织经常性的全面调查，但为了更好地组织生产，又必须了解和掌握比较全面详细的资料，就可以进行普遍调查。（ ）

5.重点调查是一种非全面调查，最适宜在调查对象比较集中的情况下采用。（ ）

6.调查者从各种文献、档案、报纸、书刊、报表以及历史资料等社会信息中去采集自己研究所需的资料的调查方法称为实地观察法。（ ）

7.问卷的一般结构包括前言、主体和结语 3 个组成部分。（ ）

8.通常把原始资料加工成综合资料的过程，叫作资料收集。（ ）

9.农业技术推广调查报告由前言、正文和结尾 3 部分构成。（ ）

10.搞好调查研究是写好报告的基础。（ ）

四、单项选择题

1.农业技术推广调查中，调查人员通过现场实地观察、记录和收集的资料称为（ ）。

A.间接性资料　B.第一手资料　C.经验性资料　D.第二手资料

2.进行种子质量检验，应采用（ ）。

A.典型调查　B.普遍调查　C.抽样调查　D.重点调查

3.下列资源中，属于农业社会经济资源的是（ ）。

A.农业土地资源　B.农业水资源　C.农业生物资源　D.农业劳动力资源

4.调查农业科技示范户的经验和做法，应采用（ ）。

A.典型调查　B.普遍调查　C.抽样调查　D.重点调查

5.在统计学中把利用统计图形表现统计资料的方法叫作（ ）。

A.制表　B.统计图示　C.统计分析　D.统计表

6.对全县的土壤情况进行调查，一般采用（ ）。

A.典型调查　B.普遍调查　C.抽样调查　D.重点调查

7.调查者有目的、有计划地运用感觉器官或借助科学仪器，了解处于自然状态下的社会现象，这种方法称为（ ）。

A.文献调查法　B.访问调查法　C.电信调查法　D.实地观察法

五、多项选择题

1.农业自然资源主要包括（ ）。

A.农业土地资源　B.农业水资源　C.农业生物资源　D.农业劳动力资源

2.普遍调查的方法有（ ）。

A.填报表　B.直接登记　C.普遍检测调查　D.访谈调查

3.农业科技推广人员创新创业情况调查包括（ ）等。

A.在岗在编科技人员创新创业情况　B.科技人员创新创业各类形式数量

C. 3 年来承担部、省、市各类科技项目情况　D. 农业品种创新情况

4. 以下哪些属于农作物病虫害调查项目(　　)?

A. 病虫草鼠害发生规律　B. 气象灾害

C. 病虫草鼠防治效果　D. 天敌发生规律

5. 正确选择农业技术推广调查课题应坚持(　　)。

A. 需要性原则　B. 科学性原则　C. 创造性原则　D. 可行性原则

6. 整理数字资料的程序应为(　　)。

A. 制表　B. 校正　C. 分组　D. 汇总

项目六　农业技术推广工作评价

农业技术推广工作的根本目的在于发展生产力。推广工作评价从这一目的出发，对农业技术推广工作进行观察、衡量、检查、考核，看其是否按计划进行，是否达到预定目标，以确定推广工作的结果和价值，总结经验教训，用以不断改进推广工作。推广工作评价是一种管理手段，也是一种管理方式，是农业技术推广管理工作的一项重要内容。推广监测指在推广项目执行过程中由推广人员与农民一起检查推广计划的实施情况；推广评价是指在项目执行过程中或结束后推广人员与农民一起评估推广项目目标的实现程度。在开展推广项目的监测与评价过程中应该以农民为主体，采用农民能够使用的方法和工具进行。推广项目评价分为过程评价和最终评价，其中过程评价也称作中期评估。

农业技术推广监测与评价的重要性表现在以下几个方面：一是及时发现推广工作中存在的问题和限制因素，并及时加以解决；二是了解经费的使用情况和资源的利用情况，以保证资源和资金的有效使用；三是有助于改进正在执行的计划，对计划的后期阶段的活动进行修改或调整；四是确定正在进行的项目是否继续进行或如何继续进行；五是完成农业技术推广工作评价报告，提供给关心项目的各类人群和组织，作为改进工作的参考，为更好地开展农业技术推广工作提供依据。了解农业技术推广工作评价的作用和原则，熟悉农业技术推广工作评价的内容和指标体系，掌握农业技术推广工作评价的方法，将有利于提高农业技术推广工作水平和效果。

子项目一　农业技术推广工作评价概述

学习目标

1. 熟悉农业技术推广工作评价的作用；
2. 理解农业技术推广工作评价的原则；
3. 掌握农业技术推广工作评价的内容。

农业技术推广工作评价的目的，概括起来说就是促进推广要素合理配置，总结经验教训，搞好推广管理，指导今后的推广工作。具体地说，通过评价可以了解推广方针、政策的执行情况，发挥管理的协调功能，掌握存在的问题，了解人员状况及社会影响，为今后的工作提供依据。评价是管理工作的延伸，通过评价可以促进推广工作的开展，提高工作效率，更好地满足农民的需要。

一、农业技术推广工作评价的作用

农业技术推广工作评价就是对农业技术推广工作进行全面、系统、准确、科学地分析，其作用主要包括以下几方面：

1. 评定作用

通过评价可以分析农业技术推广工作的方向、方针、目标与国家发展农业的总方针、总目标的一致性和贯彻程度。依据推广人员发挥作用的程度、推广工作取得的效益、完成推广任务的情况等，指导农业技术推广工作，使其更符合经济和社会发展需要，符合农业、农村经济发展需要，符合农民增收的需要。

2. 提高作用

评价农业技术推广工作完成的程度及其价值，包括推广机构发挥整体功能的大小，推广机构内部各子系统工作协调的状况；推广计划的合理性和可行性，未来推广项目计划和技术更新的依据；推广工作方式、方法使用情况；工作教训与经验等。通过评价达到扬长避短和选优去劣的目的，以便更好地改进工作，提高推广工作效率和效果。

3. 管理作用

通过推广工作中人员、经费等方面的评价，可以帮助推广人员端正服务态度，提高工作能力和改进工作作风；剖析项目经费在推广活动中的使用情况及其效果，分清主次，以便准确把握今后推广工作中投资额和经费开支的去向，保证农业技术推广工作的总体效益的发挥。

4. 激励作用

通过推广工作评价，可以全面了解农业科技人员、农业科技管理人员的政治思想、业务素质、技术水平、工作表现等，为农业技术推广人员的培养、选拔、使用、晋升、奖励提供依据。

5. 宣传作用

通过推广工作评价，使各有关部门能够了解农业技术推广工作的作用和成就，提高对农业技术推广工作重要性的认识，增强全社会的农业技术推广意识，争取社会各方面对农业技术推广工作的关心和支持。

6. 决策作用

通过农业技术推广评价，明确推广工作的决策是否科学，可以为政府部门和农业行政部门进一步制定农业技术推广政策，确定推广工作方针、目标和措施提供科学的决策依据，提高农业技术推广工作的水平与效果。

二、农业技术推广工作评价的原则

农业技术推广工作要从当地实际出发，加强农业的技术改造和革新，推动农业和农村经济向专业化、产业化、商品化、现代化转变，从而使农村经济又好又快地全面发展，改善农民的生存环境，提高农民的生活质量，加快农村现代化的步伐。据此，农业技术推广工作评价应遵循以下原则：

1. 实事求是原则

农业技术推广工作评价是管理工作的延伸，体现了对科学技术进行客观评价的态度和思考方法。在评价过程中，应以严谨的科学态度，坚持调查研究，认真听取各方面的意见，切忌简单草率。要认真进行评价，正确反映推广成绩，认真对待缺点和不足，切忌主观和片面。

2. 注重整体效果原则

农业技术推广工作是一项复杂的社会工作，涉及多行业、多专业、多部门，且农业技术推广工作效果后延性强。而各项农业技术措施只是整个农业技术体系结构中的一部分，在实施中只有使新的农业技术组装配套，形成新的技术体系，才能形成综合效益，产生新的生产力。所以，在农业技术推广评价中，要把管理上的科学性、技术上的可行性、经济上的合理性联系起来，进行综合全面的评价，突出农业技术推广工作的整体效果。

3. 经济效益、社会效益和生态效益相统一原则

农业技术推广工作中，在选择并确定推广某一项新的技术措施时，不仅要看其技术上的先进性，还要考虑经济上的合理性和后果的无害性。走投资少、见效快、耗能低、效益高和有利于保护生态环境的道路。坚决克服过去那种只顾眼前利益，忽视长远利益；只讲经济效益，忽视社会效益和生态效益的错误做法。在注重经济效益的前提下，努力提高社会效益和生态效益，这是农业技术推广工作评价中值得注意的问题。

4. 因地制宜原则

农业生产具有明显的地域性、严格的季节性和多因素的综合性，发展农业生产必须遵循自然规律和经济规律。所以，推广的各项技术措施是否因地制宜，是否符合当地的自然条件和经济条件，是评价农业技术推广工作的一项重要原则。在评价过程中，应注意推广内容必须是生产迫切需要的技术，又必须是适合当地自然条件和生产条件，并能发挥技术效益，实现推广目标的技术。评价时要重视技术的先进性，推广的技术要优于原来的技术，以促进生产力提高，取得好的效益。还必须考核技术在本地区的实用性，即实用价值和适用范围，以判定技术的创新性与实用性是否统一。

5. 资料可比原则

有比较才能判断好坏，鉴别优劣，对农业技术推广的效益评价，只有通过一定的比较才能做出结论。但互相比较的两个或多个事物，必须有可比性，这样比较的结果才有价值，才有说服力。在进行新技术推广效益评价时，常常使用对比的方法。即以新技术与对照技术（当地原有技术或当前大面积推广技术）进行效益比较。在对两者进行比较时，资料的来源应一致，统计口径应一致，比较的年限也应一致等。同时，所比较的事物应该是同类技术，例如不同小麦品种可以比，不同的氮肥类型可以比，而不能以小麦与玉米比、氮肥与磷肥比等。

6. 简明适用原则

推广工作评价的重点是县、乡、村各类农业技术推广服务组织和部门。所以评价的指标、方法、步骤等应简明适用。指标的设置既要全面反映推广成绩，又要便于统计分析。评价方法应简单具体，可操作性强，易被基层技术人员和管理人员掌握和应用，并逐步达到标准化。评价的步骤应先易后难，先简后繁，先粗后细，先低后高，逐步完善、发展和提高。

三、农业技术推广工作评价的内容

农业技术推广工作涉及面广，需要评价的内容很多。为了突出整体效果，主要从推广项

目、推广内容、推广方法、组织管理、推广效果等方面进行评价。

(一)推广项目评价

根据农业技术推广项目技术要素的组成,将推广项目分为单项技术和综合技术。不同组合的技术,需要确定不同的评价对象。

1.单项技术评价

对推广项目中的单项技术推广应用效果进行评价,衡量技术在生产中发挥的作用和增加的经济效益。如生产中的肥、水管理措施评价,可从作物生长发育及产量的影响,对作物的经济性状等进行调查、统计分析,做出评价;病虫害防治方法评价,可对作物病虫防治效果进行评价,对病情指数、产量水平、产品质量等进行调查,做出评价。

2.综合技术评价

对推广项目中的综合技术推广应用效果进行评价,衡量综合配套技术的应用情况及产生的效果。如新品种的推广应用,应做到良种、良法配套推广,需根据品种特征、特性对栽培技术的各个环节进行调查、分析和比较,综合评价配套技术的应用效果。

(二)推广内容评价

1.推广内容的可行性

推广项目内容是否符合推广项目的来源渠道,即通过国家和省(或自治区、直辖市)科技主管部门、农业主管部门及有关部门审定公布的农业科技成果;农民在长期生产实践中创造的,有着坚实的实践基础,适应性强,容易推广的先进经验;科研单位、农业技术推广单位在原技术的基础上进行的提高和改进,或由技术推广单位对多方面、多来源、多专业的成果或技术综合组装的成型技术及常规技术的组装配套;从国外引进的先进成果和技术等。是否进行了专家论证、试验和示范。推广内容是否正确可行,配套技术是否合理,应用前景是否广阔。经过评价,对推广内容做出可行、基本可行、不可行的结论。

2.推广内容的针对性

技术推广的内容是否从实际出发,适合当地的自然条件、经济条件和经营条件。特别是要看是否突出了影响当地农业发展的主要技术问题。一般可做出针对性很强、强、较强、不强的结论。

3.推广内容的先进性

与省内、国内、国际技术比较,是否具有先进性(包括综合效益、效率、采用时间早晚、范围等),是否具有实现人们更高一级要求的效能,而且实用性强。常用国际、国内、省内领先水平、先进水平、一般水平来表示。

4.推广内容的高效性

推广内容是否具有投入少、见效快、效益高、功省效宏、简便易行的特点,并与农民增收的目标一致,通常用产出与投入的比率来进行评价。

5.推广内容的承受性

推广内容的技术难度与农民接受能力是否相适应,通过示范、培训与广泛宣传教育后,能否被大多数农民掌握和采用,在生产上迅速普及。这一点在经济和技术落后地区应特别注意。评价方法是对经过正确有效的培训教育后的农民进行调查,了解其接受新技术的程度,有多少人参加了新技术培训教育,有多少人学会了新技术,有多少人基本学会了新技术,有多少人学不懂新技术。按他们各占的比例进行评价,用百分比表示。

(三)推广方法评价

农业技术推广方法评价,主要评价在推广工作中所采取的技术路线,包括推广的形式、方法、技巧等。

1.推广方法的有效性

一是评价推广方法是否加快了农业技术传播的速度,扩大了应用范围,提高了新技术的普及程度。二是评价推广方法是否有助于提高推广效果。三是评价推广方法是否能在提高工作效率的同时,做到节省人力、物力、财力,使有限的经费发挥出最大的效益。

2.推广方法的适用性

第一,评价推广方法是否适应农民的科技、文化水平,是否具有吸引力,并为农民喜闻乐见,达到听得懂、看得见、学得会、用得成,使农民感到满意。第二,评价推广的技术力量投入是否科学,配合是否合理,技术示范点数量多少,技术推广强度能否保证推广计划指标的实现。

(四)组织管理评价

1.组织机构设置评价

评价推广组织机构设置是否健全和完善,特别是基层技术推广组织设置是否合理,各级推广组织机构是否保证技术推广职能的有效发挥。

2.管理制度建设评价

评价各级推广组织机构内部各项规章制度是否健全、完善,能否保证推广工作的顺利开展,能否调动推广人员的积极性。

3.推广工作安排评价

评价推广部门的工作计划安排是否周密、具体,技术推广工作指标是否明确、重点突出、措施可行。推广计划、推广内容、推广方法所制定的各项工作、技术、效益指标是否与自然条件、生产条件、推广条件相适应。

4.计划执行情况评价

评价推广工作计划能否按预定计划、步骤有条不紊地执行,全年各项工作能否按计划指标保质保量完成。如在新技术、新成果引进、试验、示范、推广中是否按推广程序办事,重点推广项目进展、落实情况及其效果,常规技术指导是否及时、准确,技术推广体系建设、完善和提高情况,经营服务的开展情况及效益,推广方法、设施和手段的改进、改善情况等。

5.推广人员评价

推广人员评价主要包括以下几方面:一是评价推广人员构成是否合理,推广人员的岗位职责、任务目标是否明确具体,是否便于检查考核。二是评价推广人员的业务素质、工作技能能否胜任岗位职责和达到相应技术职务要求的水平。三是评价推广人员的工作态度、工作作风、推广技能的改进与提高的程度,特别是推广工作效益的变化和提高。四是评价推广人员的知识更新是否及时、有效,能否适应新形势下的推广工作需要。五是评价推广人员之间是否能做到分工协作、团结奋进,综合整体功能能否充分发挥等。

6.推广整体效能评价

一是评价推广机构与不同所有制性质的农业科研、教学、推广单位的合作情况。二是评价推广机构与社会各有关职能部门的合作情况，如同行政、金融、物资等部门的合作情况。三是评价农业系统内部科研、教育、推广的合作情况。四是评价推广部门对农业科技信息收集、交流、传播、反馈是否及时、迅速、准确、有效。

7.推广创新评价

评价推广工作在某一方面有什么突破和创新，取得了哪些科技成果、工作成果。在工作中还存在着哪些问题，发生过什么重大技术失误或技术事故等。

(五)推广效果评价

1.推广成果综合评价

根据农业技术推广工作计划、目标及实施情况，对推广成果进行综合评价，评价的指标主要包括推广规模、推广度、推广率、推广指数、平均推广速度、推广难度等。

2.经济效益评价

通过农业技术推广工作的开展，对农业、农村经济发展和农民增收情况进行评价。常用的指标有：

(1)土地产出率　采用推广项目后，单位面积产量、效益的变化。包括种植业的单位面积平均产量、单位面积产出效益和养殖业的单位效益、加工业的单位效益等。

(2)劳动生产率　采用推广项目后，农业劳动力规模经营程度和生产水平高低的变化情况。

(3)农产品市场竞争力　采用推广项目后，农产品的市场覆盖率，农产品质量、价格，绿色食品和无公害食品的数量、比重等。

(4)农产品流通加工率　采用推广项目后，农业产业化经营和农业综合效益的变化情况，包括农产品加工率、农产品流通率等。

3.教育影响评价

在农业技术推广中，传播农业技术的过程就是对农民实施教育的过程。因此，推广工作的成效在很大程度上取决于对农民的教育效果。

(1)农民对新技术的认识程度　主要评价经过一定时间的示范、指导和培训教育后，农民对新知识、新技术、新成果的态度和认识程度。一般可采用座谈、访问、抽样调查等方法，调查不同层次认识水平的农民所占的比例，来分析判断示范、指导和推广培训教育的效果，并预测技术推广工作的难度及主攻方向。

(2)农民操作技能提高的程度　评价在技术推广活动中农民对新技术措施的掌握是否熟练，是否发生过技术事故。评价中要注意农民能否将掌握的操作技能在不同时间、不同地点、不同条件下灵活运用。例如，农民在掌握了水稻旱育壮秧技术以后，看是否有农民会在其他作物育苗中应用这样的育苗技术，多少农民应用，应用效果如何等。

(3)农民对基本理论理解和掌握的程度　为了进一步了解示范、指导和培训教育效果，不但要了解农民采用新技术、掌握新技术的情况，而且还要对农民理解掌握基本理论的程度做出评价。如评价玉米地膜覆盖栽培技术推广的教育影响，不但要知道有多少人采用，而且要知道有多少人掌握了技术要点，还要知道有多少人理解掌握了该项技术的基本理论。一般可采用考试或抽样调查的方法进行评价。

4.社会效益评价

主要是评价新技术推广应用后，是否增加了社会财富，促进了国民经济发展，提高了农民生活质量以及促进了农村精神文明建设。在评价时可从以下几个方面考虑：

(1)增加社会财富　评价推广项目实施后是否促进了当地农村商品经济的发展，促进了社会主义新农村建设，增加了农民收入。

(2)提高农民生活质量　评价推广项目实施后是否满足了社会对农产品的需求，活跃、丰富了城乡市场，改善了农民生产、生活条件等。

(3)优化产业结构　评价推广项目实施后是否促进了农村产业结构调整。如种植业、养殖业、加工业、服务业以及其他行业的变化情况。这些行业的发展能直接提供的利润和税收、安排的劳动力等。

(4)农村精神文明建设　评价推广项目实施后在精神文明建设方面的变化。如农民文化、科技素质提高的程度，农村公益事业的发展，农民文化生活水平、农村人际关系的变化等。

5.生态效益评价

(1)生态环境的改善　评价推广项目实施是否有利于农业生态系统的良性循环。如减少了环境污染，保护了天敌，控制了水土流失，节约了能源与土地资源等。

(2)农民生活环境的改善　评价推广项目实施对农民生活环境的影响。如道路交通建设、环境整治、水资源的保护与利用等。

同一推广项目在不同的条件下推广，其效果是不同的。因此，评价农业技术推广工作，应根据不同地区、不同条件下产生的效果进行综合评价。

[案例]　两位农民同时引种同一作物新品种，他们同时完成整地、施肥、播种。农民甲每天到田间观察，看看作物长势，是否干旱缺水、是否发生病虫害，并且进行记录，当出现干旱时，他及时灌溉，当出现病虫害时，他及时打药防治。经过一个生长季节，他获得了丰收，然后他通过记录的数据和信息进行总结，总结丰收的原因，找出田间管理上的不足，用来指导今后的生产。而农民乙完成播种后，就万事大吉了，不进行田间观察，也不记录作物生长情况，等到秋收时，才发现新品种并没有获得预期效果。

思考题

1.为什么要对农业技术推广工作进行评价？

2.农业技术推广工作评价的内容有哪些？

子项目二　农业技术推广工作评价指标体系

学习目标

1.熟悉农业技术推广工作评价中使用的指标及指标体系；

2.理解推广成果综合评价各项指标的含义；

3.掌握各项指标定量或定性评价方法。

在农业技术推广工作评价中使用的指标或指标体系，是衡量农业技术推广项目实施或完成的优劣、效益大小、实施方案和决策目标是否科学等的重要尺度。在评价指标体系中，对有关产值等数量指标，往往在年度间的可比性有所变动，进行比较时均需注意换算成不变价以后，再进行比较。对一些不能进行定量评价的指标，如行为改变的测量等，则用定性方法或定量、定性结合方法进行评价。

一、经济效益评价指标体系

(一)推广项目经济效益预测指标

1. 新项目推广规模起点

$$项目规模起点=\frac{推广费用总和}{(单位面积新增产值-单位面积新增生产费用)\times 实施年限}$$

【例 1】实施一项栽培模式项目推广，投入的推广总费用为 10 万元，预计实施 2 年，每公顷需要增加生产费用 500 元，新增产值为 2 500 元，该项目最低起始点的推广面积是多少？

$$项目规模起点=\frac{推广费用总和}{(单位面积新增产值-单位面积新增生产费用)\times 实施年限}$$

$$=\frac{100\ 000}{(2\ 500-500)\times 2}=25(\text{hm}^2)$$

该项目的实施规模应大于 25 hm^2，并且推广面积越大效益越高。若项目推广规模低于 25 hm^2，说明处于亏损状态。

2. 新项目推广经济临界点

指采用新项目的经济效益与对照的经济效益的比值，要求经济临界点必须大于 1，或两者之差必须大于零。

$$项目经济临界点=\frac{新项目经济效益}{对照经济效益}$$

$$或项目经济临界点-新项目经济效益-对照经济效益$$

凡新项目的经济效益与对照的经济效益的比值大于 1 为有效，且越大越好，说明项目经济效益显著。在若干新项目都高于经济临界点的情况下，具有最大经济效益的新项目为最佳项目。这是在若干项同类技术中选择最佳项目的标准之一。

(二)推广项目经济效益指标体系

1. 推广项目单位面积增产率

$$项目单位面积增产率=\frac{推广后单位面积产量-推广前单位面积产量}{推广前单位面积产量}\times 100\%$$

2. 推广项目单位面积增加的经济效益

$$\frac{项目单位面积}{增加的经济效益}=\frac{(推广后总收入-推广后总支出)-(推广前总收入-推广前总支出)}{有效推广面积}$$

$$有效推广面积=推广面积-受灾失收减产面积$$

$$或有效推广面积=推广面积\times保收系数$$

$$保收系数=\frac{常年使用规模-常年因灾减产规模}{常年使用规模}$$

根据有关部门调查研究，在一个省、自治区、直辖市范围内，保收系数可以取0.9，但不同自然经济区，保收系数取值应有所不同。如在旱涝保收地区取值可稍大些，在灾害频繁地区取值就应小些。

【例2】某地有1万 hm^2 天然橡胶林，采用化学刺激割胶技术前年总收入为5 400万元，总支出为2 700万元，而采用化学刺激割胶技术后年总收入为9 000万元，总支出为4 500万元，求推广化学刺激割胶技术后每公顷橡胶每年增加的经济效益。

$$项目单位面积增加的经济效益=\frac{(推广后总收入-推广后总支出)-(推广前总收入-推广前总支出)}{有效推广面积}$$

$$每年每公顷增加的经济效益=\frac{(9\ 000-4\ 500)-(5\ 400-2\ 700)}{10\ 000}=0.18(万元/hm^2)$$

3.项目总产值

$$项目总产值=单位面积产值\times推广面积(范围)$$

4.项目总经济效益

$$项目总经济效益=项目总增加值-(新增生产成本+推广费用)$$

5.推广年经济效益

$$推广年经济效益=\frac{项目总经济效益}{推广年限}$$

6.推广年人均经济效益

$$推广年人均经济效益=\frac{推广年经济效益}{参与推广的人数}$$

7.农民收益率

$$农民收益率=\frac{单位面积新增产值}{单位面积新增生产费}\times100\%$$

(三)土地产出效率指标体系

1.土地生产率

$$土地生产率=\frac{产量或产值}{土地面积}$$

这项指标反映了单位土地面积的农产品产量或产值。

2.土地生产率提高率

土地生产率提高率指新技术推广后的土地生产率比对照土地生产率增加的百分率，计算公式为：

$$土地生产率提高率=\frac{新技术土地生产率-对照土地生产率}{对照土地生产率}\times100\%$$

【例 3】某村推广杂交水稻新品种，采用新品种每公顷产量为 6 750 kg，对照每公顷产量为 4 500 kg，计算土地生产率提高率。

$$土地生产率提高率=\frac{新技术土地生产率-对照土地生产率}{对照土地生产率}\times 100\%$$

$$=\frac{6\ 750-4\ 500}{4\ 500}\times 100\%=50\%$$

3. 单位播种面积产量或产值

$$单位播种面积产量或产值=\frac{某种作物产量或产值}{该作物播种面积}$$

这项指标主要用于评价单项技术或不同作物的经济效果。

4. 单位耕地面积产量或产值

$$单位耕地面积产量或产值=\frac{总产量或总产值}{总耕地面积}$$

这项指标主要是综合反映耕地的农业技术水平和利用水平。

5. 单位农用地面积产值

$$单位农用地面积产值=\frac{农业(农林牧副渔)总产值}{农用土地面积}$$

这项指标能比较准确地反映农业技术措施效果和土地资源利用状况，经常用于农业技术推广的经济效果评估。

6. 单位土地面积纯收入

$$单位土地面积纯收入=\frac{农产品产值-生产成本}{土地面积}$$

这项指标反映出扣除物化劳动和必要劳动消耗后的经济效果，表达了土地盈利状况，因而在推广评价中经常用到。

7. 总产量

$$总产量=单位面积产量\times 推广面积(范围)$$

如果推广项目实施几年，则应先计算每年的总产量，再将这些年的总产量相加。

8. 农产品商品率

$$农产品商品率=\frac{总产量-自用量}{总产量}\times 100\%$$

(四)劳动生产率指标体系

1. 劳动生产率

$$劳动生产率=\frac{产量或产值}{活劳动时间}$$

2. 劳动生产率提高率

$$劳动生产率提高率=\frac{新技术劳动生产率-对照劳动生产率}{对照劳动生产率}\times 100\%$$

3. 单位时间农业劳动净产值

$$\text{单位时间农业劳动净产值}=\frac{\text{农产品产值}-\text{消耗生产资料价值}}{\text{活劳动时间}}$$

4. 单位时间农业劳动盈利额

$$\text{单位时间农业劳动盈利额}=\frac{\text{农产品产值}-\text{生产成本}}{\text{活劳动时间}}$$

活劳动时间通常用人年、人工日、人工时来计算。

(五)资金产出率指标体系

资金是农业生产重要的生产要素，农业生产或农业技术推广项目应努力提高投入单位资金所取得的有用效果，资金产出率指标正是为评价这一内容而设置的。

1. 成本产出率

$$\text{成本产出率}=\frac{\text{产量或产值}}{\text{产品生产费用}}$$

这项指标反映每投入单位成本所能取得的产量(或产值)。

2. 单位农产品成本

$$\text{单位农产品成本}=\frac{\text{农产品总成本}}{\text{农产品总产量(或总产值)}}$$

这项指标反映获得单位农产品产量(或产值)所耗费的成本。

3. 成本利润率

$$\text{成本利润率}=\frac{\text{利润总额}}{\text{农产品总成本}}\times 100\%$$

这项指标反映每投入单位成本所能取得的利润率。

4. 资金产出率

$$\text{资金产出率}=\frac{\text{产量(或产值)}}{\text{资金占用额}}$$

这项指标反映资金产出的效率。

5. 单位农产品资金占用量

$$\text{单位农产品资金占用量}-\frac{\text{资金占用量}}{\text{农产品产量(或产值)}}$$

这项指标反映每取得单位农产品产量(或产值)所占用的农业资金。

6. 资金利润率

$$\text{资金利润率}-\frac{\text{总利润}}{\text{资金占用量}}\times 100\%$$

这项指标反映单位资金占用量所取得的利润。资金利润率根据评价的目的不同可分为总资金利润率、固定资金利润率和流动资金利润率。

$$\text{总资金利润率}=\text{固定资金利润率}+\text{流动资金利润率}$$

$$固定资金利润率=\frac{利润}{固定资金占用量}\times 100\%$$

$$流动资金利润率=\frac{利润}{流动资金占用量}\times 100\%$$

7.推广项目的产投比

是指实施某一推广项目的总产值与总投入费用之间的比例，它是评价项目实施实绩的一项重要指标。如实施某一项目产值为 3 000 万元，投入为 100 万元，则产出投入比为 30∶1。

产出包括主副产品及其他收入；投入包括资金、物资和人工的投入。所有各项均应换算成价值（不变价）进行比较。

二、社会效益评价指标体系

（一）定量指标

1.劳动力吸引率

$$劳动力吸引率=\frac{参加生产新增劳动力数}{原来参加生产的劳动力数}\times 100\%$$

2.辅助劳动力容纳率

$$辅助劳动力容纳率=\frac{参加项目的辅助劳动力数}{辅助劳动力总数}\times 100\%$$

3.社区稳定提高率

$$社区稳定提高率=\frac{实施前事故数-实施后事故数}{实施前事故数}\times 100\%$$

4.农民生活水平提高率

$$农民生活水平提高率=\frac{实施后生活消费额-实施前生活消费额}{实施前生活消费额}\times 100\%$$

（二）定性指标

定性评价指标包括：一是项目推广后农村文化、生产及生活的变化，如劳动强度的减轻、食物结构的改变、交流机会的增加、科技小组的建立等；二是农村人际关系的变化，如道德修养水平的提高、农民之间关系的密切程度加强、交流的机会增多、与外界联系更加紧密、信息来源及信息量的增加等；三是通过项目实施，农民储蓄增加、受教育人数增加、素质提高等。评价时注意收集资料，可以直接使用数量指标，也可以用百分率进行比较，考察变化结果。

三、生态效益评价指标体系

1.光能利用率提高率

$$光能利用率提高率=\frac{新技术光能利用率-对照光能利用率}{对照光能利用率}\times 100\%$$

$$光能利用率=\frac{生物产量\times能量系数}{生育期内接受光能总量}\times100\%$$

2. 降水利用率提高率

$$降水利用率提高率=\frac{新技术降水利用率-对照降水利用率}{对照降水利用率}\times100\%$$

$$降水利用率=\frac{经济产量(kg/hm^2)}{生育期内降水量(mm)}$$

3. 温度生产率提高率

$$温度生产率提高率=\frac{新技术温度生产率-对照温度生产率}{对照温度生产率}\times100\%$$

$$温度生产率=\frac{经济产量(kg/hm^2)}{生育期内总积温(℃)}$$

4. 土壤有机质提高率

$$土壤有机质提高率=\frac{项目实施后土壤有机质含量-实施前土壤有机质含量}{实施前土壤有机质含量}\times100\%$$

5. 土壤有益生物提高率

$$土壤有益生物提高率=\frac{项目实施后新增有益生物数量}{项目实施前有益生物数量}\times100\%$$

6. 农药用量减少率

$$农药用量减少率=\frac{项目实施前农药用量-实施后农药用量}{实施前农药用量}\times100\%$$

7. 天敌影响率

$$天敌影响率=\frac{项目实施后天敌数-实施前天敌数}{实施前天敌数}\times100\%$$

8. 土壤流失影响率

$$土壤流失影响率=\frac{项目实施前土壤流失量-实施后土壤流失量}{实施前土壤流失量}\times100\%$$

9. 秸秆还田率

$$秸秆还田率=\frac{秸秆还田量}{秸秆总产量}\times100\%$$

此外，评估生态效益还有水体污染、土壤污染、产品污染以及空气污染、毁林、沙化等指标，尽可能地多用项目实施前后发生的变化进行对比，用量化指标来说明。

四、推广成果综合评价指标体系

1. 推广规模

推广规模是指成果推广应用的范围或数量。实际推广规模指已经推广的实际统计数，以统计部门提供数据为准。应推广规模是指成果应用时可能达到的最大规模，是一个测算的数据，它是根据成果的特点、水平、内容、作用、适用范围、与同类成果的竞争力及其与同类成果的平衡关系所确定的。

2. 推广度

推广度是反映单项成果推广程度的一项指标，是指实际推广规模占应推广规模的百分比。

$$推广度=\frac{实际推广规模}{应推广规模}\times 100\%$$

多项技术的推广度可用加权平均法计算平均推广度。

推广度在0～100%之间变化。一般情况下，一项成果在有效推广期内的年推广情况（年推广度）变化趋势呈抛物线形，即推广度由低到高，达顶点后又下降，降至为零，停止推广。依最高推广率的实际推广规模算出的推广度为该成果的年最高推广度；根据某年实际规模算出的推广度为年推广度；有效推广期内各年推广度的平均值称为该成果的平均推广度，也就是一般指的某成果的推广度。

成果群体中各成果推广度的平均值称为群体推广度。

3. 推广率

推广率是评价多项成果推广程度的一项指标，是指已推广的成果项数占成果总项数的百分比。

$$推广率=\frac{已推广的成果项数}{成果总项数}\times 100\%$$

科技部规定：一项农业应用技术成果，如果其推广度大于或等于20%，表明该成果已被推广。一项管理成果，其推广度大于或等于50%时，才能认定该成果已被推广。

成果总项数是指与所计算的已推广成果相应范围的成果总项数，成果可以分为种植业、养殖业、加工业、管理四大类。

4. 推广指数

成果的推广度和推广率都只能从某个角度反映成果的推广状况，而不能全面反映某单位、某地区、某系统（部门）在一定时期内的成果推广的全面状况。推广指数同时反映成果推广率和推广度，可较全面地反映成果推广状况。

$$推广指数=\sqrt{推广度\times 推广率}\times 100\%$$

推广指数可以作为评价农业技术成果推广状况的一项重要综合指标。

【例4】某地区2016—2019年共引进大豆新品种7个，调查统计各品种的年最高推广度和平均推广度如下（表Ⅱ.6.1），计算该地区2016—2019年大豆新品种的群体推广度、推广率及推广指数。

表Ⅱ.6.1　大豆新品种推广度调查表%

项目	大豆品种						
	A	B	C	D	E	F	G
年最高推广度	19.0	25.0	49.0	56.0	72.0	34.2	51.6
平均推广度	8.5	16.5	40.3	48.6	49.5	27.0	40.2

$$群体推广度=(8.5\%+16.5\%+40.3\%+48.6\%+49.5\%+27.0\%+40.2\%)/7=32.9\%$$

$$推广率=\frac{已推广的成果项数}{成果总项数}\times 100\% =5/7\times 100\%=71.4\%$$

$$推广指数=\sqrt{推广度\times 推广率}\times 100\% =\sqrt{32.9\%\times 71.4\%}\times 100\%=48.5\%$$

该地区2016—2019年大豆新品种的群体推广度、推广率及推广指数分别为32.9%、71.4%和48.5%。

5. 平均推广速度

平均推广速度是评价推广效率的一项指标,是指推广度与成果使用年限的比值。

$$平均推广速度=\frac{推广度}{成果使用年限}$$

6. 推广难度

根据推广收益的大小、技术成果被生产者采纳操作的难易程度、推广收益的风险性及技术推广所需配套物资条件解决的难易程度,一般把农业技术成果推广的难度分为3级:

一级,推广难度大。具有以下情况之一者均为一级:①推广收益率低;②经过讲述、示范或阅读技术操作资料后,仍需要正规培训和技术人员具体指导技术采用全过程;③技术采用成功率低;④技术方案所需配套物资或其他条件难以解决。

二级,推广难度一般,介于一级、三级之间。

三级,推广难度小。全部满足下列情况者为三级:①推广收益率高;②经过讲述、示范或阅读技术操作资料后,即可实施技术方案;③技术采用成功率高;④技术方案所需配套物资或其他条件容易解决。

思考题

1. 农业技术推广工作评价的经济评价指标有哪些?
2. 推广成果综合评价包括哪些主要指标?

子项目三 农业技术推广工作评价步骤和方法

学习目标

1. 明确农业技术推广工作评价的步骤;
2. 了解农业技术推广工作评价的方式;
3. 掌握农业技术推广工作评价的方法。

对农业技术推广工作做出科学的、客观的评价，必须确定能够反映农业技术推广工作过程与效果的评价指标体系，同时采用适当的方法，按照一定的步骤进行，才能保证评价的科学性、准确性和客观性。

一、农业技术推广工作评价步骤

1. 确定评价领域

一个地区或单位的农业技术推广工作要评价的范围很大、内容很多，但是，在一定时期、一定条件下，不可能也没有必要对所有工作的方方面面全部进行评价，而是对重点工作、重大科技推广项目及其中关键性技术环节做出准确分析、评价。因此，首先要明确评价对象，确定评价领域范围。如是评价某项技术的阶段性效益，还是全程效益；是评价工作计划还是推广方法；是推广管理评价还是推广教育评价等。

2. 制订评价计划

评价计划实际上就是评价方案，包括评价的内容、评价的方法、评价的要求、参加人员、评价时间安排及地点等。

制订评价计划的目的在于保证评价工作有序、顺利地实施。评价计划一般由组织评价工作机构制定。内容主要包括：①评价的目的和范围；②评价的指标体系和权重体系；③评价的基本方法和要求，包括评价手段、评价计分、评价结果的处理办法、程序等；④评价工作进度及时间安排；⑤评价的领导和评价小组的安排意见；⑥评价经费预算等。评价的进度和方法要切实可行，易于执行和实施。

评价计划目的任务明确，合理分工并注意协调，评价内容应根据评价的对象使之进一步明确具体，根据评价内容的复杂程度和重要程度，列出参加人员的数目和名单。包括评价人员、推广人员、管理专家、咨询委员、项目参加者、项目负责人及其他有关人员。一般由5～9人组成评价委员会（或小组），设主任委员和副主任委员各一名。要求参加评价的人员责任心强、作风正派、大公无私、熟悉或了解评价内容。参加人员要有代表性。而后确定评价资料的收集方法，最后根据评价内容多少和工作要求安排出评价时间及评价地点。

3. 建立评价组织机构，确定评价程序

开展县以下农业技术推广单位的农业技术推广工作评价，应在各级主管部门主持或领导下进行，由各级主管部门与有关部门组成县或县以下农业科技推广机构评价领导小组，指导下一级机构开展评价工作，并成立由领导、专家、管理人员组成的有代表性、权威性的评价小组，分别开展对省、地、县、乡的科技推广评价和复查工作。

整个评价过程分自查、复查、抽查3个阶段进行。县（或乡）一级农业技术推广组织要在主管部门的领导下进行自查。在自查中，要求农业技术推广部门认真学习党和国家农业科技方针政策、科技改革文件，组织力量针对评价指标逐项进行全面调查、对照，进行自我评价，对有差距的项目，要结合本单位工作进行整顿、改进，并争取领导部门支持，予以加强。自查结束后，由单位写出自查报告，填好有关自查表格，经主管部门审核报上级主管部门进行审查。上一级推广部门根据实际情况进行复查和抽查。

4. 确定评价指标体系

评价指标体系的设置要根据评价内容和推广工作评价需要确定。遵循科学、全面、实际、简易的原则。所谓科学，是指评价指标要有明确的概念和确切的反映内容，并符合农业技术经济一般原理。所谓全面,是指建立的评价指标体系,既要有可比的数值指标,又要有质量和性状等不可比的指标;不仅要反映当前局部和单项技术的效果,还要能够反映长远整体综合技术的效果;各具体指标能够相互补充,为全面、综合评价服务。所谓实际,是指评价指标体系要建立在目前农业技术推广工作的实际基础上,适合我国现阶段的推广管理水平。所谓简易,是指建立的各项评价指标都容易用数值计算出来,如经济效益指标、技术效果指标、推广规模等;不便定量评价的指标,如推广方法、推广组织管理等,可用百分制打分评判,以便分析比较,提高准确性。

5.收集资料

这是农业技术推广工作评价的基础性工作,也是根据评价目标收集评价证据的过程。只有取得系统准确的资料,评价工作才能顺利进行。因此,资料收集应以获取满足评价内容的证据需要为原则,灵活掌握和应用不同的收集资料方法,做到切合实际,有的放矢。资料来源有2种途径:一是现成的资料;二是农民行为改变的资料。尤其要注意农民行为改变资料的收集。收集资料的方法有观察、访问、座谈、讨论、试验等方法。

6.分析评价

对收集到的资料,根据定量、定性评价的需要,进行分类整理,使调查资料具有集中性和针对性。资料整理的主要工作有:一是资料分类。将通过调查研究取得的资料,及时按各级指标内涵对资料进行分类。二是资料审核。审核资料的完整性,审查连续性资料是否有遗漏,必要时应采取相应措施,进行追加调查。审核资料准确性,发现问题应及时设法予以修正。

对所取得的调查资料,在分类、审核的基础上,按照评价指标体系进行相应的统计分析或定性分析。然后依据资料分析结果,对照既定有关目标或标准,评价人员进行认真、充分地讨论,对评价对象做出客观、公正、准确的评价。

7.撰写评价报告

评价报告是农业技术推广工作评价的最终结果,也是推广评价工作的结果,是对评价对象做出的结论性意见。评价报告的内容应根据评价的目的、范围、指标提出综合意见,包括农业技术推广工作成绩、工作特点、工作水平、存在问题及改进建议等。

整个评价工作结束后,还应写出评价工作总结,包括评价简况、评价过程、评价方法、评价步骤、调查分析情况等,同时提出评价的意见和建议。

农业技术推广评价报告和评价工作总结要求文字准确、严密,结论公正、客观,能指导农业技术推广工作。

二、农业技术推广工作评价方法

(一)评价的方式

1.单位自评

推广部门可根据评价目标和评价要求,按照评价程序,对评价对象进行评价,并形成一致意见。自评是推广部门自己主持的,其成员对本单位的情况熟悉,对问题和矛盾有身临其境的体验,因而容易产生共鸣和形成统一意见,评价的结论比较接近实际,对工作的指导意义较大。但由于评价人员对其他单位的情况了解不够,往往容易注重纵向比较,而忽视横向比较,对本单位的深层次矛盾和问题难以发现,这是自评的缺点。所以,在自评时,可以组织评价人员到其他单位去参观考察，然后再坐下来进行评价。这样得到的评价结论，其可靠性和对推广工作的指导意义会更大。

2. 行家评价

由于行家们具有全面的推广知识和实践经验，对事物的认识比较全面，所以评价的意见比较准确、中肯。加之行家们来自不同的推广单位，很容易把被评价单位与自己所在单位进行对比，通过多方位的比较，从不同的侧面对被评价单位进行透视和剖析，很容易发现被评价单位推广工作的独到之处，也能发现易被忽视的潜在问题。因此，行家们针对问题提出的对策和办法，不但针对性强，而且可行性强，其实用价值也高。

3. 专家评价

这是一种聘请推广理论专家、农业技术专家和推广管理专家组成评价小组进行评价的方法。由于专家们的理论造诣较深，又具有丰富的技术推广和推广管理的实践经验，因而对评价对象的透视、剖析较为深刻，能透过现象看本质，较为准确地抓住事物的积极因素和消极因素，并对其进行全面具体的分析和研究，从而促使被评单位的领导和技术人员在认识上产生较强的共鸣。

专家评价的信息量大，所提意见中肯，结论客观公正，容易使被评价单位的领导产生紧迫感和压力感，从而推动技术推广工作的开展。

（二）评价的方法

农业技术推广工作的评价方法是指评价时所采用的专门技术，评价方法种类繁多，需要根据评价对象及评价目的加以选用。总的来说，评价方法可分为定量方法和定性方法 2 大类，各大类又有很多种评价方法，这里只选择几种常用的评价方法进行介绍。

1. 定量评价方法

（1）对比法　农业生产受自然条件、社会条件和经济条件的影响，尤以受自然环境的影响最大。所以对新技术的推广采用，在不同地区、不同自然条件、不同经济条件下，其反映进程和效益是不相同的。因此，采用对比法时，首先要选择双方在某一问题上的“可比性”。即对比的基础要相同或大致相同；其次要根据评价项目来设立对比的要素指标。例如，劳动力投入的变化、单位面积产量的变化、净增效益的变化、农民们对新技术学习的态度变化、掌握新技能的熟练程度等。在推广项目或新技术实施过程中，将全过程采用的技术措施、生产投入费用等，逐项记录下来，然后进行采用前后的对比或同一要素指标的对比。应用此方法时，应在满足需要、计算方法、计算口径、价格指标、调查时间上具有可比性。

对比法又分为平行对比法和分组对比法。

①平行对比法　平行对比法是把反映不同效果的指标系列并列进行比较，以评定其经济效果的大小，从而便于择优的方法。可用于分析不同技术在相同条件下的经济效果，或者同一技术在不同条件下的经济效果。此法简单易行，一目了然。既可直接对比各方案的技术经济指标，又可利用指标之间的内在联系，做出较深入的分析评价。

【例 5】对畜牧业生产的技术经济效果进行比较。某畜牧场圈养肥猪，所喂饲料有 2 种方案：一是使用青饲料、矿物质和粮食，按全价要求配合的饲料；二是单纯使用粮食饲料喂养肥猪。分析哪一种方案经济效果好（表Ⅱ.6.2）。

表Ⅱ.6.2 配合饲料与单一饲料养猪的经济效果

饲料	数量/头	试验时间/d	平均每头日增重/kg			每千克增产用粮/kg	每千克增产成本/元	每千克活量产值/元	每千克活量盈利/元	每工日增重/g
			初重	末重	日增重					
配合饲料	36	80	55.7	123.9	0.852	8.68	1.30	1.50	0.20	35
单一饲料	36	80	56.1	93.4	0.466	24.56	2.44	1.50	−0.94	42

从表Ⅱ.6.2中可以看出，用配合饲料喂猪，除劳动生产率较低外，其他经济效果指标都优于单一饲料喂养。通过上例比较，应以采用配合饲料喂猪效果好。

②分组对比法 分组对比法是按照一定标志，将评价对象进行分组并按组计算指标，进行技术经济评价的方法。分组标志是将技术经济资料进行分组，用来作为划分资料的标准。分组标志分为数量标志和质量标志。按数量标志编制的分配数列，叫作变量数列。变量数列分为2种，一是单项式变量数列，即按变量值大小顺序排列；二是组距式变量数列，即把变量值划分为若干组列出。

【例6】确定15个试点户，调查小麦产量与物质消耗的关系，采用组距变量数列按物质费用分组计算经济效益(表Ⅱ.6.3)。

表Ⅱ.6.3 试点户物质消耗与小麦产量分组比较表

组别	组距/元	户数	面积/hm^2	单位费用/(元/hm^2)	单位产量/(kg/hm^2)	单位收入/(元/hm^2)	单位纯收入/(元/hm^2)	千克成本/元	每元投资效益
1	420～480	1	0.36	455.7	3 262.5	1 305	849.3	0.140	1.86
2	480～540	2	1.67	511.2	3 547.5	1 419	907.8	0.144	1.78
3	540～600	3	1.59	573.8	3 630.0	1 457	883.2	0.158	1.54
4	600～660	4	1.29	631.4	3 720.0	1 488	856.6	0.170	1.36
5	660～720	5	0.33	697.7	4 440.0	1 776	1 078.3	0.157	1.55

从表Ⅱ.6.3中可以看出，随着物质投入的增加，单位面积产量相应提高，但由于报酬递减规律的制约，单位投资的效益在逐步下降。如每公顷费用为455.7元的第一组，每公顷产量为3 262.5 kg，其千克成本最低，而每元投资效益最高；每公顷费用为631.4元的第四组，每公顷产量为3 720.0 kg，其千克成本最高，而每元投资效益最低。由此可见，在生产水平一般的地区，小麦种植以每公顷投资420～480元的经济效益最好。

(2)综合评价法 这是一种将不同性质的若干个评价指标转化为同度量的并进一步综合为一个具有可比性的综合指标进行评价的方法。综合评价的方法主要有关键指标法、综合评分法和加权平均指数法。

关键指标法是根据一项重要指标的比较对全局做出总评价。综合评分法是选择若干重要评价指标，根据评价标准确定的记分方法，按这些指标的实际完成情况进行评分，最后根据各项指标的实际总分做出全面评价。加权平均指数法是选择若干重要指标，将实际完成情况和比较标准相对比计算出个体指数，同时根据重要程度规定每个指标的权数，计算出加权平均数，以平均数值的高低做出评价。

2.定性评价方法

(1)调查法　评价者直接到现场，通过个别访问、开座谈会、查阅有关资料、田间技术考察等形式，广泛征求农民和有关人员对评价对象的意见和看法。为便于定性、定量评价，在调查前要列出具体明确扼要的调查提纲，编制统一表格。对了解到的情况、意见、数据等具体资料要认真做好记录。调查方法又有以下几种类型：

①全面调查　在被调查的内容单一，涉及调查对象人数较少，人力、物力和时间允许的情况下，应尽可能对整体进行全面调查。

②抽样调查　在受到人力、物力和时间限制，不能进行全面调查时，可采用随机取样的方法，从整体中抽出适量有代表性的对象进行调查。在抽样调查中，由于评价的基础不同，可根据不同类别确定样本的比例进行抽样调查。

③征求意见调查　采用发放调查表的方法向有关单位、有关人员征求意见，回收调查表进行归纳分析。调查表的设计力求简单、明确、易于回答。可根据调查的内容归类列出等级，调查测量等级可采用定量、定性指标表示，等级的确定应充分考虑范围与效度。

④随机询问调查　在交通要道路口、农村集贸市场和文化、商业、服务业网点等人群集散的地方，随机选择调查对象，针对评价的内容，广泛了解情况，征求意见。为提高调查的准确性和可靠性，一是对回答的问题和数据，要认真分析核对和质疑；二是要尽可能多接触一些调查对象。这种方法简便适用，适合评价新技术采用情况、效果以及推广人员技能、工作态度和作风等。

⑤单位调查　发函到相关单位，调查收集有关情况和数据。调查内容可根据评价的需要进行设计，要求调查内容具体明确，易于用数据回答，便于分析评价。

⑥考试调查　如对推广人员技能调查，除了从查阅推广人员编写的技术资料，了解其专业知识、技术水平，通过推广人员的推广实践，了解其推广技能水平，调查指导是否正确，对各种推广方法能否熟练掌握和灵活应用以外，还可以采用考试的方法进行调查。

(2)会见法　为了对农业技术推广工作中各个问题的因果关系有较清楚的了解，需要当面进行询问，听取各方面的意见，以便做出客观的评价。因此，通常可以采取会见地方领导人、推广人员的同事、农民和推广人员本人等形式，向他们进行全面了解，最好对有目标的和针对性强的内容事先做好准备，以便有的放矢，有助于客观、全面地评价农业技术推广工作。

(3)观察法　观察法是指对自然和社会进行调查研究的方法，通过直观考察，对农业技术推广工作进行直接检查和评价。例如，观察推广工作开展的情况、作物实际生长情况、农民的生活状况等，还可以从中了解以前编写报告的内容与现在直接观察的情况是否相符。又如，举办学习班或技术培训班传播推广项目时，可以观察了解农民们对学习班的态度，农民对该推广项目是否感兴趣等。在具体实施中，应将现场情况进行直接观察记录下来，然后进行综合、分析和评价，做出结论或统一意见。要发扬民主，坚持实事求是，切忌主观、片面和断章取义的做法，以免影响评价效果。

(4)自我评价法　推广单位或个人，根据评价内容和评价标准收集资料，对自己的工作情况进行全面总结评定。如依据全年推广工作计划，全面回顾总结各项工作完成的数量和质量，取得哪些经验，还存在什么问题。再如依据某一技术项目实施方案，检查总结该技术项目进展落实情况、工作方法、效果以及农民对该项目的反映等。

（5）总结法　被评价单位或个人在自我评价的基础上，经过核实有关资料和数据，在本系统中同级人员共同参与，按照既定的工作计划目标或标准进行衡量评价，如推广部门半年、全年工作评比会和某项新技术推广总结会等。

【例7】请您就参加"技术培训班"的学习过程和学习效果进行评价，在您认为适当处画"√"（表Ⅱ.6.4）。

表Ⅱ.6.4　技术培训班评价表

评价要素	等　级				
	很差	差	普通	好	很好
1.环境场地安排	1	2	3	4	5
2.辅导	1	2	3	4	5
3.学习气氛	1	2	3	4	5
4.教学设备	1	2	3	4	5
5.讲课内容	1	2	3	4	5
6.讲课老师的水平	1	2	3	4	5
7.培训方式	1	2	3	4	5
8.学习效果	1	2	3	4	5

【例8】请您对推广机构的工作情况进行评价，在您认为适当处画"√"（表Ⅱ.6.5）。

表Ⅱ.6.5　推广机构工作情况评价表

评价要素	等　级				
	很差	差	普通	好	很好
1.品德好、水平高	1	2	3	4	5
2.积极搞好推广工作	1	2	3	4	5
3.对待农民热情	1	2	3	4	5
4.团结互助、分工合作	1	2	3	4	5
5.发扬民主、待人诚恳	1	2	3	4	5
6.推广人员经常下乡	1	2	3	4	5
7.定时召开生产会议	1	2	3	4	5

【例9】请您对项目推广过程中采用的推广方法进行评价，在您认为适当处划"√"（表Ⅱ.6.6）。

表Ⅱ.6.6　农业技术推广方法评价表

推广方法	等级			
	非常喜欢	喜欢	无所谓	不喜欢
1.成果与方法示范	4	3	2	1
2.巡回指导	4	3	2	1
3.访问农户	4	3	2	1
4.座谈会	4	3	2	1
5.培训班	4	3	2	1
6.放视频、录像	4	3	2	1
7.印刷品宣传	4	3	2	1
8.广播电视宣传	4	3	2	1
9.专家讲课	4	3	2	1
10.网络	4	3	2	

【例 10】农民知识方面改变的评价。请问蔬菜收获前多长时间不能喷施农药？请在您认为正确的时间处打√，并说明为什么这样做？

一周前________________

二周前________________

三周前________________

为什么________________

3.参与式评价方法

参与式评价是一种调查研究方法，是由一个包括当地人员在内的多学科工作小组采用一系列参与式工作方法，协调和组织当地人参与，了解和收集农村生活、社会经济状况和生产活动、乡土知识等其他有关信息资料，了解有关农业、农村及社区发展问题与机会的一种方法。

参与式评价是探讨历史变化发展的工具，主要有直接观察、资料回顾和分析等，主要用于协助调查者对需要调查的区域的历史和现状有一个大概的认识框架；是探讨空间结构的工具，主要有社区图、资料图、剖面图等，主要用于分析调查地的自然资源、社会经济状况的空间结构变化；是探讨事物时间变化的工具，主要有大事记、季节历、农户日记图、趋势变化图等，主要用于分析与被调查者的生产、生活有关的事物随时间的变化趋势，以发现差别；是探讨流动的工具，主要包括物资流动图、资金流动图、信息流动图等，主要用于分析被调查者的物资、信息、资金的流动范围、数量和影响因素；是探讨相互关系的工具，主要包括组织机构关系图、因果关系图和问题树等，主要用于分析被调查者之间的关系；是探讨分类和排序的工具，主要包括排序打分，矩阵打分，贫富分级等，主要用于被调查者之间的分层分析。

思考题

1.农业技术推广工作评价的步骤是什么?

2.农业技术推广工作评价的方法有哪些?

实训 农业技术推广项目评价

一、目的要求

通过对农业技术推广项目的经济效益、社会效益、生态效益和教育影响的评价,确定项目实施的技术水平,找出存在的问题和解决的方法,撰写出符合要求的评价报告,为进一步做好农业技术推广工作奠定基础。

二、方法步骤

(1)确定项目评价的范围　一般应评价项目内容、推广方法、项目的总体效益等。

(2)制订评价计划　包括评价的主要内容和如何进行评价,要列出具体日期、评价办法和评价方案。

(3)确定评价指标　设计出评价指标体系和评分标准。

(4)选择评价对象　根据评价项目确定评价对象,一般采用抽样调查法。

(5)收集、分析评价资料　收集的资料包括农民采用技术的人数、知识技能提高的程度、增加的产量、经济效益等。按照制定的评价方案进行分析评价。

(6)撰写评价报告

三、评价内容

1.经济效益评价

经济效益的实现有3种形式:一是节本增效,即单位面积或规模产出值相同,但产投比高于被替代的技术(简称对照);二是节本增效增产,也就是既减少成本,又提高产量,效益显著高于对照;三是增本增效,即投入稍大于对照技术,产品产量却大幅度提高,效益随之增加。

经济效益的评价指标主要有项目总经济效益、项目单位面积增产率、项目单位面积增加的效益、土地生产率、土地生产率提高率、单位面积农用地总产值、单位土地面积盈利率、农产品商品率等。

2.社会效益评价

社会效益集中体现在促进农村社会协调发展和促进农民发展2个方面。促进农村社会协调发展主要包括促进农业科技进步、促进农村经济增长方式转变、促进农业种植结构和农村产业结构的合理调整、促进相关产业的发展、改善农业生产条件、增加总供给、提供就业机会、促进社会稳定等。促进农民发展主要包括创造扶贫效果、促进农村劳动力转移、增加农民收入、提高农民科技文化素质、改善农民生活质量、提高农民生活水平等。

社会效益评价指标主要有项目的受益人数、项目区域内的资源利用程度、项目区域内“土著知识”的保护与利用程度、项目区域管理能力提高程度、项目对提高农民生活水平的贡献程度、项目为区域提供的就业机会、项目对区域社会稳定的贡献、项目为类似其他区域发展提供的经验和模式等。

3. 生态效益评价

生态效益是指项目对项目区生态系统的贡献及影响。通过定量测定和计算项目的生态效益并转换成生态价值来反映项目的贡献程度和影响大小。生态效益评价指标主要有绿色植物覆盖率、提高水土保持力、防止土壤退化、改善生态环境、减少固体废弃物和有害物质、提高土壤肥力、提高土地利用率、提高水资源利用率、提高农田光能利用率、提高能量产投比、增强农业的抗灾能力等。

4. 教育影响评价

教育影响主要是指项目实施过程中推广教育活动对农民知识、行为、技能的影响程度。可以定性评价和定量评价结合进行。评价指标可以根据项目类型确定。

四、实训作业

根据教师提供的项目实施情况资料，在确定具体的评价指标的基础上，对数据进行整理分析，计算出完成指标的数值，写出项目评价报告。

学生自测

一、名词解释

推广度、推广率、平均推广速度、保收系数。

二、填空题

1. 农业技术推广工作评价的作用有________、________、________、________、________、________。

2. 农业技术推广工作评价的原则包括________、________、________、________、________、________。

3. 农业技术推广工作评价指标体系有________、________、________、________等 4 个方面。

4. 农业技术推广工作评价的步骤有________、________、________、________、________、________、________和________等。

5. 农业技术推广工作评价调查法分为________、________、________、________等几种类型。

6. 农业技术推广工作评价的方式分为________、________和________ 3 种类型。

7. 经济效益评价涉及的指标有________、________、________、________等。

8. 社会效益评价涉及的指标有________、________、________、________等。

9. 生态效益评价涉及的指标有________、________、________等。

三、判断题

1. 农业技术推广活动中，在选择并确定推广某一项新技术措施时，不仅要看其技术上的先进性，还要考虑经济上的合理性和后果的无害性。（　　）

2. 评价某一项技术措施时只要考虑技术的先进性，即优于原技术，促进生产力的发展，取得好的效益就可以了。（　　）

3. 农业技术推广工作评价的目的是促进推广要素合理配置，总结经验教训，搞好推广管理，指导今后的推广工作。（　　）

4. 对于环境污染、天敌保护、水土流失的控制评价应属于社会效益评价的范畴。（　　）

5. 对比法是常用来进行农业技术推广工作定量评价的方法之一。（　　）

6. 调查法常用来进行农业技术推广工作的定量评价。（　　）

7. 资料收集是农业技术推广工作评价的基础性工作，也是根据评价目标收集评价证据的过程。（　　）

8. 不同地区的农业技术推广工作评价一定要考虑到当地自然特点和生产基础水平，关键评价其推广速度和增产幅度。（　　）

9. 生态效益主要指增加社会财富、提高农民生活质量、优化产业结构、农村精神文明建设提高的程度。（　　）

10. 实际推广规模指已经推广的实际统计数，以农业技术部门提供的数据为准。（　　）

四、单项选择题

1. 推广内容的高效性的评价，通常用（　　）表示。

A. 产出投入比　　B. 先进水平

C. 领先水平　　D. 农民掌握技术的百分比

2. 一项应用技术成果，其推广度大于或等于（　　），表明该项成果已被推广。

A. 20%　　B. 30%　　C. 40%　　D. 50%

3. 推广度与成果使用年限的比值称为（　　）。

A. 推广度　　B. 推广难度　　C. 平均推广速度　　D. 推广指数

4. 一项管理成果，其推广度大于或等于（　　），表明该项成果已被推广。

A. 20%　　B. 30%　　C. 40%　　D. 50%

5. （　　）同时反映成果推广率和推广度，可较全面地反映成果推广状况。

A. 推广速度　　B. 推广难度　　C. 推广指数　　D. 平均推广速度

6. 实施玉米综合高产栽培技术项目，投入的推广总费用为 132 万元，预计实施 4 年，每公顷需要增加生产费用 400 元，新增产值为 1 500 元，该项目最低起始点的推广面积是（　　）。

A. 200 hm^2　　B. 300 hm^2　　C. 400 hm^2　　D. 500 hm^2

7. 某乡 2015—2019 年玉米新品种的平均推广度为 25%，推广率为 40%，其推广指数为（　　）。

A. 22.6%　　B. 31.6%　　C. 38.6%　　D. 44.6%

8. 某村推广大豆新品种，采用新品种每公顷产量为 3 750 kg，对照每公顷产量为 3 000 kg，土地生产率提高率为（　　）。

A. 20.0%　　B. 22.5%　　C. 25.0%　　D. 27.5%

9. 推广度的计算公式是（　　）。

A. $推广度=\frac{实际推广规模}{应推广规模}\times 100\%$　　B. $推广度=\frac{推广规模}{成果使用年限}$

C. $推广度=\frac{已推广的成果项数}{成果总项数}\times 100\%$　　D. $推广度=\frac{应推广规模}{实际推广规模}\times 100\%$

10. 推广部门进行的半年、全年工作评比会和某项新技术推广总结会，采用的方法是（　　）。

A. 会见法　　B. 调查法　　C. 观察法　　D. 总结法

五、多项选择题

1. 推广教育影响评价包括（　　）。

A. 农民对新技术的认识程度　　B. 农民操作技能提高的程度

C. 农民对基本理论理解掌握的程度　　D. 农民生活水平提高的程度

2. 下列评价指标中，属于推广成果综合评价的指标是（　　）。

A. 土地生产率　　B. 推广度　　C. 推广率　　D. 推广指数

3. 下列评价指标中，属于经济效益评价的指标是（　　）。

A. 土地生产率　　B. 项目总产值

C. 项目总经济效益　　D. 农民收益率

4. 下列评价指标中，属于社会效益评价的指标是（　　）。

A. 土地生产率　　B. 劳动力吸引率

C. 农民生活水平提高率　　D. 土壤有机质提高率

5. 下列评价指标中，属于生态效益评价的指标是（　　）。

A. 土地生产率　　B. 天敌影响率

C. 秸秆还田率　　D. 土壤有机质提高率

6. 确定评价指标体系应遵循（　　）原则。

A. 科学　　B. 全面　　C. 实际　　D. 简易

7. 定量综合评价法包括（　　）。

A. 关键指标法　　B. 综合评分法

C. 加权平均指数法　　D. 抽样调查法

六、绘制作推广工作评价思维导图

期末测试卷(一)

一、名词解释(10 分)

农业技术推广、集体指导、成果示范、沟通、抽样调查。

二、填空题(15 分)

1.农民采用创新过程的 5 个阶段分别是________、________、________、________和________。

2.根据传播方式,农业技术推广方法可以分为________、________和________ 3 类。

3.农业技术推广项目实施过程中监督检查的方法有________和________。

4.如果试验地的肥力呈梯度状变化,划分区组时要让区组的长边与肥力变化最大的方向相________,小区的长边与肥力变化最大的方向相________。

5.农业技术推广调查报告有________、________和________ 3 种类型。

三、判断题(15 分)

1.政府部门的干预式和命令式推广,能提高农民采用新技术的积极性,技术推广效果好。 (　　)

2.推广沟通中,摆正“教”与“学”的关系,就是要求推广人员当好老师,农民当好学生。 (　　)

3.实现农业现代化需要采用大量的先进技术,没有发达的农业技术推广,就没有农业现代化。 (　　)

4.农民的生产经验必须经过试验、示范,才能在当地推广。 (　　)

5.访问农户是一种花费时间和经费较少的推广方法。 (　　)

6.编制农业技术推广项目计划时,应在项目分析的基础上确定推广目标,再编制推广项目计划。 (　　)

7.成果示范可以选用没有经过试验或尚在试验中的不成熟、不可靠的技术。 (　　)

8.随机区组设计是一种只适合于单因素试验的试验设计。 (　　)

9.评价某一项技术措施时只要考虑技术的先进性,即优于原技术,促进生产力的发展,取得好的效益就可以了。 (　　)

10.农业技术推广工作评价的目的是促进推广要素合理配置,总结经验教训,搞好推广管理,指导今后的推广工作。 (　　)

11.实际推广规模指已经推广的实际统计数,以农业技术部门提供的数据为准。 (　　)

12.对于环境污染、天敌保护、水土流失的控制评价应属于社会效益评价的范畴。 (　　)

13.“教学、科研、推广”相结合的协作攻关项目,成果通过鉴定后,必须通过试验、示范,才能推广。 (　　)

14. 评价某一项技术措施时只要考虑技术的先进性，即优于原技术，促进生产力的发展，取得好的效益就可以了。（　　）

15. 农业技术推广工作评价的目的是促进推广要素合理配置，总结经验教训，搞好推广管理，指导今后的推广工作。（　　）

四、单项选择题(15 分)

1. 农业技术推广系列化服务是指（　　）。

A. 生产、加工、销售系列化服务　　B. 科研、推广、生产系列化服务

C. 产前、产中、产后系列化服务　　D. 资金、物资、技术系列化服务

2. 在现代农业科技水平不断提高，市场经济水平日益发达的条件下，创新的扩散呈（　　）式扩散。

A. 传习式　　B. 接力式　　C. 波浪式　　D. 跳跃式

3.（　　）是农业技术推广的原动力。

A. 农民需要　　B. 市场需求　　C. 政策导向　　D. 自然条件

4. 对同一事物沿着不同方向、不同角度思考问题，从多方面寻找解决问题方法的思维方式称为（　　）。

A. 动态思维　　B. 发散思维　　C. 侧向思维　　D. 逆向思维

5. 下列推广方法中，属于大众传播的是（　　）。

A. 现场参观　　B. 田间旗帜　　C. 报刊杂志　　D. 办公室咨询

6. 下列推广方法中，属于集体指导的是（　　）。

A. 访问农户　　B. 广播电视　　C. 科技展览　　D. 工作布置会

7. 农业技术推广管理的核心是（　　）。

A. 资金管理　　B. 物资管理　　C. 档案管理　　D. 人员管理

8. 在项目完成过程中或完成后，按照规定的形式和程序，对项目完成的质量和水平进行审查、评价并做出相应结论的过程称为（　　）。

A. 项目确定　　B. 项目总结　　C. 项目验收　　D. 成果登记

9. 下列不属于农业技术推广人员应具备的培训能力的是（　　）。

A. 使用辅助教学设备的能力　　B. 安排和组织教学的能力

C. 进行试验、示范的能力　　D. 对农村社会进行调查研究的能力

10. 全国农业系统公益服务统一专用电话号码是（　　）。

A. 12315　　B. 12316　　C. 12148　　D. 12319

11. 进行种子质量检验，应采用（　　）。

A. 典型调查　　B. 普遍调查　　C. 抽样调查　　D. 重点调查

12. 一项应用技术成果，其推广度大于或等于（　　），表明该项成果已被推广。

A. 20%　　B. 30%　　C. 40%　　D. 50%

13. 实施玉米综合高产栽培技术项目，投入的推广总费用为 132 万元，预计实施 4 年，每公顷需要增加生产费用 400 元，新增产值为 1 500 元，该项目最低起始点的推广面积是多少？

A. 200 hm^2　　B. 300 hm^2　　C. 400 hm^2　　D. 500 hm^2

14. 推广度与成果使用年限的比值称为（　　）。

A. 推广度　　B. 推广难度　　C. 平均推广速度　　D. 推广指数

15.(　　)是指参与农业生产过程的物质要素。

A. 农业资源　　B. 信息资源　　C. 人力资源　　D. 管理资源

五、多项选择题(10分)

1. 农民行为可分为两类,即(　　)。

A. 领导行为　　B. 组织行为　　C. 社会行为　　D. 经济行为

2. 农业技术推广人员对农民进行心理影响可以采用(　　)。

A. 劝导法　　B. 处罚法　　C. 暗示法　　D. 吸引法

3. 推广项目来源于(　　)。

A. 引进技术　　B. 科研成果　　C. 生产经验　　D. 技术改进

4. 申报农业科技进步奖需要提供的材料有(　　)。

A. 科学技术进步奖申报书　　B. 项目验收鉴定证书

C. 推广项目总结报告　　D. 有关证明材料

5. 按照试验的性质可以把农业技术推广试验划分为(　　)。

A. 单因素试验　　B. 开发性试验　　C. 综合性试验　　D. 适应性试验

6. 农业信息的作用是(　　)。

A. 引导农民行为的改变　　B. 为农业生产决策提供依据

C. 促进农村市场经济发展　　D. 提高农业生产效率

7. 农业自然资源主要包括(　　)。

A. 农业土地资源　　B. 农业水资源

C. 农业生物资源　　D. 农业劳动力资源

8. 推广教育影响评价包括(　　)。

A. 农民对新技术的认识程度　　B. 农民操作技能提高的程度

C. 农民对基本理论理解掌握的程度　　D. 农民生活水平提高的程度

9. 下列评价指标中,属于推广成果综合评价的指标是(　　)。

A. 土地生产率　　B. 推广度　　C. 推广率　　D. 推广指数

10. 农业技术推广的基本程序是(　　)。

A. 试验、示范、推广　　B. 科研、教学、生产

C. 培训、咨询、经营　　D. 边试验、边示范、边推广

六、简答题(20分)

1. 选择推广项目的原则有哪些?

2. 如何提高农业技术推广信息服务质量?

3. 进行调查应做好哪些准备工作?

4. 农业技术推广工作评价的内容有哪些?

七、论述题(15分)

推广实践证明成果示范是深受农民欢迎的方法,分析其原因。

期末测试卷(二)

一、名词解释(10 分)

个别指导、方法示范、推广效率、农业信息、推广度。

二、填空题(15 分)

1.群体行为改变的方式有两种:一种是________,另一种是________。

2.在推广实践中,常用的农业技术推广方法有________、________、________、________等方法。

3.采用项目计划方式推广农业新技术,________和________是关键。

4.农业技术推广项目计划是依据________、________、________和________编制的。

5.随机区组设计是根据局部控制原则,将试验环境划分为与重复数目相等的________,一个区组内安排一个重复的全部________,同一区组内的各处理都独立地________排列。

三、判断题(15 分)

1.在农业技术推广中,与农民切身利益关系密切的技术,容易引起农民的兴趣。( )

2.在与农民进行情感互动时,推广人员要保持自己的身份和地位,与农民保持适当的距离。( )

3."教学、科研、推广"相结合的协作攻关项目,成果通过鉴定后,必须通过试验、示范,才能推广。( )

4.大众传播信息传播权威性高,信息传播数量大、速度快,信息传播成本低、范围广,但信息传播方式是单向的。( )

5.访问农户和科技展览属于集体指导的推广方法。( )

6.在农业技术推广项目来源中,农民的先进经验占主导地位。( )

7.当农民的需要、社会的需要、市场的需要和专家的意见不一致时,应优先满足社会的需要。( )

8.目前我国农业技术推广成果申报奖励主要是申报科技发明奖。( )

9.资料收集是农业技术推广工作评价的基础性工作,也是根据评价目标收集评价证据的过程。( )

10.不同地区的农业技术推广工作评价一定要考虑到当地自然特点和生产基础水平,关键评价其推广速度和增产幅度。( )

11.生态效益主要指增加社会财富、提高农民生活质量、优化产业结构、农村精神文明建设提高的程度。( )

12.实际推广规模指已经推广的实际统计数,以统计部门提供的数据为准。( )

13.农业技术推广项目计划的制定一般有一个自下而上或自上而下,上下反复的过程。( )

14. 在对试验进行田间管理时，必须注意试验的唯一差异原则，力求各小区管理措施的质量一致，以降低试验误差。（　　）

15. 对于环境污染、天敌保护、水土流失的控制评价应属于社会效益评价的范畴。（　　）

四、单项选择题(15分)

1. 创新者在农民群体中所占的比例一般是（　　）。

A. 2.5%　　B. 13.5%　　C. 16%　　D. 34%

2.（　　）的改变，是一种最困难、最费时但却是最重要的行为改变。

A. 知识　　B. 态度　　C. 个人行为　　D. 群体行为

3. 实施农业技术推广项目的组织保证是（　　）。

A. 建立实施机构　　B. 制定实施方案

C. 落实实施方案　　D. 监督检查

4.（　　）是一种为有效执行项目计划而安排的活动概要。

A. 推广项目计划　　B. 实施合同

C. 可行性研究报告　　D. 实施方案

5.（　　）的代表性是指试验时的自然条件及农业生产条件能够代表将来推广试验结果的那些地区的条件。

A. 试验方法　　B. 试验条件　　C. 试验总结　　D. 试验材料

6. 随机排列的作用在于正确估计试验（　　）。

A. 结果　　B. 方差　　C. 效应　　D. 误差

7. 通过计算机网络对作物品种、种植面积、田间管理、病虫害等情况进行管理与调控，促进管理科学化、合理化和最优化，这种农业信息化属于（　　）。

A. 农业资源和环境信息化　　B. 农业生产与管理信息化

C. 农业生产资料市场信息化　　D. 农产品市场信息化

8. 根据作物病虫害情况自动调节农药喷施量属于（　　）的内容。

A. 精确农业　　B. 精细农业　　C. 数字农业　　D. 生态农业

9. 某乡2015—2019年玉米新品种的平均推广度为25%，推广率为40%，其推广指数为（　　）。

A. 22.6%　　B. 31.6%　　C. 38.6%　　D. 44.6%

10. 某村推广大豆新品种，采用新品种每公顷产量为3 750 kg，对照每公顷产量为3 000 kg，土地生产率提高率为（　　）。

A. 20.0%　　B. 22.5%　　C. 25.0%　　D. 27.5%

11. 推广部门进行的半年、全年工作评比会和某项新技术推广总结会，采用的方法是（　　）。

A. 会见法　　B. 调查法　　C. 观察法　　D. 总结法

12. “相对此时刻而言，前一时刻感知的信息对此时刻来说就无效了”，这句话是说明信息的（　　）。

A. 共享性　　B. 时效性　　C. 可传递性　　D. 可存储性

13. 根据作物病虫害情况自动调节农药喷施量属于(　　)的内容。

A. 精确农业　　B. 精细农业　　C. 数字农业　　D. 生态农业

14. 全国农业系统公益服务统一专用电话号码是(　　)。

A. 12315　　B. 12316　　C. 12148　　D. 12319

15. (　　)是以农业信息技术、空间信息技术和计算机网络技术为基础,集中与农业生产有关的信息采集、传输、处理和应用为一体的开放型、高效化、智能化的新型农业。

A. 信息农业　　B. 生态农业　　C. 有机农业　　D. 可持续农业

五、多项选择题(10 分)

1. 群体意识形成的条件包括(　　)。

A. 共同的目标利益　　B. 合理的奖惩制度

C. 自然领袖　　D. 亲近和友爱

2. 在农业技术推广中,沟通的障碍有(　　)。

A. 通信障碍　　B. 语言障碍　　C. 观念障碍　　D. 角色障碍

3. 下列评价指标中,属于生态效益评价的指标是(　　)。

A. 土地生产率　　B. 天敌影响率

C. 秸秆还田率　　D. 土壤有机质提高率

4. 确定评价指标体系应遵循(　　)原则。

A. 科学　　B. 全面　　C. 实际　　D. 简易

5. 在农业信息的来源中,属于内部资料范畴的有(　　)。

A. 农业科技成果汇编　　B. 农业科技会议资料

C. 出国参观考察报告材料　　D. 专利文献

6. 以下哪些属于农作物病虫害调查项目(　　)?

A. 病虫草鼠害发生规律　　B. 气象灾害

C. 病虫草鼠防治效果　　D. 天敌发生规律

7. 在农业信息的来源中,属于内部资料范畴的有(　　)。

A. 农业科技成果汇编　　B. 农业科技会议资料

C. 出国参观考察报告材料　　D. 专利文献

8. 信息农业的信息技术构成包括(　　)。

A. 信息采集技术　　B. 信息传输更新技术

C. 信息处理技术　　D. 信息应用技术

9. "三电合一"信息服务工程是指(　　)3 种信息载体的有机结合。

A. 电话　　B. 电报　　C. 电视　　D. 电脑

10. 农业信息的作用是(　　)。

A. 引导农民行为的改变　　B. 为农业生产决策提供依据

C. 促进农村市场经济发展　　D. 提高农业生产效率

六、简答题(20 分)

1. 如何做好农业技术推广项目实施工作?
2. 农业信息化的内容有哪些?
3. 写好调查报告应注意哪些问题?
4. 农业技术推广的作用有哪些?

七、论述题(15 分)

试述如何根据农民特点,采取有针对性措施,提高技术培训效果。

参 考 文 献

[1] 吴晓林.现代农业产业化经营与管理.北京:中国农业科学技术出版社,2017.

[2] 王迎宾.农业技术推广. 北京:化学工业出版社,2020.

[3] 王福海.农业推广.4 版.北京:中国农业出版社,2019.

[4] 孙眉.我国基层农技推广队伍焕发新活力.北京:农民日报,2020.7.6.

[5] 农业农村部,国家发改委,等.乡村振兴战略规划实施报告(2018—2019).北京:中国农业出版社,2020.

[6] 农业部.农业信息应用 100 问.北京:中国农业出版社,2009.

[7] 于良,等.基层农业技术推广人员培训教程.北京:中国农业科学技术出版社,2019.

[8] 高启杰.农业推广学.4 版.北京:中国农业大学出版社,2018.

[9] 高启杰.农业推广学案例.2 版.北京:中国农业大学出版社,2014.

[10] 梅瑞."互联网+"现代农业.北京:中国农业科学技术出版社,2017.

[11] 王宝山.试验统计方法.北京:中国农业出版社,2008.

[12] 李春喜,邵云,姜丽娜.生物统计学.4 版.北京:科学出版社,2008.

[13] 雷培莉,姚飞.市场调查与预测.修订版.北京:经济管理出版社,2008.

[14] 李道亮.零公里的探索:基层农业信息服务体系建设研究.北京:中国农业出版社,2007.

[15] 苑棚,鲁国来,齐莉梅,等.农业科技推广体系改革与创新.北京:中国农业出版社,2006.

[16] 王德海.传播与沟通教程.北京:中国农业大学出版社,2007.

[17] 庄天慧,颜勇,杨春.农业政策与法规.成都:电子科技大学出版社,2013.

[18] 刘战平.农业科技园区技术推广机制与模式研究.北京:经济科学出版社,2010.

[19] 苍南县政协.苍南县现代农业发展调研报告.http://cnzx.cncn.gov.cn/art/2017/10/9/art_1302246_11313808.html.

[20] 东尼·博赞,巴利·博赞.思维导图.叶刚,译.北京:中信出版社,2009.

[21] 胡巧虎,胡晓金,等.生态农业与美丽乡村建设.北京:中国农业科学技术出版社,2017.

[22] 韩长赋.新中国农业发展 70 年.北京:中国农业出版社,2019.

[23] 吴也尤,崔宁华."互联网+"助力现代农业快速发展.北京:人民日报,2018.11.12.